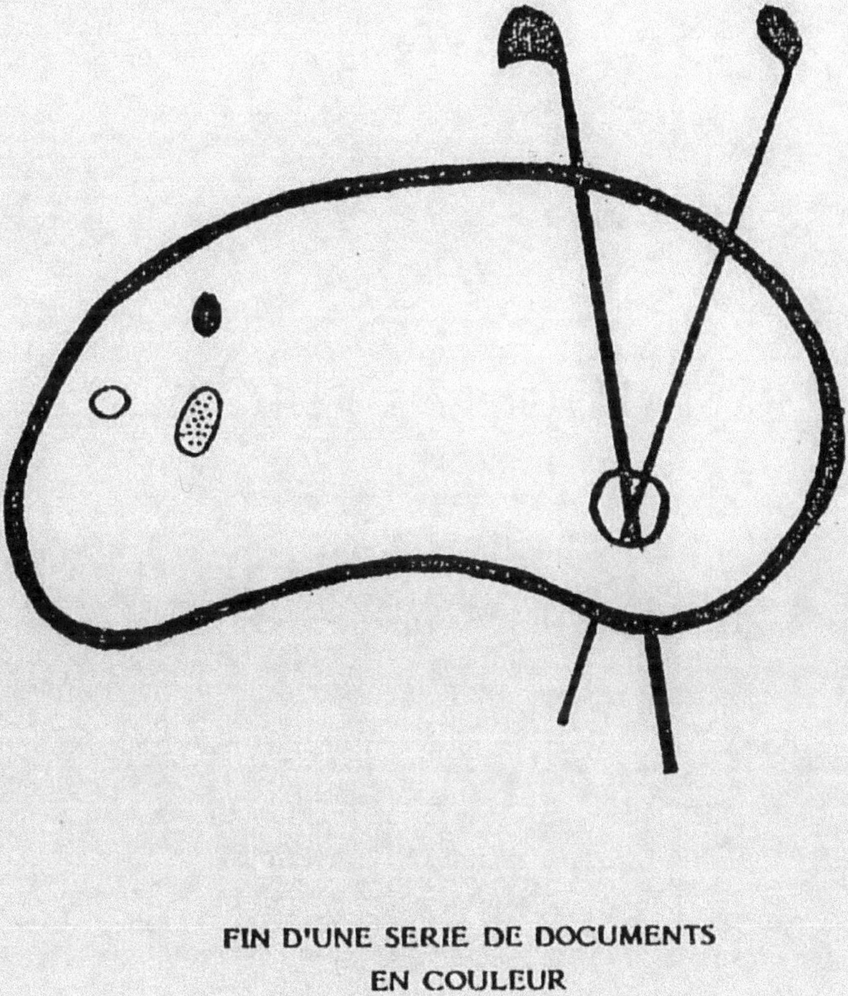

FIN D'UNE SERIE DE DOCUMENTS
EN COULEUR

CATALOGUE OFFICIEL

TOME VIII

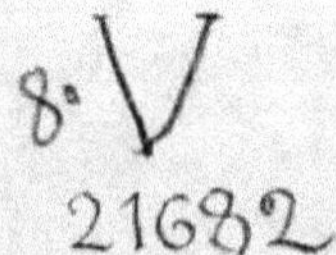

EXPOSITION UNIVERSELLE INTERNATIONALE DE 1889

A PARIS

CATALOGUE GÉNÉRAL

OFFICIEL

TOME HUITIÈME

GROUPE VIII. — AGRICULTURE, VITICULTURE ET PISCICULTURE.

CLASSES 49, 73bis, 73ter et 74 à 77.

GROUPE IX. — HORTICULTURE.

CLASSES 78 à 83.

LILLE

IMPRIMERIE L. DANEL

M DCCC LXXXIX

Exposition Universelle Internationale de 1889
A PARIS

CATALOGUE GÉNÉRAL

OFFICIEL

TOME HUITIÈME

GROUPE VIII.

AGRICULTURE, VITICULTURE ET PISCICULTURE.

Classes 49 et 73bis à 77.

GROUPE IX.

HORTICULTURE.

Classes 78 à 83.

LILLE
IMPRIMERIE L. DANEL

M DCCC LXXXIX

CLASSIFICATION GÉNÉRALE

TOME PREMIER.

GROUPE I. — Œuvres d'art.

CLASSES,

1. Peintures à l'huile.
2. Peintures diverses et dessins.
3. Sculptures et gravures en médailles.
4. Dessins et modèles d'architecture.
5. Gravures et lithographies.

TOME SECOND.

GROUPE II. — Éducation et Enseignement. Matériel
et procédés des Arts libéraux.

CLASSES.

6. Éducation de l'enfant. Enseignement primaire. Enseignement des adultes.
7. Organisation et matériel de l'enseignement secondaire.
8. Organisation, méthodes et matériel de l'enseignement supérieur.

6. 7. 8. Enseignement technique.

9. Imprimerie et librairie.
10. Papeterie, reliure, matériel des arts, de la peinture et du dessin.
11. Application usuelle des arts, du dessin et de la plastique.
12. Épreuves et appareils de photographie.
13. Instruments de musique.
14. Médecine et chirurgie. — Médecine vétérinaire et comparée.
15. Instruments de précision.
16. Cartes et appareils de géographie et de cosmographie. — Topographie.

TOME TROISIÈME.

GROUPE III. — Mobilier et accessoires.

CLASSES.

17. Meubles à bon marché et meubles de luxe.
18 Ouvrages du tapissier et du décorateur.

19. Cristaux, verrerie et vitraux.
20. Céramique.
21. Tapis, tapisserie et autres tissus d'ameublement.
22. Papiers peints.
23. Coutellerie.
24. Orfèvrerie.
25. Bronzes d'art, fontes d'art diverses, ferronneries d'art, métaux repoussés.
26. Horlogerie.
27. Appareils et procédés de chauffage. — Appareils et procédés d'éclairage non électrique.
28. Parfumerie.
29. Maroquinerie, tabletterie, vannerie et brosserie.

TOME QUATRIÈME.

GROUPE IV. — **Tissus, vêtements et accessoires.**

CLASSES.

30. Fils et tissus de coton.
31. Fils et tissus de lin, de chanvre, etc.
32. Fils et tissus de laine peignée. Fils et tissus de laine cardée.
33. Soies et tissus de soie.
34. Dentelles, tulles, broderies et passementeries.
35. Articles de bonneterie et de lingerie. Objets accessoires du vêtement.
36. Habillement des deux sexes.
37. Joaillerie et bijouterie.
38. Armes portatives. Chasses.
39. Objets de voyage et de campement.
40. Bimbeloterie.

TOME CINQUIÈME.

GROUPE V. — **Industries extractives. Produits bruts et ouvrés.**

CLASSES.

41. Produits de l'exploitation des mines et de la métallurgie.
42. Produits des exploitations et des industries forestières.

43. Produits de la chasse. Produits, engins et instruments de la pêche et des cueillettes.

44. Produits agricoles non alimentaires.

45. Produits chimiques et pharmaceutiques.

46. Procédés chimiques de blanchiment, de teinture, d'impression et d'apprêt.

47. Cuirs et peaux.

TOME SIXIÈME.

GROUPE VI. — **Outillage et procédés des industries mécaniques. — Électricité.**

48. Matériel et procédés de l'exploitation des mines et de la métallurgie.

49. Matériel et procédés des exploitations rurales et forestières (1).

50. Matériel et procédés des usines agricoles et des industries alimentaires.

51. Matériel des arts chimiques, de la pharmacie et de la tannerie.

52. Machines et appareils de la mécanique générale.

53. Machines-outils.

54. Matériel et procédés de la filature et de la corderie.

55. Matériel et procédés du tissage.

56. Matériel et procédés de la couture et de la confection des vêtements.

57. Matériel et procédés de la confection des objets de mobilier et d'habitation.

58. Matériel et procédés de la papeterie, des teintures et des impressions.

59. Machines, instruments et procédés usités dans divers travaux.

60. Carrosserie et charronnage, bourrelerie et sellerie.

61. Matériel des chemins de fer.

62. Électricité.

63. Matériel et procédés du génie civil, des travaux publics et de l'architecture.

64. Hygiène et assistance publique.

65. Matériel de la navigation et du sauvetage.

66. Matériel et procédés de l'art militaire.

---

(1) La classe 49 est cataloguée avec le Groupe VIII (agriculture, viticulture et pisciculture) et le Groupe IX (horticulture) formant le VIIIe volume.

TOME SEPTIÈME.

Groupe VII. — **Produits alimentaires.**

TOME HUITIÈME.

Groupe VIII. — **Agriculture, Viticulture et Pisciculture.**

Groupe IX. — **Horticulture.**

Les produits exposés par :

le Brésil,
la Colombie,
Costa-Rica,
le Honduras,
le Mexique,
Nicaragua
et le Pérou,

n'étant point arrivés en temps utile, n'ont pu figurer au Catalogue général.

Pour la nomenclature de ces produits, il sera nécessaire de consulter les Catalogues spéciaux.

GROUPE VIII.

AGRICULTURE, VITICULTURE ET PISCICULTURE.

CLASSE 49.

Matériel et procédés des exploitations rurales et forestières.

FRANCE.

1. ABADIE (J.), à Valentine (Haute-Garonne). — Faucheuses circulaires pouvant se transformer en faneuse et en râteau. Moissonneuses. **(QUAI.)**

2. ACHARD Frères, à Moustiers-Sainte-Marie (Basses-Alpes). — Charrue fonctionnant à droite et à gauche sans dételer. **(ESPLANADE.)**

3. AIRAULT (François), à Exireuil (Deux-Sèvres). — Charrue avec son avant-train, houe à cheval. **(ESPLANADE.)**

4. ALBARET (A.-B.), à Liancourt-Rantigny (Oise). — Locomobiles, batteuses portatives de différents types, batteuse fixe pour intérieur de ferme, machine à vapeur fixe, presse à fourrage, hache-maïs et paille, coupe-racines, etc. **(QUAI.)**

5. AMIOT (François), à Bonnard (Yonne). — Pressoirs métalliques montés sur quatre roues, disposés pour vins et cidres ; râpe à fruits pour les cidres, montée également sur quatre roues. **(ESPLANADE.)**

6. AMIOT-LEMAIRE, à Bresles (Oise). — Charrues, extirpateurs, scarificateurs, houes, arracheurs, rouleaux croskill, herses, etc. **(QUAI.) (ESPLANADE.)**

7. AMOUROUX Frères, à Châlabre (Aude). — Presse à fourrages. **(QUAI.)**

8. ANDRÉ (Auguste), à Rollot (Somme). — Appareils d'un nouveau système pour la fabrication du cidre. **(QUAI.)**

9. ARBEY & Fils, à Paris, cours de Vincennes, 41. — Scieries agricoles et forestières. **(QUAI.)**

10. AUBRY (J.-J.) & Cie, à Paris, rue de Château-Landon, 8. — Semoir semant en paquet à nombre de grains voulu, semant en losange à huit distances et à toutes profondeurs et recouvrant la semence.

Voir cl. 52, 61 et 78.

11. AUSSENARD & POPELIN, à Pithiviers (Loiret). — Herses à levier ; extirpateurs ; houes à cheval ; fouilleuse. **(QUAI.) (ESPLANADE.)**
Instrument spécial pour la culture de la betterave.

Classe 49.   1

12. BAILLOT, à Auxerre (Yonne). — Charrues de différents systèmes.
(ESPLANADE.)

> Charrues vigneronnes. Vente avec garantie.
> Baillot, constructeur à Auxerre (Yonne). Commission. Exportation.

13. BAJAC (Antoine), à Liancourt (Oise) — Déboiseuse, charrue à vapeur, défonceuses doubles et simples, brabants doubles et simples, draineuses, rigoleuses, extirpateurs, arracheurs de betteraves, fouilleuses, bineuses, etc. **(QUAI.)**

> Charrues à manège. Polysocs simples et doubles. Herses. — Scarificateurs. Houes à cheval. Billonneur. Butteuses. Déchaumeuses. — Jougs articulés. Harnais viticole, etc. — Exposition universelle, Paris 1867, Médaille d'or. — Exposition universelle, Paris 1878, Médaille d'or. — Exposition universelle, Barcelone 1888, Médaille d'or.

14. BARBIER (Julien-A.-J.), à Rostrenen (Côtes-du-Nord). — Charrue pour défrichement, pour labours, pour billons, avec versoir à pivot. **(QUAI.)**

15. BARNOUD (Casimir), au Guillon, commune de Coublevie, près Voiron (Isère). — Moissonneuse, faucheuse mue à bras. **(QUAI.)**

16. BARRAUD (Léopold-J.), à Saint-Émilion (Gironde). — Charrue à pivot.
(ESPLANADE.)

17. BAYLAC (Jean), à Paris, rue de l'Université, 225. — Moulin, broyeur, triturateur, concasseur pour céréales et autres graines. **(QUAI.)**

18. BEAUDOUIN (Joseph), à Nogent-le-Rotrou (Eure-et-Loir). — Brouette à une roue et à ressort, tonneau à compartiments. **(QUAI.)**

19. BEAUME (L.), à Boulogne-sur-Seine, avenue de la Reine, 66. — Manèges, pompes à purin, bascules à bestiaux. **(QUAI.) (ESPLANADE.)**

20. BEAUQUESNE (A.-A.-H. de), à Toulouse (Haute-Garonne), place Sainte-Seurbes, 5. — Appareil à défoncement, mû par animaux ou par la vapeur. Charrues pour ces appareils. **(ESPLANADE.)**

21. BÉDIN (Philémon), à Niort (Deux-Sèvres), rue de Ribray, 56. — Râteau à cheval. Machine à égrener le trèfle, coupe-racines. **(ESPLANADE.)**

22. BÉLIARD (George-A.), à Paris, rue Choron, 18. — Matériel de voies fixes et portatives, plaques tournantes, wagonnets pour transports de terre, etc. **(QUAI.)**

23. BELTOISE (Frédéric), à Saint-Denis-de-l'Hôtel (Loiret). — Charrues de culture, à vignes, avec ou sans levier, multiples, transformables en extirpateur, bineuse, herses, houes et butteurs. **(ESPLANADE.)**

24. BERTHIER (E.) & Cie, à Aubervilliers (Seine), rue de la Haie-Coq, 14. — Phosphates minéraux, sulfate d'ammoniaque, nitrates, acides et matières premières pour la fabrication des engrais. **(QUAI.)**

25. BERTIN Fils (Théodule), à Montereau (Seine-et-Marne). — Batteuses à un cheval et deux chevaux, manège à plan incliné à un cheval à frein automatique rationnel. Meule « l'Éclair ». **(QUAI.)**

> Spécialité de batteuses et manèges à plan incliné.

26. BERTRAND (Auguste), à Buffon (Côte-d'Or). — Cendres de chaux et de bois pour les terres. **(QUAI.)**

27. BESNARD Père & Fils, à Saint-Bault (Indre-et-Loire). — Scarificateurs, brabants simples et doubles, charrues et herses de toute espèce. **(QUAI.)**

28. BEYER (Louis), à Saint-Dié (Vosges). — Machines à battre, hache-paille, coupe-racines, tarares, laveur, trieur, concasseurs. **(PARC.)**

29. BILLAUT (M.-Auguste), à Saint-Georges-des-Sept-Voies, par Gennes (Maine-et-Loire). — Charrues rigoleuses pour prairies avec socs de rechange, pelle rigoleuse à main. **(ESPLANADE.)**

30. BILLY (Félix), à Provins (Seine-et-Marne), rue Victor-Arnould, 13. — Semoir, distributeur d'engrais, pompe à purin. **(ESPLANADE.)**

31. BIROST-FOUCAULT (E.-Émile), à Clesles (Marne). — Charrues perfectionnées à araire double et houe s'adaptant à l'araire simple.   **(ESPLANADE.)**

32. BIZOUARD (Pierre), à Palaiseau (Seine-et-Oise).— Wagonnets en fer pour transport agricole avec rails mobiles.   **(ESPLANADE.)**

33. BOISSELET (Pierre), à Bondy (Seine), rue de Rosny, 5.— Charrues diverses, doubles et simples, butteuses, etc.   **(ESPLANADE.)**

34. BONNA (Aimé), à Paris, rue d'Anjou, 52. — Rouleau butteur pour irrigation, défonceuse.   **(ESPLANADE.)**

35. BOSSELET (Sylvain), à Fontenay-les-Louvres (Seine-et-Oise). — Bineurs déchaumeurs. Instruments propres à façonner la terre.   **(QUAI.)**

36. BOULET (J.) & Cie, à Paris, rue Boinod, 31. — Machines à vapeur et pompes pour arrosage.   **(QUAI.)**

   Médaille d'or 1878, Médailles d'or et diplômes d'honneur aux Expositions d'Amsterdam 1883, Anvers 1885. Membres du jury aux Expositions de Paris et Barcelone 1888.
   Croix de la Légion d'honneur 1888.

37. BOURGEOIS Jeune & Cie, à Ivry-sur-Seine, boulevard d'Alfort (Seine). — Sang desséché, engrais de toute espèce et produits chimiques pour l'agriculture.   **(QUAI.)**

38. BRASSEUR Aîné, à Berry-au-Bac (Aisne). — Semoirs divers.   **(QUAI.)**

39. BRELOUX & Cie, à Nevers (Nièvre). — Locomobiles, machines à battre, pompes centrifuges.   **(QUAI.)**

40. BRICHARD Fils, à Massy (Seine-et-Oise), rue de Paris, 22. — Semoirs divers, houes à cheval, brabants simples et doubles, tarare.   **(ESPLANADE.)**

41. BROUHOT & Cie, à Vierzon (Cher). — Batteuses diverses, locomobiles.   **(QUAI.)**

   Machines à vapeur locomobiles à flamme directe et à retour de flamme, à foyer amovible, à régulateur à détente fixe ou à détente variable par le régulateur.
   Machines à battre les blés simples, à deuxième nettoyage, à trieur et double nettoyage. — Batteuses à trèfle égrenant et ébossant.
   Deux médailles d'or et une d'argent. Exposition universelle de Paris, 1878. Médaille d'or, Exposition universelle de Barcelone, 1888.

42. BRUEL & BRUNAT, à Moulins (Allier). — Instruments agricoles.   **(ESPLANADE.)**

   Médaille d'argent, Exposition universelle de Paris, 1867.
   Rappel de Médaille d'argent, Exposition universelle de Paris, 1878.

43. BUHLER (Eugène), à Saint-Dié (Vosges). — Faucheuse, moissonneuse.   **(ESPLANADE.)**

44. BUSSEREAU (Jean), à Paris, rue Michel-Bizot, 204. — Meules et appareils à aiguiser les scies de faucheuses et moissonneuses.   **(QUAI.)**

45. CABASSON (Jules), Ancienne Maison **Pernollet J.**, à Paris, rue Saint-Maur, 108. — Trieurs à alvéoles, cribles diviseurs pour tous les grains et toutes les graines.   **(QUAI.)**

46. CAILLER-GRIVEAUX, à Laives, par Sennecey-le-Grand (Saône-et-Loire). — Moissonneuses, faucheuses.   **(QUAI.) (ESPLANADE.)**

47. CANDELIER (E.) & Fils, à Bucquoy (Pas-de-Calais). — Brabants doubles, défonceurs ordinaires, extirpateurs, arracheuses de betteraves et rouleaux compresseurs pour les ponts-et-chaussées.   **(QUAI.)**

   Brabants simples de toutes forces. Trisocs et bisocs. Déchaumeurs. Houes. Herses. Rouleaux.
   Exposition universelle 1878, Médaille d'or. — Croix de la Légion d'honneur, juin 1884.

48. CARAMIJIA-MAUGÉ, à Paris, rue Ruty, 17. — Appareils pour le battage, le nettoyage, la division, le classement et la manutention des grains, appareils pour préparer la nourriture des animaux.   **(QUAI.)**

49. CARPENTIER (de), à Valenciennes (Nord). — Plans de reboisement et de culture.   **(QUAI.)**

50. CATHELINEAU & Cie, à Rennes (Ille-et-Vilaine), rue du Faubourg-de-Redon, 59. — Pressoir dit « Universel. »   **(ESPLANADE.)**

51. CAULA (Étienne), à Cannes (Alpes-Maritimes), boulevard du Cannet. — Herses, différents modèles.   **(ESPLANADE.)**

52. CHAMBARD (A), à Auxerre (Yonne). — Voitures agricoles, roues diverses, brouettes.   **(QUAI.)**

53. CHAMBONNIÈRE, à Clermont-Ferrand (Puy-de-Dôme). — Charrues, houes à cheval, herses en zigzag, scarificateur.   **(ESPLANADE.)**

54. CHAMEROY (Augustin-E.), à Paris, rue Erlanger, 7. — Bascules à contrôle pour l'impression du poids, pour pesage du bétail, du grain, des fourrages, des betteraves, etc.   **(QUAI.)**

    Médailles d'or aux Expositions universelles de Paris en 1878, d'Amsterdam 1883, d'Anvers 1885. Les bascules Chameroy sont employées par la Ville de Paris et par un grand nombre de villes de la Province et de l'Étranger, pour le service des poids publics et l'octroi. Elles sont également appliquées dans les mines, raffineries, distilleries, forges, usines à gaz, etc., enfin dans les grandes administrations et le commerce de toute nature.

    N.B. Pour renseignements et achats, s'adresser : rue d'Allemagne, 147, à Paris, à M. Edmond Chameroy fils, Ingénieur constructeur, concessionnaire des brevets Chameroy et successeur de son père depuis 1885. Concessionnaires des brevets Chameroy à l'Étranger : en Angleterre, M. Avery, à Birmingham ; en Allemagne ; M. Morh-Federhaff, à Mannheim ; en Espagne, M. Fibernat, à Barcelone.

55. CHAMPENOIS-RAMBEAUX, à Cousances-aux-Forges (Meuse). — Faucheuses, moissonneuses, râteaux à cheval, charrettes, etc.   **(QUAI & ESPLANADE.)**

56. CHANDORA (Léon), à Moissy-Cramayel (Seine-et-Marne). — Dessèchement. Drainage. Irrigation, etc.   **(QUAI & ESPLANADE.)**

    Plans de travaux de desséchement, drainage et irrigation, recherches d'eau.

    Récompenses :

    Médailles d'argent aux Expositions universelles internationales : de Paris, 1878 ; Amsterdam, 1883 ; Anvers, 1885 ; Barcelone, 1888.

57. CHAPELIER (Victor), à Ernée (Mayenne). — Pressoirs à cidre et à vin, concasseurs de pommes, barattes à beurre, malaxeur à beurre, réfrigérants à lait, écrémeurs à froid, appareils divers de laiterie.   **(QUAI.)**

58. CHAUDRON Frères (Maurice & Vital), à Lullin (Haute-Savoie). — Charrue.   **(ESPLANADE.)**

59. CHAUSSADENT (E.), à Moissy-Cramayel (Seine-et-Marne). — Faucheuses, moissonneuses, râteaux, semoirs et autres instruments agricoles.   **(ESPLANADE.)**

60. CHEVALET (Louis), à Troyes (Aube). — Échantillons d'engrais divers.   **(QUAI.)**

61. CHEVALIER (Pierre), à la Roulette, canton de Pons (Charente-Inférieure) — Moissonneuse à sillon et à plat se transformant en faucheuse.   **(ESPLANADE.)**

62. CHOMETTE-CHEVALIER (Jules), à Riom (Puy-de-Dôme).— Fardier destiné au chargement d'arbres en grume de longueur illimitée, système nouveau.   **(ESPLANADE.)**

63. CLERT (Alfred), à Niort (Deux-Sèvres) — Collection de trieurs.   **(QUAI.)**

64. COIGNET & Cie, à Paris, rue Lafayette, 130. — Engrais divers.   **(QUAI.)**

65. COLLOT (Tibulle), à Lille (Nord), rue du Faubourg-de-Roubaix, 70. — Superphosphates de tous titres, engrais chimiques, phosphates. **(QUAI.)**

66. Compagnie agricole du desséchement des marais de Fos et Colmatage de la Crau (Directeur de la), à Paris, avenue de l'Opéra, 38. — Plan relief, cartes et photographies de la mise en culture des terrains de la Crau. **(QUAI.)**

67. Compagnie des Eaux-vannes, à Paris, rue d'Anjou, 52. — Plan en relief, albums indiquant l'utilisation agricole des eaux-vannes, avec assainissement et drainage. **(QUAI.)**

Épuration et utilisation agricole des eaux d'égoût de Reims.

68. Compagnie d'exploitation des minerais du Rio-Tinto, à Marseille (Bouches-du-Rhône), rue Grignan, 32. — Engrais chimique, guano artificiel, superphosphate potassique. **(QUAI.)**

69. Compagnie Générale de travaux hydrauliques, à Paris, rue du Quatre-Septembre, 25. M. **Tranié,** Ingénieur-Directeur, à Toulouse, rue Roquelaine, 28. — Dessins de travaux d'irrigation. **(QUAI & ESPLANADE.)**

Plan général du canal d'irrigation de Toulouse, destiné à l'arrosage des terres et à la submersion des vignes sur une partie du territoire des départements de la Haute-Garonne et du Tarn-et-Garonne.

70. CONSTANTIN & Fils, à Tencin (Isère). — Charrues diverses. **(ESPLANADE.)**

Charrue double avec versoirs à genouillères et articulations des charnières pour les terrains plats ou très inclinés.
Breveté S. G. D. G.

71. CUMMING (Jules), à Orléans, place Saint-Laurent, 2. — Machines à battre le blé et les graines de trèfles avec nettoyage par aspiration, moteurs à manège fixe, 1/2 fixe et transportables. **(QUAI.)**

Moissonneuses, faucheuses, râteaux à cheval, moteur solaire produisant gratuitement la force motrice pour l'élévation de l'eau. Médaille d'or aux Expositions universelles de Londres 1862, Paris 1867 et 1878.

72. DAJON (E.), à Sarcelles (Seine-et-Oise). — Charrues diverses. **(QUAI & ESPLANADE.)**

73. DAJON (F.-Auguste), à Mesnil-Aubry (Seine-et-Oise). — Charrues bascule, bisoc et simple, brabants, défonceuses, extirpateurs, houe à cheval, rouleaux Croskill, herses. **(QUAI & ESPLANADE.)**

74. DANTHUILE (Émile), à Ribemont-sur-l'Ancre (Somme). — Charrues, Brabant extirpateurs et instruments divers. **(QUAI.)**

75. DARRAS (F.-V.) & LAUMONIER (Ch.), à Saussay-la-Vache (Eure). — Machines agricoles diverses. **(ESPLANADE.)**

76. DAVID (Henri-S.-J.), à Orléans (Loiret), rue de l'Échelle, 3. — Pressoirs pour vins, cidres, huiles et miels, pompes à chapelets et à trois corps, manège. **(ESPLANADE.)**

77. DECOUT-LACOUR (Eugène), à La Rochelle (Charente-Inférieure). — Pompes spéciales pour desséchements, drainages et irrigations. Appareil de sondage pour perforation des terrains. **(QUAI & ESPLANADE.)**

78. DEFOSSE-DELAMBRE, à Varennes (Somme). — Charrues diverses, herses, extirpateurs, houes à cheval et autres ustensiles de ferme. **(ESPLANADE.)**

79. DELAUNAY (H.) & Cie, à Paris, quai d'Orléans, 14. — Matières premières pour l'agriculture, engrais chimiques. **(QUAI.)**

80. DEMARLY & FOUQUART, à Origny-Sainte-Benoîte (Aisne). — Rouleaux en fonte et fer, brise-mottes, houes, herses. **(QUAI & ESPLANADE.)**

Représentés par M. Édouard Lucas, 9, rue Bridaine, Paris-Batignolles.

81. DEMONCY-MINELLE, à Château-Thierry (Aisne). — Engreneuse pour batteuse à grand travail, semoirs. **(QUAI.)**

82. DENIS (Louis), Fils, à Brou (Eure-et-Loir). — Série de trieurs à alvéoles, série de tarares, série de barattes. **(QUAI.)**

83. DEROME, à Bavay (Nord). — Semoirs à graines et engrais, distributeur d'engrais et de graines à la volée. **(QUAI.)**

84. DESAILLY (Paul), à Paris, rue du Faubourg-Montmartre, 17. — Phosphates de chaux fossiles. **(QUAI.)**

    Exploitation centrale des phosphates de chaux fossiles. — Médailles aux Expositions universelles, Paris, 1867, 1878. — Usines dans les Ardennes, la Côte-d'Or, la Marne, la Meuse. Etablissements dans le Pas-de-Calais, la Somme.

85. DIOR Frères (Société des Usines Saint-Nicolas), à Granville (Manche). — Engrais de toutes sortes. Plans des usines. **(QUAI & ESPLANADE.)**

    Fabrique de produits chimiques agricoles et d'engrais de toutes sortes. — Médaille d'argent, Exposition universelle de Paris, 1878. — Croix de chevalier du Mérite agricole, 1884 ; Croix d'officier du mérite agricole, 1887.

86. DONDEY & Cie, à Paris, place de la Nation, 15. — Cribles diviseurs, trieurs, tamiseurs. **(QUAI.)**

87. DROUET Frères, à Saint-André (Eure). — Charrues en fer, extirpateurs, coupe-racines, casse-pommes, presse complète, bineuse en fer, rouleau fonte et fer. **(ESPLANADE.)**

88. DUMONT (Alfred), à Ambrault (Indre). — Batteuse mixte à céréales et à graines fourragères. **(ESPLANADE.)**

89. DUNCAN (J.-S.), à Paris, rue des Charbonniers, 13. — Lames de scies et autres pièces détachées pour faucheuses et moissonneuses. **(QUAI.)**

90. DUPUIS, à Montier-en-Der (Haute-Marne). — Batteuse à tripot (force 1 cheval) tarare à cylindre, batteuse à manège. **(ESPLANADE.)**

91. DURAND Fils (J.), à Montereau (Seine-et-Marne). — Charrues Brabant doubles, défonceuses, extirpateurs, herses, rouleaux, râteaux, houes à cheval, coupe-racine, hache-paille, etc. **(QUAI & ESPLANADE.)**

92. DURET (Jules), à Sillery (Marne). — Ramasseur automatique. **(ESPLANADE.)**

93. DUVAL (E.-T.), à Marcoussis (Seine-et-Oise). — Bineuses à roues à cheval. **(QUAI.)**

94. EGELEY (H.) & Fils, à Marcenay-sur-Laignes (Côte-d'Or). — Batteuse avec manège à plan incliné. **(ESPLANADE.)**

95. FAITOT Frères, à Maisons-Alfort (Seine). — Machines agricoles, locomobile, machine fixe, machine à battre, moulin agricole. **(QUAI.)**

96. FAUL (Charles), à Paris, rue Pierre Levée, 13. — Semoirs à engrais, pompes et tonneaux à purin. **(QUAI.)**

97. FAVIER (Jean), à Villeurbanne-Lyon, impasse Riton, 14. — Pressoir, enclume à rebattre les faulx. **(QUAI.)**

98. FÉAT (Pierre), à Bodilis (Finistère). — Charrue-bêcheuse-semeuse. **(ESPLANADE.)**

    Économie double, triple, pour tous labours, et semailles à la volée à volonté.

99. FERNAULT (Frères), à Blancafort (Cher). — Marne extraite du coteau des Tauvres. **(PALAIS.)**

100. FETRO Fils (Eugène), à Leuze (Aisne). — Brabants, extirpateurs, scarificateurs, herses, brabants fouilleurs, rouleaux et croskill. **(QUAI.)**

101. FILOQUE Père & Fils, à Bourgtheroulde (Eure). — Batteuses égreneuses, manège, locomobiles.   **(QUAI & ESPLANADE.)**

102. FONDEUR (F.-H.) & FONDEUR (Pol), à Viry-Noureuil (Aisne). — Charrues à sacs alternatifs de France, dites « universelles Fondeur. »   **(QUAI.)**

Nouvelles charrues doubles en acier ou charrues de l'Avenir, de 12 numéros de différentes forces, pour labours légers jusqu'aux plus puissants défoncements ; charrues simples de tous modèles ; fouilleuses doubles et indépendantes ; bisocs, trisocs, polysocs divers ; défonceuses perfectionnées pour treuils et à vapeur ; extirpateurs dits « universels Fondeur ». à 5 et 7 dents ; scarificateurs ; déchaumeurs ; charrues et extirpateurs vignerons ; herses ; bineuses ; butteuses; billonneuses ; instruments spéciaux pour l'exportation.

Représenté par M. Edouard Lucas, 9, rue Bridaine, Batignolles-Paris.

103. FORTIN Frères, à Montereau (Seine-et-Marne). — Machines à vapeur et à battre, batteuse à manège et à plan incliné.   **(QUAI.)**

104. FOULD-DUPONT, à Paris, rue d'Angoulême, 52. — Phosphate en poudre et en nodules.   **(QUAI.)**

Usines d'Apremont et de Champigneulles, près Granpré (Ardennes).

Moulins à phosphates. — Phosphates de chaux fossiles première qualité ordinaire et phosphates riches. — Dosages garantis monture très fine

Production annuelle 80 à 100,000 quintaux farine de phosphates. Exploitation de phosphates en nodules dans les Ardennes et dans la Meuse.

Extraction et lavage des nodules sur 20 communes de ces deux départements. Ces phosphates de qualité supérieure sont très recherchés. Les dosages obtenus journellement et garantis par des analyses chimiques sont 14 à 16 minimum et 23 à 25 maximum pour % acide phosphorique.

105. FRANÇOIS (Adolphe), à Auxerre (Yonne), rue Neuve, 13. — Voiture agricole à plusieurs usages.   **(QUAI.)**

106. FREYSSINAUD (Eugène), au Nouhaud, commune de Saint-Amand-Jartoudeix (Creuse). — Plans de système de reboisement, d'aménagements, de cultures de forêts.   **(QUAI.)**

107. FROGER (Élie), à Feneu (Maine-et-Loire). — Batteuse à grand travail, batteuse à dents, charrues, brabant, araire en acier, charrue et houe vigneronne.
                                                                    (QUAI.)

108. GALLISSOT-BOISSELIER (Marcelin), à Neuilly-l'Évêque (Haute-Marne). — Charrue avec avant-train.   **(ESPLANADE.)**

109. GARNIER & Cie, à Redon (Ille-et-Vilaine). — Charrues, herses, semoirs, batteuses et autres instruments agricoles.   **(QUAI & ESPLANADE.)**

110. GARRALON (J.-B.), à Villeneuve (Landes). — Charrue fouilleuse et tailleuse. Herse triangulaire et machine à gorger.   **(QUAI.)**

111. GAUTREAU (Théophile), à Dourdan (Seine-et-Oise). — Machines à vapeur fixes, demi-fixes et locomobiles agricoles, locomotives routières, batteuses fixes et mobiles à manège et à vapeur, manèges, semoirs, coupe-racines, etc.   **(QUAI.)**

Maison fondée en 1849.

Machines à vapeur locomobiles ou demi-fixes, de 3 à 30 chevaux, chaudière à retour de flamme, foyer amovible.

Batteuses à vapeur fixes et transportables, à petit, moyen et grand travail.

Batteuses à manège fixes ou transportables.

Manèges fixes ou transportables, semoirs à cuillers, à socs mobiles, coupe-racines, etc.

Récompenses aux Expositions universelles :

Paris, 1867, Médaille d'or ; Paris, 1878, deux médailles d'or et une d'argent ; Membre du Jury, Barcelone, 1888.

Chevalier de la Légion d'honneur, chevalier du Mérite agricole.

112. Génie Civil, à Paris, rue de la Chaussée-d'Antin, 6. — Plans, dessins, mémoires concernant le matériel et les exploitations agricoles.   **(QUAI.)**

113. GIRARD (Pascal), à Luçon (Vendée). — Engrais fertilisant et insecticide pour la vigne.   **(QUAI.)**

114. GIRARDIN, à Étampes (Seine-et-Oise). — Batteuses à vapeur diverses, locomobiles.
(QUAI.)

115. GIRON-BOULADON, à Condat, par Sauxillanges (Puy-de-Dôme). — Tarares, vanneurs trieurs diviseurs.
(QUAI.)

116. GOIN (L.), à Barcelonnette (Basses-Alpes). — Araire, dit Faure.
(QUAI.)

117. GOMBERT (Théodore), à Malizai, canton de Mées (Basses-Alpes). — Charrue défonceuse et autres.
(ESPLANADE.)

118. GRILLOT (Augustin-L.-G.), à Paris, rue Oberkampf, 62. — Rouleaux d'agriculture et brise-mottes.
(ESPLANADE.)

119. GRUÉ (Émile), à Solliès-Pont (Var). — Machines à labourer à manège.
(ESPLANADE.)

120. GUILLEUX LE DANTEC, à Segré (Maine-et-Loire). — Machines agricoles diverses.
(QUAI & ESPLANADE.)

121. GUILLOUX (Hippolyte), à Cuillé (Mayenne). — Semoir à toutes graines.
(QUAI.)

122. GUINAUDEAU Fils (Armand), à Avrillé (Vendée). — Charrue pour culture en billons, buttoir spécial pour billons, ravale, niveleuse, culbuteuse, herse rotative articulée pour billons, rouleau à billons.
(ESPLANADE.)

123. GUIS (Léonce), à Marseille (Bouches-du-Rhône), rue du Village, 37. — Tourteaux repassés au sulfure de carbone.
(QUAI.)

124. GUITTON (Prosper), à Corbeil (Seine-et-Oise). — Presses à fourrage, verticale et horizontale.
(QUAI & ESPLANADE.)

125. GURNAUD (A.-J.-B.Adolphe), au Château de Nancray, par Bouclans (Doubs). — Traitement et aménagement des forêts par le contrôle, nouvelle méthode française.
(QUAI.)

126. GUTTIN (Pierre), à Romans (Drôme) rue de la République, 9. — Tarares n° 2, engrenage extérieur, tarares n° 2, engrenage intérieur.
(QUAI.)

127. HARMAND, au Thillay, par Gonesse (Seine-et-Oise). — Charrue à bascule enfermée dans une vitrine, formant un véritable travail de patience.
(QUAI.)

128. HENRY et ses Fils, à Dury-lez-Amiens (Somme). — Défonceuses, Brabants doubles. Bisocs doubles et simples, Extirpateurs, Déchaumeur, Scarificateur, Fouilleuse, Houes, Arracheuse de betteraves.
(QUAI.)

Maison fondée en 1850. — Instruments aratoires. Charrues. Extirpateurs de 5 à 11 dents. Binots, butteurs. Herses en tous genres. Houes à cheval. Rouleaux en fonte et en tôle. Croskills. Scarificateurs de 9 à 21 dents, etc.

1855, Exposition universelle Paris : Médaille d'argent pour collaboration à l'Exposition collective de la Somme. Exposition universelle, Paris 1867 : Médaille d'argent ; Exposition universelle, Paris 1878, Rappel de médaille d'argent.

129. HIDIEN, à Châteauroux (Indre). — Locomobiles, batteuses à graines fourragères, pompes centrifuges pour submersion, tonneaux et pompe pneumatique pour engrais liquide.
(QUAI.)

130. HIGNETTE (Jules), à Paris, boulevard Voltaire, 262. — Installation complète de laiterie et fromagère industrielle, machine à batre. Appareils de décortication et nettoyage de céréales.
(QUAI.)

131. HURTU, à Nangis (Seine-et-Marne). — Machines agricoles diverses. (QUAI.)

132. HUSSON-MARY (Gaston-J.), à Montmirail (Marne). — Tarare à hélice.
(QUAI.)

133. HYVERT (Pierre), à Carcassonne (Aude). — Produits chimiques pour engrais agricoles.
(QUAI.)

134. JACQUEMIER (Louis), à Prévessin (Ain). — Os non dégélatinés pour engrais, en poudre, superphosphates.   **(QUAI)**

135. JANIN (Antoine), à Saint-Laurent-lez-Mâcon (Ain). — Engrais chimiques.   **(QUAI.)**

136. JANNEL Frères, à Martinvelle (Vosges). — Faucheuse « l'Universelle n° 3 », moissonneuse « la Dériveuse ». Batteuse à pédales « la Vosgienne ».   **(QUAI.)**

137. JAPY Frères et Cie, à Beaucourt (Territoire de Belfort). — Machines agricoles diverses.   **(QUAI.)**

Faucheuses. — Faneuses. — Râteaux à cheval. — Batteuses pour petite culture. — Tarares. — Nouveaux semoirs. — Manèges. — Charrues. — Egrenoirs à maïs, brevetés S. G. D. G. Hache-paille, concasseurs. — Coupe-racines. — Herses. — Pompes en tous genres. — Pulvérisateurs. — Soufreuses. — Articles de laiterie, etc. etc. à Paris, rue du Château-d'Eau, 7, à Toulouse, 1 et 2, rue Aubuisson.

138. JOLY & FOUCART, à Blois (Loir-et-Cher). — Machines à faire les tuyaux de drainage.   **(QUAI.)**

139. JOUVIN Père & Fils, à Sartrouville (Seine-et-Oise), rue St-Martin, 83.— Bineuses interchangeables, telles que butteuses, extirpateurs, arracheurs de pommes de terre, charrues de montagne et vigneronnes.   **(ESPLANADE.)**

140. KERVINKA (Louis-J.), à Pontoise (Seine-et-Oise), rue du Pothuis, 21. — Echelles, fourches, rateaux, moulin à pommes et pressoirs.   **(QUAI.)**

141. LACOUX (Joseph), à Bessines (Haute-Vienne). — Presses à fourrage.   **(QUAI.)**

142. LACROIX Frères, à Caen (Calvados), rue de la Monnaie. — Pressoirs et broyeurs pour la fabrication du cidre.   **(QUAI.)**

Médailles à l'Exposition universelle de Paris, 1855.

143. LACROIX (Gilbert), à Taverny (Seine-et-Oise).—Bineuse, butteuse, charrues Brabant, extirpateur, etc.   **(QUAI & ESPLANADE.)**

144. LAGNEAU (Victor), à Paris, rue du Faubourg Saint-Martin, 257.—Pompes à air pour faire le vide aux vidanges.   **(ESPLANADE.)**

145. LALIS (Léon), à Liancourt (Oise). — Tonneau à purin.   **(ESPLANADE.)**

146. LARUE BELLENGER Fils, à Segrie-Fontaine (Orne). — Tour de pressoir en granit y compris la meule pour broyer les pommes à cidre.   **(ESPLANADE.)**

147. LAUREAU (Jules), à Quiberon (Morbihan). — Matières premières : poissons et détritus, et plantes marines. Produits fabriqués. Engrais divers.   **(ESPLANADE.)**

Médaille d'argent, Exp. univ. 1878. Auteur des ouvrages : « Système rationnel de fumures des terres ». « Lettres aux cultivateurs sur la chimie ».

148. LE BLANC (Jules), à Paris, rue du Rendez-Vous, 52.— Machine à vapeur locomobile spéciale pour l'agriculture.   **(QUAI & ESPLANADE.)**

Médailles d'or aux Expositions universelles : Paris 1878, Amsterdam 1883.

149. LE BRETON (L.-L.), à Orléans (Loiret).— Appareils d'irrigation. **(QUAI.)**

Médailles de bronze aux Expositions universelles de Paris 1878 et de Barcelone 1888.

150. LECOQ (Napoléon), à Boisville-la-Saint-Père (Eure-et-Loir). — Machines à battre, trépigneurs, tarare, trieur.   **(QUAI.)**

151. LEFORT (Camille), à Saint-Jean-d'Angély (Charente-Inférieure). — Engrais chimiques, superphosphates d'os, poudre d'os, sang desséché.   **(QUAI.)**

152. LEFRÈRE (F.), à Châteauneuf-sur-Sarthe (Maine-et-Loire). — Collection d'anneaux pour taureaux, trocarts et agrafes pour conducteurs de taureaux.   **(QUAI.)**

153. LEGENDRE (J.-A.), à Artenay (Loiret). — Poudre d'os dégélatinés ou non. Engrais d'os verts. **(QUAI.)**

154. LETACQ (Ernest), à Paris, boulevard Serurier, 147. — Kiosque remplaçant les couvertures pour meules. **(ESPLANADE.)**

155. LHERMITE (Gustave), à Louviers (Eure). — Sarcleuse et buttoir à cheval, déchaumeur, extirpateurs. **(ESPLANADE.)**

156. L'HOTE (François) & SALMON (Raymond), à Darnieulles (Vosges). — Fourches javeleuses, dites vosgiennes. **(QUAI.)**

157. LIOT et ses Fils, à Boisguillaume-Rouen (Seine-Inférieure). — Collection de semoirs à toutes graines. **(QUAI & ESPLANADE.)**

158. LOBIN Ainé (Émile), à Groslay (Seine-et-Oise). — Bineuses, butteuses interchangeables, charrues simples et doubles à bascules et brabants de toutes forces. **(ESPLANADE.)**

159. LOTZ Fils de l'Ainé, à Nantes (Loire-Inférieure). — Locomobiles, batteuses diverses. **(QUAI.)**

160. LOUVET (Paul-N.), à Montsaugeon (Haute-Marne). — Charrue avec son avant-train. **(ESPLANADE.)**

161. MABILLE Frères, à Amboise (Indre-et-Loire). — Pressoirs, fouloirs, moulins à pommes, concasseurs et autres appareils agricoles. **(QUAI.)**

162. MABILLE (Isaac), à Limoges (Haute-Vienne). — Siphons automatiques et appareils pour chasses d'eau d'égouts. **(QUAI.)**

163. MAÇON (Louis-E.), à Évreux (Eure). — Broyeur de pommes, locomobile. **(ESPLANADE.)**

164. MAGNIER (C.), à Provins (Seine-et-Marne), place Saint-Ayoul, 3. — Semoirs à rayonneurs mobiles à avant-train, à limonière, semoir à la volée, etc. **(QUAI.)**

165. MAHOT, à Ham (Somme). — Semoirs à graines et engrais, manèges, pompes. **(QUAI.)**

166. MAILHE (P.), à Orthez (Basses-Pyrénées). — Egrenoirs à maïs, à batteur rendant le grain nettoyé, houe à plateau denté. **(QUAI.)**

167. MALLET-CHEVALLIER, à Nîmes (Gard), boulevard Gambetta. — Outillage pour fabrication d'engrais chimiques, naphtates divers, brochures diverses, etc. **(QUAI.)**

168. MARÉCHAL (Jean-J.-C.), Maison **Jacquet-Robillard**, à Arras (Pas-de-Calais), rue de Turenne. — Semoir Jacquet-Robillard avec levier régulateur, semoir à socs articulés à cuillères, à palettes et à engrais. **(QUAI.)**

169. MARGUERITE (P.) & DELACHARLONY, à Urcel (Aisne). — Engrais divers, sulfate de fer, cendres noires. **(QUAI.)**

170. MARIA (Victor), à Dol-de-Bretagne (Ille-et-Vilaine). — Semoirs, arrache-pommes de terre, houe à cheval. **(ESPLANADE.)**

171. MARMONIER, à Lyon (Rhône), rue du Château, 63. — Huilerie à manège pour l'huile d'olive, de noix, colza. Installation pour la fabrication du cidre. **(QUAI.)**

172. MAROT (J.) & Fils, à Niort (Deux-Sèvres). — Trieurs agricoles. **(QUAI.)**

173. MARTY Fils, à Perpignan (Pyrénées-Orientales). — Engrais et matières premières servant à leur fabrication. **(QUAI.)**

174. MERLIN (Louis), à Sens (Yonne), Usine Gondolins. — Sang desséché, viande, corne, os, engrais divers. **(QUAI.)**

175. MERLIN et Cie, à Vierzon (Cher). — Batteuses à vapeur, locomobiles.
(TROCADERO.)

Batteuses à blé, à graines fourragères ; pour la petite, moyenne et grande culture.
Tarares, coupe-racines, hache-paille, machines à vapeur, fixes, demi-fixes et locomobiles.
Machines à vapeur, à haute pression, à condensation ou sans condensation, à 2 cylindres.
Compound, chaudière à foyer amovible, fixes, demi-fixes, et à flamme directe. Installation
d'usines, transmissions, machines élévatoires pour les eaux des villes et des particuliers,
machines pour éclairage électrique. Expositions universelles de Paris, 1867 et 1878. Médailles,
bronze et argent.

176. MESLÉ-BAUCHET (Ferdinand), à Nevers (Nièvre). — Herses, extirpateurs, poteaux et portes en fer. **(ESPLANADE.)**

177. MESNIL Ainé, à Maintenon (Eure-et-Loir). — Semoirs en lignes à toutes
graines, 1 à 7 rangs sans avant-train et 1 à 10 rangs avec avant-train. **(ESPLANADE.)**

178. MÉTRASSE (Eugène-A.), à Galluis (Seine-et-Oise). — Charrue en fer et
bois. **(ESPLANADE.)**

179. MICHAUD (Philippe), à Pleuville (Charente). — Charrue tourne-oreille,
dombasle à mouvement articulé, herse articulée rédactible. **(ESPLANADE.)**

180. MICHEL (Auguste), à Paris, avenue Parmentier, 99.—Coupe-racines perfectionné, tôle, acier et coutellerie agricole. **(QUAI.)**

181. Ministère de l'Agriculture (administration des Forêts). Directeur : **Daubrée.** Administrateur : **Joubaire,** à Paris. — Collection des outils
d'abattage, d'équarrissage, d'élagage, de pépinières, etc., usités en France. **(QUAI.)**

**182. Ministère des Finances (Direction Générale des Manufac-
tures de l'Etat),** Directeur-Général : **H. Pradines,** à Paris. — Matériel,
instruments et machines pour la fabrication des tabacs ; appareils élévatoires des
magasins de tabacs en feuilles. **(PARC.)**

183. MONBEIG et Fils, à Navarreux (Basses-Pyrénées). — Broyeur, butteur,
arracheur d'herbes. **(ESPLANADE.)**

184. MONTANDON (J.), à Vernon (Eure). — Machine à battre, outil universel
pour usages agricoles. **(QUAI & ESPLANADE.)**

Maison fondée en 1868 par J. Montandon. Machines agricoles. Machine à battre dite
La Vernonnaise, brevetée S. G. D. G.
Pour battre toutes espèces de grains et même les petites graines à l'aide de machine à
vapeur. Manège et plan incliné dit Tripot. Machine dit Outil Universel brevetée S. G. D. G.
se transformant à volonté en concasseur.
Aplatisseur, Hache-Paille, Brise-Tourteaux, Moulin à mouture, Coupe-racines, Moulin à
pommes, etc.
Pressoirs, Faucheuses, Rateaux, Trieurs, Coupe-Racines, Hache-Paille, Tarares, etc. Usine
et magasins près des gares de Vernon sur la ligne de Paris au Havre. Dépôt aux Andelys.
Chaque Vernonnaise peut être munie de l'Outil Universel.

185. MONTILLET (Louis), à Menthonnex (Savoie). — Charrues diverses pour
labourage et pour rigoles d'irrigation de prairies. **(QUAI.)**

186. MORANE Ainé, à Paris, rue du Banquier, 10. — Presses hydrauliques
diverses. **(QUAI.)**

187. MORANE Jeune, à Paris, rue Jenner, 23. — Pressoirs et presses spéciales
pour le cidre et l'huile. **(QUAI.)**

188. MOREAU (Octave), à Paris, rue de l'Armorique, 19. — Engrais chimique
et insecticide. **(QUAI.)**

189. MOREL (Auguste), à Montreuil-sous-Bois (Seine), rue de Paris, 114. —
Plâtre pour engrais. **(QUAI.)**

Ingénieur des Arts et Manufactures. Exploitation d'une carrière à plâtre et fabrication de
plâtres spéciaux pour engrais.
Echantillons divers de plâtres pour engrais.
Médaille d'argent, Exposition universelle, Paris, 1878. Membre du jury à l'Exposition universelle d'Anvers 1885. Secrétaire rapporteur des classes 60 et 61. (Génie Civil).

190. MORLET (Emile-J.), à Gouvernes (Seine-et-Marne). — Régénérateur des luzernes, bineuse automatique, collection de roues.   **(ESPLANADE.)**

191. MOT & Cie, à Paris, boulevard de la Villette, 168. —Coupe-racines à disques, à cône, aplatisseurs divers, hache-paille divers systèmes, râteau à cheval.   **(QUAI.)**

192. MURE Frères, à Lyon, rue de Baraban, 95. — Tarare ventilateur.   **(QUAI.)**

193. NAUDIER (Abel), à Guignes Rabutin (Seine-et-Marne). — Carte générale de travaux de drainage avec un tableau indiquant le nom des propriétaires, le nombre d'hectares drainés et la dépense par hectare.   **(QUAI.)**

194. NIVET (Jean-Baptiste), à Marans (Charente-Inférieure). — Projet d'irrigation générale et de navigation intérieure de la France, tracé sur cartes, brochures.   **(QUAI.)**

195. NOEL (Nicolas), à Paris, avenue Parmentier, 104. — Pompes agricoles et vinicoles. Appareils pour combattre le mildew. Charrues sulfureuses.
                         (QUAI & ESPLANADE.)

196. NOGUÈS (Marcelin), à Tarbes (Hautes-Pyrénées), rue de l'Orient, 27. — Charrue double.   **(ESPLANADE.)**

197. OLLAGNIER (Cl. Joseph), à Tours (Indre-et-Loire). — Pressoirs pour vins et cidres. Fouloirs à vendanges, casse-pommes, presse à huile. **(QUAI & ESPLANADE.)**

198. OSMONT (George), à Caen (Calvados). — Presse à double main pour cidre. Moulin à pomme.   **(QUAI.)**

199. OUDIN & L'HIRONDELLE, à Fargniers-Tergnier (Aisne). — Distributeurs d'engrais, semoirs, rouleaux.   **(QUAI.)**

200. PAGNIER (Julien), à Maurecourt (Seine-et-Oise). — Pressoir, semoir, fouloir, broyeur, ratissoir à bras et à cheval.   **(QUAI.)**

201. PAQUIS (Laurent), à Magneux (Haute-Marne). — Charrues anciennes et modernes.   **(ESPLANADE.)**

202. PARADIS (Hubert), à Hautmont (Nord). — Batteuses portatives et à manége, batteuses fixes, rouleaux en fonte et croskill, rouleaux brise mottes à broches.
                         (QUAI & ESPLANADE.)

203. PARIS Jeune, à Paris, boulevard Richard-Lenoir, 59. — Pince pour arracher les plantes.   **(ESPLANADE.)**

204. PAUPIER (Léonard), à Paris, rue Saint-Maur, 84. — Instruments de pesage. Chemin de fer pour exploitations industrielles et agricoles. Matériel roulant en fer.   **(QUAI & ESPLANADE.)**

205. PÉCARD Frères (L. & A.), à Nevers (Nièvre), rue du Clou. —Faucheuses, moissonneuses, râteaux et autres machines agricoles, machines à vapeur fixes et locomobiles.   **(QUAI.)**

206. PELLOT-SCHUNG, à Rethel (Ardennes). — Semoirs à betteraves à toutes graines et à engrais.   **(QUAI.)**

207. PERRET (Michel), à Tullins (Isère) — Semoir à toutes graines. Sarcloir pour les céréales. Modèle de cuve de vinification.   **(QUAI.)**

208. PÉTILLAT (Antoine), à Vichy (Allier). — Charrues, herses, semoirs, houes, extirpateurs, batteuses, tarares, pompes à chapelet, fouloirs, articles d'écurie et de cave.   **(ESPLANADE.)**

   Barattes, objets nouveaux : rouleaux brise-mottes triangulaires, pressoirs, râpes.
   Auges à compartiments mobiles.
   Outils de jardinage. Installation de champ de foire.

209. PEZOU (Michel), à Arcueil-Cachan (Seine). — Pompe d'épuisement et à purin, noria chapelet et pompe d'arrosage, petit manège.   **(QUAI.)**

210. PILLET (Olivier), à Nantes (Loire-Inférieure), Prairie-au-Duc. — Phosphates moulus de toutes provenances.   **(QUAI.)**

211. PILLIER & GUICHARD, à Lieusaint (Seine-et-Marne). — Machines agricoles diverses.   **(ESPLANADE.)**

212. PILON Frères et J. BUFFET, à Chantenay (Loire-Inférieure). — Sulfates d'ammoniaque, de potasse, de fer, nitrate d'ammoniaque, de potasse, superphosphates, engrais chimiques, etc.   **(QUAI.)**

213. PILTER (T.), à Paris, rue Alibert, 24. — Presses à fourrages, tonneaux à bras et à cheval.   **(QUAI.)**

214. PLISSONNIER Fils (Claude), à Loisy, par Cuisery (Saône-et-Loire). — Charrues en tous genres, houes pour la vigne et les céréales, extirpateurs.   **(QUAI.)**

215. POINTE (Louis-A.), à Nully (Haute-Marne) — Versoir de charrue.   **(QUAI.)**

216. PRADOURAT (Victor), à Lafestinière, commune de Pierre-Chatel (Isère). — Plans de cultures, mémoires.   **(QUAI.)**

217. PRAT Frères (Émile et Auguste), à Grenoble (Isère), avenue de la Gare. — Charrues, pressoirs, semoirs, batteuses, pompes.   **(ESPLANADE.)**
  Récompenses aux Expositions universelles de Paris, 1867 et 1878, et Anvers, 1885.

218. PREGERMAIN (Lambert), à Grond (Nièvre), commune de Tintury. — Plans de culture. Brochures.   **(QUAI.)**

219. PRESSON (J.-F.), à Bourges (Cher). — Trieurs de grains pour semences, tarares, ventilateurs pour céréales.   **(QUAI.)**

220. PRIMAT (G.), à Bordeaux (Gironde), rue d'Arès prolongée, 86. — Machines agricoles diverses.   **(ESPLANADE.)**

221. PROTTE (Léon), à Vendeuvre (Aube). — Batteuse fixe et locomobile, batteuse à plan incliné, manège en terre.   **(ESPLANADE.)**

222. PRUNEL Fils (A.), à Brésilly (Haute-Saône). — Charrues simples et polysocs, vigneronnes, houes à cheval et articulées, extirpateurs, concasseurs de grains, coupe-racines, dépulpeurs.   **(QUAI.)**

223. PUZENAT (Léon) Aîné, à Bourbon-Lancy (Saône-et-Loire). — Râteaux à cheval, herses articulées, démousseuses, scarificateurs et déchaumeurs.   **(QUAI.)**

224. PUZENAT (Émile), à Bourbon-Lancy (Saône-et-Loire), route de Moulins, 18. — Râteaux à cheval, faneuses, herses articulées, etc.   **(ESPLANADE.)**
  Maison à Paris, avenue Parmentier, 177, près la rue Alibert.
  Manufacture centrale de machines agricoles et viticoles de tous genres, spécialité de râteaux à cheval, faneuses, herses articulées, herse « Couleuvre », démousseuses, extirpateurs, scarificateurs, déchaumeuses ; instruments spéciaux pour culture de la vigne en général, pressoirs à vin. Outils d'horticulture et d'entretien d'allées de parc, etc., Catalogue f⁶ sur demande. Médailles de 1ʳᵉ classe aux Expositions universelles de Paris 1878, Amsterdam 1883.

225. QUARANTE (Dʳ P.-Lucien), à Paris, avenue de Wagram, 44. — Le « Germinateur ». Produit chimique pour chaulage des grains.   **(QUAI.)**

226. QUENTIN (Augustin), à Paris, quai de la Râpée, 18. — Meules pour repasser les scies de faucheuses et moissonneuses.   **(QUAI.)**

227. RAGUIN-MAUPU, à Sepmes (Indre-et-Loire). — Charrue.   **(ESPLANADE.)**

228. RAOULT (Emile), à Mirecourt (Vosges). — Dendromètre pour cuber les arbres sur pied.   **(QUAI.)**

229. RENARD (Célestin), à Héry (Yonne). — Charrue vigneronne avec accessoires, houe à cheval et harnais viticoles.   **(QUAI.)**

230. RENAULT (Albert-A.-F.), à Paris, rue Riqu , 73.— Voitures agricoles.
(ESPLANADE.)

231. RIBOTTEAUX & GRANGÉ, à Fontenay-le-Comte (Vendée). — Égreneuse de trèfle, luzerne minette vannant à double nettoyage. (QUAI.)

232. RIGAULT (Victor), à Paris, quai Valmy, 141. — Faucheuses, faucheuses moissonneuses, moissonneuses, râteaux à cheval, herses. (QUAI.)

233. ROBERT (E.), à Auxerre (Yonne), avenue Gambetta. — Charrues, herses, pressoirs, etc. (QUAI & ESPLANADE.)

Instruments pour l'agriculture, charrues vigneronnes, pressoirs tout en fer pour l'Algérie, Tunisie, Corse, Plata, Chili. Fabrication spéciale tout fer et acier.

234. ROBILLARD (Eugène), à Arras (Pas-de-Calais), Grande-Place, 17. — Semoirs à socs articulés et à socs rigides. Semoirs à engrais et betteraves. Distributeurs d'engrais à la volée. (QUAI.)

Médaille d'argent à l'Exposition universelle de 1878.
Croix du Mérite agricole.

235. ROFFO (Louis), à Paris, boulevard Richard-Lenoir, 58. — Pièces de rechange pour faucheuses et moissonneuses, coupe-racines, fourches diverses, etc.
(QUAI.)

236. RONSSIN Fils (Auguste), à Meaux (Seine-et-Marne). — Tonneaux à purin pour arrosage et transport d'eau. (ESPLANADE.)

237. ROUSSELET, à Villemeneux (Seine-et-Marne). — Charrue, scarificateur, bineuse, semoir. (ESPLANADE.)

238. SALLES (L.), à Paris, rue Saintonge, 64. — Engrais divers. (QUAI.)

Maison fondée en 1866, engrais et produits chimiques, usine au Petit-Ivry (Seine). — Récompense à l'Exposition internationale de Paris 1878.

239. SAMSON et Cie, à Paris, boulevard Magenta, 95. — Engrais, sang et dérivés. (QUAI.)

240. SANTERRE-TACONET (Joseph-L.), à Guise (Aisne). — Pompes et tonneaux à purin, noria hydraulique pour puits, abreuvoirs, etc. (ESPLANADE.)

241. SAVARY et Cie, à Quimperlé (Finistère). — Batteuses, pressoirs, charrues tarares et autres instruments agricoles. (QUAI.)

Spécialité de pressoirs à vin et à cidre nouveau modèle à mouvement vertical, breveté s. g. d. g. — Manèges. — Barattes. — Broyeurs d'ajoncs. — Médaille d'or, Paris, 1878.

242. SCHLŒSING Frères, à Marseille (Bouches-du-Rhône), rue des Princes, 18. — Sulfate d'ammoniaque, engrais chimiques, soufre précipité. (QUAI.)

Médaille d'or, Amsterdam 1883.

243. SCHNEIDER et Cie, au Creusot (Saône-et-Loire). — Phosphates métallurgiques des aciéries du Creusot. (ESPLANADE.)

244. SENET (Adrien), Successeur de **Pelletier Jeune,** à Paris, rue Fontaine-au-Roi, 10. — Instruments et outils pour l'agriculture. (QUAI.)

245. SIMON et ses Fils, à Cherbourg (Manche), rue Hélain, 70. — Malaxeurs pour le travail des beurres, barattes à beurre, manèges simples et manèges à orientation, broyeurs de pommes, pressoirs à cidre. (QUAI.)

Presse continue pour le cidre. — Constructions mécaniques. — Fonderie de fer et de cuivre.

246. SINGLY (de) & Cie, à Paris, rue d'Allemagne, 196. — Tuyaux en tôle et bitume et en tôle galvanisée. (QUAI.)

247. Société agricole et d'assainissement des Bouches-du-Rhône (Directeur de la), à Marseille (Bouches-du-Rhône), rue des Recollettes, 5. — Echantillons d'engrais. Plans des exploitations et des installations de la Société. **(QUAI.)**

Transport par chemin de fer des produits de nettoiement et vidanges de Marseille. Utilisation agricole de ces matières dans diverses régions avoisinantes et notamment dans les plaines de la Crau présentant 25,000 hectares incultes.
Exploitations agricoles et usines de transformation en Crau, fondées en 1887.

248. Société anonyme des Usines et Fonderies de Saint-Ouen-Vendôme, à Saint-Ouen (Loir-et-Cher). — Presses, pressoirs, fouloirs à vendange, concasseur de fruits, pompes à vin.   **(QUAI.)**

249. Société Decauville Ainé, à Petit-Bourg (Seine-et-Oise). — Voies et wagons pour transport forestier, industriel et agricole.   **(ESPLANADE.)**

250. Société des aciéries de Longwy, (Directeur : **Dreux),** à Mont-Saint-Martin (Meurthe-et-Moselle). — Phosphates métallurgiques pour engrais.   **(QUAI.)**

251. Société des manufactures des glaces et produits chimiques de Saint-Gobain, Chauny et Cirey, à Paris, rue Sainte-Cécile, 9. — Phosphates de chaux, superphosphates minéraux, engrais divers, etc.   **(QUAI.)**

Usines à Chauny (Aisne), Aubervilliers (Seine), Saint-Fons (Rhône), L'Oseraie (Vaucluse). Montluçon (Allier), Marennes (Charente-Inférieure).
Gisements de phosphate de chaux à Beauval (Somme).
Superphosphates minéraux à tous titres. Engrais composés divers.
Médaille d'argent, Exposition universelle 1878.

252. Société des forges, fonderies et laminoirs de Saint-Roch-lez-Amiens, à Amiens (Somme), rue Saint-Jean, 1. — Pièces de forge pour l'agriculture, socs, versoirs, dents d'extirpateurs, vis de pressoir.   **(QUAI.)**

253. Société des phosphates de Chaux, Directeur : **Pitet,** à Hardivilliers-Breteuil (Oise). — Phosphates de chaux.   **(QUAI.)**

254. Société des phosphates de Pernes (Directeur : **Bascle de Lagrèze),** à Amiens (Somme), rue des Fossès, 6. — Phosphates de chaux pour engrais.   **(QUAI.)**

255. Société des polders de Bouin, à Bouin (Vendée). — Mémoires et dessins relatifs à l'endiguement et à la mise en culture des polders.   **(QUAI.)**

M. Le Cler, ingénieur civil, chevalier de la Légion d'honneur 1860 ; médaille d'argent, Exposition universelle 1867 ; méd. d'or, Exposition universelle 1878, 7, rue de la Pépinière, Paris.

256. Société des produits chimiques agricoles, à Paris, rue du Faubourg-Saint-Denis, 191. — Engrais et produits chimiques, phosphates.   **(QUAI.)**

257. Société des produits chimiques de Saint-Denis (Direction de la), à Paris, rue Taitbout, 52. — Phosphate de chaux, superphosphate, engrais chimiques, etc.   **(QUAI.)**

258. Société française de matériel agricole, à Vierzon (Cher). — Locomobiles, batteuses diverses et machines agricoles.   **(QUAI.)**

259. SOUCHU-PINET, à Langeais (Indre-et-Loire). — Charrues en tous genres, extirpateurs, houes, rouleaux et autres instruments agricoles.   **(QUAI.)**

Croix du Mérite agricole. Exposition universelle de Barcelone 1888 ; 1ᵉʳ prix, Médaille d'or.

260. TANCRÈDE Frères, à Paris, rue Baudin, 28. — Engrais divers. **(QUAI.)**

261. TANVEZ-LEVER, à la Tourelle-Guingamp (Côtes-du-Nord). — Batteuses, tarare, broyeur, charrues diverses, etc.   **(QUAI.)**

262. TERNOIS (J.), à Saint-Denis (Seine), rue de Paris, 151. — Engrais en bocaux, poudrette, sulfate d'ammoniaque, chaux, viande, viande desséchée, engrais concentrés.   **(ESPLANADE.)**

263. TESSIER (J.), à Marcoussis (Seine-et-Oise). — Fardiers pour transport de bois.   **(ESPLANADE.)**

264. TEXIER Père (Jean-Marie), à Vitré (Ille-et-Vilaine). — Machines agricoles, manège force deux chevaux, presse à foin, moulin à farine, moteur à gaz, etc.   **(QUAI.)**

Maison fondée en 1848 par l'exposant. Spécialité de vis de pressoir et pressoirs à cidre et à vin. Inventeur du broyeur d'ajoncs, de sarments de vigne et aussi concasseur de céréales. Moulins à farine agricole. Vis de pressoir en acier. Paris 1855, Paris 1878, Barcelone 1888.

265. THINEY Frères, à Coussegrey (Aube). — Rouleaux en fer, rouleaux plombeurs.   **(QUAI.)**

266. THOULIEUX, à Saint-Chamond (Loire). — Fourches et outils agricoles   **(QUAI.)**

267. TOUPET (Eugène), à Chantilly (Oise). — Grilles et clôtures en fer pour parcs, jardins et basses-cours, claies en fer et râteliers pour bergeries. Charrues bineuses pour la culture des betteraves. Instruments divers d'agriculture.   **(ESPLANADE.)**

Récompenses aux Expositions universelles de 1867 et 1878.

268. TRIOREAU (François), à Paris, rue des Fourneaux, 139. — Charrue, brouette, voitures diverses.   **(QUAI.)**

269. TRITSCHLER (A.), à Limoges (Haute-Vienne). — Charrues, faucheuses, râteaux à cheval, presses à fourrage. Pressoirs. Egrenoir de maïs.   **(QUAI.)**

Maison fondée en 1800.
Une médaille, Exposition universelle de 1855. Deux médailles, Exp. univ. de 1878.

270. TRUSSON Fils, à Cette (Hérault), rue des Ilots, 14. — Batteuse de faulx à la minute.   **(ESPLANADE.)**

271. VALFREY (Jules), à Bussy (Doubs). — Charrues, houes à cheval, arracheuse de pommes de terre.   **(ESPLANADE.)**

272. VENDOME (Alfred), à Lachelle (Oise). — Planteuse mécanique de pommes de terre.   **(QUAI.)**

273. VENU (Édouard), à Réau (Seine-et-Marne). — Charrues, bineuses, rouleau, extirpateurs, fouilleuses.   **(ESPLANADE.)**

274. VERMOREL (B.-Victor), à Villefranche (Rhône). — Matériel contre le phylloxéra, contre le mildew, machines agricoles et viticoles.   **(QUAI.)**

Pulvérisateurs à hottes. Pulvérisateurs à cheval. Soufreuse à hotte. Charrues vigneronnes. Houes vigneronnes. Pressoirs. Tarares. Barattes, etc. — Médaille or, Barcelone, 1888.

275. VERNIER (Achille-L.), à Voisins (Seine-et-Marne). — Machines servant à régler le fond des tranchées et à faire la forme des tuyaux de drainage. **(ESPLANADE.)**

276. VÉROT (J.-B.), à Pantin, commune de Vergézac (Haute-Loire). — Spécimen de drainage.   **(QUAI.)**

277. VIET (Louis-F.), à Rougeville (Seine-et-Marne). — Bineuses à bras pour toutes espèces de plantes en ligne.   **(ESPLANADE.)**

278. VIRCONDELET (Claude-Joseph), à Jussay (Haute-Saône). — Charrues-coutres mobiles et circulaires.   **(ESPLANADE.)**

279. VOIRIN Père et Fils, à Barrémont, par Manois (Haute-Marne). — Charrue se fixant à volonté.   **(ESPLANADE.)**

280. WINTENBERGER (Hector), à Frévent (Pas-de-Calais). — Batteuses à plan incliné.   **(QUAI.)**

281. WOHL (J.), à Paris, place de Rennes, 6. — Presse à bras pour foin, paille, etc.   **(QUAI.)**

282. XARDEL Frères, à Malzéville (Meurthe-et-Moselle).— Noirs d'os. Engrais divers. Sels ammoniacaux.   **(QUAI.)**

283. YVERT (A.-A.), à Mareil-Marly (Seine-et-Oise). — Moulins à pommes, manèges, concasseurs, coupe-racines, instruments agricoles divers.   **(QUAI.)**

COLONIES.

ALGÉRIE.

1 BANOS (Pedro), à Bel-Abbès (Oran). — Semeur mécanique à la volée s'adaptant à la charrue.   **(ESPLANADE.)**

2. BERGOUGNOUX (Antoine), à Bel-Abbès (Oran). — Araires de la force de 2 et de 4 chevaux.   **(ESPLANADE.)**

3. Boghar (Commune indigène de), à Boghar (Alger). — Plans ou cartes concernant les travaux de reboisement exécutés dans le cercle de Boghar.   **(ESPLANADE.)**

4. BURE (Adrien), à l'Ouider-Bône (Constantine). — Plans, mémoires, herbiers et collections d'études.   **(ESPLANADE.)**

5. Chellala (Annexe de), à Chellala, Commune indigène de Boghar (Alger). — Plans ou cartes concernant les travaux de reboisement exécutés dans l'annexe de Chellala.
                                                                 (ESPLANADE.)

6. Comice agricole de Souk-Ahras, à Souk-Ahras (Constantine). — Phosphate de chaux.   **(ESPLANADE.)**

7. Compagnie de l'Oued R'irh (FAU, FOUREAU & Cie), à Paris, rue Lepelletier, 21 —Matériel d'exploitation des fermes françaises créées dans les oasis de l'Oued R'irh.   **(ESPLANADE.)**

8. DAVOINE (F.-M.), à Bel-Abbès (Oran). — Instruments d'intérieur de ferme.
                                                                 (ESPLANADE.)

9. Djelfa (Commune indigène de), à Djelfa (Alger). — Plan de travaux exécutés: le puits ascendant de Mesrane, le barrage de l'Oued Melah, le barrage de l'Oued Mondjebara, etc.   **(ESPLANADE.)**

10. GAY (Jean), à Bône (Constantine).—Outils servant à l'exploitation des chênes-liéges, des écorces de tan, des bois de construction et des merrains pour la tonnellerie.
                                                                 (ESPLANADE.)

11. GROSPERRIN (Vve) et Fils, à Boufarik (Alger). — Charrue fixe.
                                                                 (ESPLANADE.)

12. HOFFMANN (Eugène), à Béni-Méred (Alger). — Charrue fixe et herse en fer.   **(ESPLANADE.)**

13. LORCET (Émile), à Bougie (Constantine). — Charrue de montagne.
                                                                 (ESPLANADE.)

14. MARTIN (Marien), à Bône (Constantine). — Charrues en fer et acier forgé
                                                                 (ESPLANADE.)

15. MARUCCI (Jean), à Saint-Arnaud (Constantine). — Charrue vigneronne et de culture par un changement de soc.   **(ESPLANADE.)**

16. MERIEUL & DISS, à Oran, rue Schneider. — Charrues.   **(ESPLANADE.)**

17. MOHAMMED bou Mediène, à Tlemcen (Oran). — Seaux, dits, kebibot.
(**ESPLANADE.**)

18. NICOLAS (Charles), à Duvivier (Constantine). — Matériel et procédés des exploitations rurales et forestières. Matières fertilisantes d'origine minérale. Plans divers, etc. (**ESPLANADE.**)

19. PELLETREAU (G.-A.), à Constantine. — Modèle de répartiteur d'eau appliqué à la police des irrigations. (**ESPLANADE.**)

20. SI CHAREF ben Kaddour, aux Beni-Chaïb, Commune mixte de l'Ouarsenis (Alger). — Charrue arabe. (**ESPLANADE.**)

21. Société Agricole et Industrielle de Batna et du Sud-Algérien, à Paris, rue Saint-Lazare, 7. — Plans divers des oasis créées par la Société l'Oued R'hir. (**ESPLANADE.**)

22. Syndicat du BOU-ROUMI (Secrétaire : **Thomas**), à Alger, rue Saint-Augustin, 15. — Projet d'irrigation de la région Ouest de la plaine de la Mitidja. (**ESPLANADE.**)

23. WETTERLÉ (George), à Souk-Ahras (Constantine). — Phosphate de chaux. (**ESPLANADE.**)

COCHINCHINE.

1. HUYNH VAN MIEN, à Baria. — Modèles de voitures à bœufs et à buffles. (**ESPLANADE.**)

2. NGUYEN DINH TUON, à Sadec. — Collection d'outils (types et modèles). (**ESPLANADE.**)

3. Service local, à Saïgon. — Modèle de brouette, de charrette, de voitures à bœufs et à buffles, collection d'outils. (**ESPLANADE.**)

GABON CONGO.

1. AVINENC, au Gabon. — Herminettes fiotes de la région de Loango. (**ESPLANADE.**)

2. PECQUEUR (Léona), au Gabon. — Herminettes bakoumi. (**ESPLANADE.**)

3. SCHLUSSEL (Laurent), à Libreville (Gabon). — Herminettes. (**ESPLANADE.**)

INDE FRANÇAISE.

1. Comité d'Exposition. — Charrues de l'Inde, couteaux de sauraires, outils agricoles en fer. (**ESPLANADE.**)

NOUVELLE-CALÉDONIE.

1. Affaires Indigènes (Service des), à Nouméa. — Pelles et pioches indigènes en bois. (**ESPLANADE.**)

RÉUNION.

1. SIGOYER (Maxime de), à Saint-Paul. — Transplantoir et ses accessoires. (**ESPLANADE.**)

SÉNÉGAL.

1. AMADY NATAGO, Lam Toro, (protectorat du Toro). — Longeul (plantoir à mil). (**ESPLANADE.**)

2. IBRAHIMA N'DIAYE, Chef du **N'Diambour,** (protectorat du N'Diambour). — Hilaire (pêche), fourche et bêche.   (ESPLANADE.)

3. MOKTHAR, attaché à la maison du marabout **Baba Ould Amdi.** — Pince à épines.   (ESPLANADE.)

4. NOIROT (Ernest), administrateur colonial. — Pinces à épines.   (ESPLANADE.)

PAYS DE PROTECTORAT.

ANNAM-TONKIN.

1. Protectorat de l'Annam et du Tonkin. — Pioches, socs de charrues, pioche à manche, faucille, couteaux pour couper les talus des rizières, bêche, armature de charrue, etc.   (ESPLANADE.)

2. Protectorat du Tonkin. — Charrue avec soc et sans soc, faucilles pour couper le riz, herses en bois et en fer, pioches courbées en fer et en bois, pioches droites, râteau courbé.   (ESPLANADE.)

3. Province de Phu-Yen. — Outils et machines agricoles (réduction). Charrue.
                                                                     (ESPLANADE.)

4. Province de Sontay. — Bêches. Charrues avec leurs attelles. Charrue du Tonkin (charrue). Faucilles. Herses avec attelles. Herses sans attelles. Pioches. Râteaux. Réductions d'instruments aratoires.

CAMBODGE.

1. PLANTÉ, à Phnom-Penh. — Charrue, herse, soc de charrue, serpettes, couteau pour tailler le rotin.   (ESPLANADE.)

2. POHOULATEP (O.), à Phnom-Penh. — Girouette pour effrayer les oiseaux
                                                                     (ESPLANADE.)

PAYS ÉTRANGERS.

AUTRICHE-HONGRIE.

1. SCHRÖCKENFUX (Carl) & WEINMEISTER (Franz), à Spita au Pyhrn (Haute-Autriche). — Faulx de Styrie de la marque « le Sauvage » et « le Raisin ».   **(PALAIS.)**

BELGIQUE.

1. BERNARD (Léopold), à Mesvin-Ciply. — Phosphates.   **(QUAI.)**

2. CLOTZ-DENAMUR (François), à Attres. — Fourche en acier trempé.
                                                                          (QUAI.)

3. DAVID & DEBOUCHE, à Moustier-sur-Sambre. — Engrais chimiques.
                                                                          (QUAI.)

4. FALLOISE (Henri), à Mons, rue du Haut-Bois, 54. — Phosphates et super-phosphates.   **(QUAI.)**

5. FRENNET-WAUTHIER (L.), à Ligny. — Semoir à grain perfectionné.
                                                                          (QUAI.)

6. GOBIET (Jules), à Gembloux. — Brise-mottes; arracheur-décolleteur de betteraves; arracheuse de lin.   **(QUAI)**

7. GROULARD Frères (L. de), à Angleur-lez-Liége. — Voies portatives en rails de 0m500 d'écartement; changement à deux voies; wagon à caisse équilibrée, cubant 750 litres. Wagons divers.   **(QUAI.)**

8. HALOT (Émile et Jules) et Cie, Anciens établissements Cail, Halot et Cie, à Bruxelles. — Machine locomobile agricole.   **(QUAI.)**

   Machine locomobile de 40 chevaux Compound, à détente Rider variable au régulateur. Commandée par les chemins de fer de l'Etat Belge.

9. HARDENPONT-MAIGRET & Cie, à Saint-Symphorien-lez-Mons. — Phosphates.   **(QUAI.)**

10. HICGUET (E.) LEFÉVRE (D.) & Cie, à Laeken, quai des Usines, 191 — Superphosphates.   **(QUAI.)**

11. RICHALD (Émile), au château de Saint-Quentin, à Ciney. — Chaux grasse
                                                                          (QUAI.)

12. ROLLAND (Émile), à Mons, rue André-Masquelier, 39. — Phosphates.
                                                                          (QUAI.)

13. Société anonyme des Manufactures de glaces, verres à vitres, etc., à Bruxelles, rue Jéricho, 7. — Superphosphates de chaux.   **(QUAI.)**

14. Société anonyme des Phosphates du Bois d'Havré (Directeur : **Denys**), à Havré. — Phosphates de chaux bruts et finis; superphosphates de diverses teintes. Tableaux des teneurs chimiques, etc.   **(QUAI.)**

15. Société anonyme des Phosphates et engrais chimiques (Administrateur : **Gernaert**), à Ciply (Mons). — Phosphates, etc.   **(QUAI.)**

16. Société anonyme de Vedrin (Directeur : **A. Binard**), à Saint-Marc (Province de Namur). — Superphosphates; engrais composés.   **(QUAI.)**

17. SOLVAY & Cie, à Ixelles-Bruxelles, rue du Prince-Albert, 19. — Phosphates de chaux, superphosphates, engrais chimiques.   **(PAVILLON SPÉCIAL)**

18. TERCELIN, BRIART & Cie, à Bascoup-lez-Mariemont. — Produits chimiques agricoles.   **(QUAI.)**

19. VAN HECKE (Gustave), à Gand, quai du Petit-Dock, 7. — Hache-paille; moulins concasseurs.   **(QUAI.)**

BOLIVIE.

1. BRESSON (André), à Paris, rue Lafayette, 1. — Guanos de méjillones.
                    (PARC.)

BRÉSIL.

(Voir son Catalogue spécial.)

ÉTATS-UNIS.

1. ALLEN (S. L.) & Co., à Philadelphie, 127 et 129, Catherine street. — Semoir. Houe à roues. « Cultivateur » aplanisseuse.   **(PALAIS.)**

2. ARMOUR & Co. à Chicago, Ill. — Engrais, produits et résidus, ammoniaque, sang desséché.   **(PALAIS.)**

3. BATCHELLER & Sons Co, à Wallingsford, Vermont. — Fourches à foin et à fumier.   **(PALAIS.)**

4. BENSON (Egbert), à Raritan, N. J. — Machines agricoles « Cultivateur ».
                    (PALAIS.)

5. BRADLEY & Co, à Syracuse, N. Y. — Moissonneuse, faucheuse.   **(PALAIS.)**

6. Chadborn & Coldwell Manuf. Co. (Pres't : **Thos. Coldwell**), à Newburgh, N. Y. — Différents modèles de faucheuses pour pelouses, à main et à cheval.
                    (PALAIS.)

7. CORDLEY & HAYES, à New-York, N. Y. — Échantillons indiquant les procédés de fabrication de bois durci.   **(PALAIS.)**

8. DOUGLAS (W. & B.), à Middletown, Conn. — Pompes, béliers hydrauliques, machines pour jardins et pour fermes.   **(PALAIS.)**

9. FERNOW (Bernhard E.). — Modèle de plantoir mécanique ; méthodes de sciage et d'abattage, présentées par des vues photographiques.   **(PALAIS.)**

10. GLOVER & CHANDLER, à Chicago, Illinois. — Modèle et vues de machine à vapeur pour transporter les troncs d'arbres.   **(PALAIS.)**

11. Higganum Manuf. Corporation, à Higganum, Conn. — Herse à pulvériser le sol. « Cultivateur ». instrument pour aiguiser les faux.   **(PALAIS.)**

12. Humboldt Lumber Manufacturers' Association, à Eureka, California. — Vues photographiques des opérations de sciage, abattage, etc., dans les séquoias de la Californie.   **(PALAIS.)**

13. HURTUBISE (Alexander), à Saginaw-City, Michigan. — Traineau de vidange.   **(PALAIS.)**

14. JOHNSTON HARVESTER Co., à Batavia, N.Y. — Moissonneuse-lieuse Johnston, bâtie en acier ; faucheuse-moissonneuse combinée.   **(PALAIS.)**

15. JOHNSTON (Samuel) & Co., à Brockport, N. Y. — Lieuse à ascenseur : à plate-forme, faucheuse et moissonneuse combinées.   **(PALAIS.)**

16. LLOYD & SUPPLEE HARDWARE Co., à Philadelphie, Pa, 503, Market street. — Faucheuses pour pelouses.   **(PALAIS.)**

17. LUTCHER & MOORE, à Orange, Texas. — Scierie et aplanissement : châssis en bois de pin palustre, avec vues des opérations de l'abattage et du sciage, pratiquées dans le Sud.   **(PALAIS.)**

18. Mac Cormick Harvesting Machine Co., à Chicago, Ill.—Moissonneuse-lieuse, faucheuse à un cheval, moissonneuse-ramasseuse.   **(PALAIS.)**

19. MAST, FOOS & Co., à Springfield, Ohio, 21st street. — Coupe-gazons.
                                                                    (PALAIS.)

20. Mexican Phosphate and Sulphur Co., (Secretary: **A. Halsey),** à San-Francisco, Cal., 328, Montgomery street. — Engrais provenant de guanos authentiques importés du golfe de Californie.   **(PALAIS.)**

21. MORGAN (D. S.) & Co, à Brockport, Monroe Co. N. Y. — Moissonneuse-lieuse, moissonneuse-râteleuse.   **(PALAIS.)**

22. MORLEY Brothers, à East-Saginaw, Michigan. — Outils employés dans la vidange.   **(PALAIS.)**

23. NIND (J. N.), à Minneapolis, Minnesota. — Vues des opérations d'abattage sciage, etc., dans le Nord-Ouest.   **(PALAIS.)**

24. OSBORNE (D. M.) & Co., à Auburn, N. Y.— Moissonneuse-faucheuse.
                                                                    (PALAIS.)

25. Plano Manuf. Co., à Chicago, Ill , W. 81 et 83, Monroe street.—Moissonneuse-lieuse, faucheuse.   **(PALAIS.)**

26. THAYER (J. E.), à San-Francisco, California. — Vues photographiques des opérations de sciage, abattage, etc., dans les seguoias de la Californie.   **(PALAIS.)**

27. Whitman Agricultural Co., à Saint-Louis, Mo. — Presse à comprimer la laine, le foin et la paille (Force motrice : le cheval).   **(PALAIS.)**

28. Wood (Walter A.) Mowing & Reaping Co. à Hoosick Falls, N. Y. — Moissonneuse-lieuse, faucheuse à un cheval, faucheuse à deux chevaux, ramasseuse à un ou deux chevaux.   **(PALAIS.)**

GRANDE-BRETAGNE.

1. COOK (Edward) & Co., à Londres. — Engrais chimiques   **(PALAIS.)**

2. CROWLEY (John) & Co., à Sheffield. — Appareil d'ensilage.   **(PALAIS.)**

3. London Manure Co. (Limited), à Londres, Fenchurch street, 116. — Engrais chimiques, matières brutes et produits fabriqués.   **(PALAIS.)**

4. REYNOLDS F. W. & Co., à Londres, Acorn works, Edward street, Blackfriars road. — Modèle d'appareil pour ensilage.   **(PALAIS.)**

GUATEMALA.

1. Municipalité de San-Raymundo, Dép. de Guatemala. — Scierie de bois.
                                                                    (PARC.)

NORVEGE.

1. BORTHEN (Tobias U), à Trondhjem. — Guano de poisson.   **(PALAIS.)**

2. Commission Norvégienne de l'Exposition Universelle de 1889 à Paris.— Os de baleine pulvérisés (nitrogène 3 %, acide phosphoreux 25 %). Guano de baleine (nitrog. 7.50 %, ac. phos 9.50 %). Farine de baleine pour la nourriture des bestiaux (nitrog. 11.50 %, ac. phos. 1.50 %). Guano de morue (nitrog. 7,54 %, ac. phos 14,44 %). Guano de gadevert et de hareng. La chasse à la baleine a lieu dans le nord de la Norvège, à Finmarken. La capture atteint dans quelques années 900 baleines, dont plusieurs ont jusqu'à 38 mètres de longueur et représentent chacune une valeur de 5 à 6000 fr. Après avoir enlevé le lard, dont on fait de l'huile, on utilise le reste pour la fabrication du guano et de la farine.   **(PALAIS.)**

3. Établissement pour la préparation des semences de conifères de Romedal, à Ilseng (Norvège). — Semences de pin norvégien (pica septentrionalis).   **(PALAIS.)**

> Graines primées de pin norvégien (sapin épicea). (Picea excelsa septentrionalis) ; contrôle d'État. Les pommes ont été recueillies entre 61 et 63 degrés de lat. n.

4. Fabrique chimique de Stavanger, à Stavanger. — Guano de poisson. Engrais artificiels.   **(PALAIS.)**

5. FOYN (Svend), à Toensberg. — Guano ou viande sèche de baleine pour engrais.   **(PALAIS.)**

6. HERMANDRUD (Haakon), Christiania. — Collection de semences norvégiennes de graminées et de blés.   **(PALAIS.)**

7. IMDAHL & Cie, (H. C.), à Gjœvik. — Semences de graminées, blés et cumin.   **(PALAIS.)**

8. JENSEN (J.) & Cie (Lim.), à Brettesnaes et Henningsvaer, Lofoten. — Engrais de poisson.   **(PALAIS.)**

9. Société pour la pêche de la baleine Finmarken, à Toensberg. — Guano de baleine.   **(QUAI.)**

10. VIIG & VRAALSEN, à Christiania. — Hachoirs mécaniques.   **(PALAIS.)**

PAYS-BAS.

1. HOMMEMA (A.), à Sainte-Arna-Parochie. — Tamis de grains.   **(PALAIS.)**
2. REISSMA (L.), à Koudum. — Plans et dessins de fermes en frise.   **(PALAIS.)**
3. VELDE (K. R. Van de), à Saint-Jacoba-Parochie. — Tamis de zinc. **(PALAIS.)**
4. WAL (D. H. Van de), à Weidum. — Aiguillons destinés à être attachés aux sabots des vaches.   **(PALAIS**

PORTUGAL.

1. COSTA (Manoel-Francisco da) & Ca. — Instruments agricoles. **(QUAI.)**
2. Direction générale d'agriculture, à Lisbonne, Service des forêts de l'État — Plan d'arborisation du Gerez et de la Estrella.   **(QUAI.)**

ROUMANIE.

1. DANULESCO (Janco V. G.), à Bucharest. — Charrue compliquée et économique, accompagnée d'un tableau explicatif.   **(PALAIS.)**
2. STAMATIANO (G.), à Iassy, rue Saint-Athanase, 1. — Les forêts avant la sécularisation, en Roumanie.   **(PALAIS.)**

SAINT-MARIN.

1. Commission du Gouvernement. — Instruments d'agriculture.   **(PALAIS)**

SERBIE.

1. BEGTCHITCH (Nikola), à Alexandrovatz (dépt de Krouschévatz). — Charrue vinicole.   **(PALAIS.)**

2. BLAGOYEVITCH (Thocha), à Goloubatz (dép^t de Pojarevatz). — Outils.
(PALAIS.)

3. DAVIDOVITCH (Jioko), à Belgrade. — Charrue complète.   (PALAIS.)

4. GEORGÉVITCH (Kouzman K.), à Sourdoulitza (dép^t de Vragna). — Soc, marteau de charpentier. **(PALAIS.)**

5. GIKITCH (Milan), à Breznik (dép^t de Krayina). — Hache, bêche.   (PALAIS.)

6. STANOYÉVITCH (Dimitrié), à Krouchevatz. — Bêche, hache, marteau de charpentier. **(PALAIS.)**

7. VITOROVITCH (Velimir), à Krouchevatz. — Outils vinicoles.   (PALAIS.)

SUISSE.

1. CHRISTEN (Émile), à Bollingen (Berne). — Charrue Brabant, double.
(PALAIS.)

2. Fabrique de machines de J. U. Aebi, à Berthoud (Berne). — Semoirs, faneuse excentrique, moulins pour agriculture. **(PALAIS.)**

3. FÉLIX (F. L.), à Apples (Vaud). — Charrue. **(PALAIS.)**

4. HEER (Émile), à Dodtnacht (Thurgovie). — Instruments agricoles de toutes espèces. **(PALAIS.)**

5. HENRIOD (Henri), à Echallens (Thurgovie). — Charrues fabriquées en acier.
(PALAIS.)

6. HERREN (H. Christian), à Laupen (Berne). — Semoirs centrifuges, coupe-racines, modèle d'un nouveau monte-char et d'un brasse-purin. **(PALAIS.)**

Constructeur-mécanicien. — Semoir centrifuge breveté s. g. d. g. en France, en Autriche-Hongrie et aux Etats-Unis. — Nouveau coupe-racine breveté en Suisse, d'une production de 25 kilogrammes à la minute. — Monte-charge pour char à foin dans les granges pouvant monter 3,500 kilogrammes à une hauteur de 5 mètres dans une minute.

7. LEDERLÉ (Jean), à Bâle. — Appareil à rectifier les alcools à jet continu.
(PALAIS.)

8. LOUP (Eugène), à Yverdon (Vaud). — Fourche et râteau. **(PALAIS.)**

9. MAEDER Fils (Frédéric), à Salvagny (Fribourg). — Charrues Brabant double, Dombasle double, buttoir. **(PALAIS.)**

10. SCHNITER (Eugène), à Zurich. — Séchoir à fruits. **(PALAIS.)**

11. SCHORNO (Werner), à Rothenthurm (Schwytz). — Couteaux pour foin, cognées, scies. **(PALAIS.)**

12. THALMOND (Fritz), à Bofflens (Vaud). — Collier de bœuf et scie à deux mains. **(PALAIS.)**

URUGUAY.

1. ARTAGAVEYTIA (Enrique), à Montevideo. — Modèle de clôture. **(PARC.)**

2. Association rurale, à Montevideo. — Modèle de grillage et de clôture, tenailles pour châtrer, fer pour cautériser, fil de fer pour clôture, colliers pour moutons, guêtres pour chevaux. **(PARC.)**

GROUPE VIII.

AGRICULTURE, VITICULTURE ET PISCICULTURE.

Classe 73 *bis*.

Agronomie. Statistique agricole.

FRANCE.

1. **ABOUT (Jean-Baptiste)**, à Agincourt (Meurthe-et-Moselle). — Registre de comptabilité agricole, carte agricole de la commune de St-Max, rapport sur l'utilité des deux ouvrages.   **(QUAI.)**

2. **Association syndicale des Cultivateurs d'Argenteuil**, (Président : **Mauchain)**, à Argenteuil (Seine-et-Oise), rue de Cormeille, 13. — Tableaux graphiques.   **(QUAI.)**

3. **BANCHEREAU (Laurent)**, à Orléans (Loiret), quai Barentin, 6. — Plans pris en 1876, plans comparatifs en 1888, falourdes, produit de douze années de semis.   **(QUAI.)**

4. **BANCHEREAU (Laurent)**, aux Aubiers, par Salbris (Loir-et-Cher). — Plans 1888, plans comparatifs 1876. Falourdes. Bouleaux et pins de différents âges   **(E. C.) (QUAI.)**

5. **BOUCARD (Henri)**, à Paris, rue Meyerbeer, 7. — Rapport : « Après les gelées de 1879 en Sologne : Utilisation des bois morts et reboisement de la Région ».   **(E. C.) (QUAI.)**

6. **Bulletin agricole, (D'UBAIL, Julien-C. A.**, directeur), à Paris, rue Lafayette, 83 bis. — Collection du Bulletin agricole.   **(QUAI.)**

7. **CANNON (David)**, aux Vaux-Salbris (Loir-et-Cher). — Plans, brochures.   **(E. C.) (QUAI.)**

8. **CARLIER (Émile-C.-C.)**, à Gournay-en-Bray (Seine-Inférieure). — Types de constructions rurales.   **(QUAI.)**

9. **Chambre Syndicale des Débitants de Vins du Département de la Seine**, à Paris, quai des Célestins, 22. — Œnomètre L. Rey à peser les vins et alcools, laboratoire d'analyses, documents, imprimés.   **(QUAI.)**

10. **Chamesson (Commune de)**, Maire : **Fernand Daguin**, à Chamesson (Côte-d'Or). — Carte agricole de la commune de Chamesson.   **(QUAI.)**

11. **Comice agricole de Mazamet** (Tarn). — Notice agronomique sur le Comice de Mazamet.   **(QUAI.)**

12. Comice du Syndicat agricole de Villeneuve-sur-Lot (Lot-et-Garonne). — Tableaux de statistique agricole. **(QUAI.)**

13. Comité central agricole de la Sologne. (Exposition collective du), Président : **Boucard,** à Lamotte-Beuvron (Loir-et-Cher). — Plans comparatifs de la Sologne (1800-1888) ; livres, brochures, publications de la Société. **(E. C.) (QUAI.)**

BANCHEREAU (L.).	COURTIN (A.).	ROUSSEAU (E.).
BOUCARD (H.).	COURTIN (Aug.).	SEURRAT DE LA BOULAYE.
CANNON (D.).	DUCHALAIS (J.).	WALLET (L.).
COMITÉ CENTRAL AGRICOLE	FORTIN-HERRMANN (E.)	
DE LA SOLOGNE.	MARTIN (E.).	

14. COTE (Joseph-E.-G.), à Clermont-Ferrand (Puy-de-Dôme), place Michel-de-l'Hospital. — Tableaux de statistique agricole. **(QUAI.)**

15. COURTIN (André), à Paris, rue de Penthièvre, 36. — Brochure et plan. **(E. C.) (QUAI.)**

16. COURTIN (Auguste), au Chesne-Salbris (Loir-et-Cher). — Plan ancien et plan actuel. Plans de travaux d'irrigation et drainage, mémoire explicatif. **(E. C.) (QUAI.)**

17. Crédit agricole, Union des Syndicats agricoles de France (Mr du Fay, directeur), à Paris, rue Marsollier, 9. — Statuts de la société et documents relatifs à ses opérations. **(QUAI.)**

18. DUCHALAIS (Jules), aux Montils (Loir-et-Cher). — Boîtes à insectes. **(E. C.) (QUAI.)**

19. DURLOT (Émile-G.), à Flogny (Yonne). — Études agricoles et expériences météorologiques. **(QUAI.)**

20. École pratique d'Agriculture et de Laiterie Laval, à Pétré-Luçon (Vendée). — Tableaux de statistique agricole. **(QUAI.)**

21. EON (Hippolyte), à Paris, rue des Boulangers, 13. — Thermomètres et baromètres agricoles, thermomètres à ensilage, thermomètres avertisseurs à minima et à maxima pour la vigne. **(QUAI.)**

22. FERRÉ (Louis), à Boulogne-sur-Mer, rue Saint-Louis, 70. — Nouvelle saurisserie pour séchage et fumage du hareng, poissons et viandes. **(QUAI.)**

23. FISCHER (Ernest) & Cie, à Chailvet (Aisne). — Sulfate de fer pour engrais, cendre pyriteuse humo-platro-phosphatée, eau alumino-ferrique pour enrichissement et désinfection des engrais organiques. **(QUAI.)**

24. FORTIN HERRMANN (E.-J.-Emile), à Brinon-sur-Sauldre (Cher). — Monographie du domaine des Réaux. Tuiles gouttières mécaniques pour bâtiments agricoles. Pompes pour habitations rurales. **(E. C.) (QUAI.)**

25. GAST (Edmond), à Paris, boulevard de Courcelle, 50. — Un ouvrage intitulé « Le Cheval normand et ses origines », et planche représentant les principaux étalons et les principales poulinières de cette race. **(QUAI.)**

26. GRANDEAU (L.-N.), à Nancy (Meurthe-et-Moselle), et **THIRY (H.),** à Tomblaine (Meurthe-et-Moselle). — Plans et modèles d'installation, spécimens de cultures de blé. **(QUAI.)**

27. GRANDREMY (André), à Rollot (Somme). — Registres de comptabilité à l'usage des agriculteurs, des fabricants de sucre et livres auxiliaires se rapportant aux industries agricoles. **(QUAI.)**

28. GUILBAULT (Adolphe), à Marseille (Bouches-du-Rhône), villa Bonneveine, près le musée Borély. — Prodrômes de la comptabilité agricole. **(QUAI.)**

29. GUYOT (Yves), à Paris, rue de Seine, 95. — Brochures sur la science économique. **(QUAI.)**

30. GUYOT DE GRANDMAISON (George), à Sèvres (Seine-et-Oise), villa Chaviron. — Carte de répartition des différentes races des espèces chevalines, bovines, ovines et porcines, d'après M. Sanson.
(QUAI.)

31. HARDON (Alphonse), à Paris, avenue des Champs-Élysées, 122. — Études sur la culture des blés faite au domaine de Courquetaine (S. et M.), mise en valeur des terrains salés de la Camargue. Création de vignes.
(QUAI.)

32. JEANJEAN (Jean-Baptiste-D.) et LORET (Auguste-J.-B.), à Carignan-Sedan (Ardennes). — Cartes agronomiques des communes de l'arrondissement de Sedan.
(QUAI.)

33. Laboratoire départemental de Boulogne-sur-Mer (Directeur : **M. Sauvage**), à Boulogne-sur-Mer (Pas-de-Calais). — Appareils, collections, photographies, dessins, tarifs et brochures.
(QUAI.)

34. LADUREAU (Albert), à Paris, rue Notre-Dame-des-Victoires, 44. — Travaux agronomiques, appareil pour l'essai rapide des betteraves et fruits à cidre.
(QUAI.)

35. LANSIER (Armand-F.-A.), à la Mothe-Achard (Vendée). — Association mutuelle agricole, statuts et résultats obtenus.
(QUAI.)

36. LARIBOISIÈRE (Comte Ferdinand de), à Louvigné-du-Désert (Ille-et-Vilaine). — Notes sur l'exploitation agricole du domaine de Monthorin. (QUAI.)

37. LARVARON & GRANGE, à Poitiers (Vienne). — Atlas de statistique agricole graphique du département.
(QUAI.)

38. LE BLONDEL (Alexandre-C.), à Meaux (Seine-et-Marne), rue Saint-Remy, 2. — Almanach historique et statistique de Seine-et-Marne, baux à fermes et publications sur la Brie et le Gâtinais.
(QUAI.)

39. LENTILHAC (J.-B.-Eudore de), à Ataux, canton de Neuvic-sur-l'Isle (Dordogne). — Ouvrages destinés à l'enseignement agricole. (QUAI.)

40. Ligue agricole de la Marne (Président : **L.-G.-Maurice**), à Pringy, près Vitry-le-François (Marne). — Tableaux de statistique agricole. (QUAI.)

41. MARTIN (Émile), à Romorantin (Loir-et-Cher). — Albums, herbiers.
(E. C.) (QUAI.)

42. MAYOU (Léon-E.), à Coulommiers (Seine-et-Marne). — Procès-verbal de bornage d'une ferme, en Brie, avec plan parcellaire et texte explicatif. (QUAI.)

43. MORIN (Jules), à Baudreville (Eure-et-Loir). — Plans d'échanges et réunion d'un grand nombre de parcelles de terre.
(QUAI.)

44. RAMÉ (Achille-A.), à Paris, rue Berlioz, 19. — Insectologie (méthodes d'enseignement).
(QUAI.)

45. RONNA (Antonio), à Paris, rue de Grammont, 25. — Volumes, travaux scientifiques, industries agricoles, eaux d'égout, le blé aux Etats-Unis. (QUAI.)

46. ROQUE (Louis de la), à Paris, quai des Orfèvres, 52. — Journaux d'agriculture, d'horticulture et de viticulture.
(QUAI.)

   « La Maison de campagne » (horticulture et basse-cour), trentième année, bi-mensuel ; « la Vigne française », dixième année, bi-mensuel.

47. ROTHSCHILD (J.), à Paris, rue des Saints-Pères, 13. — Publication sur l'agriculture et sur la sylviculture.
(QUAI.)

48. ROUSSEAU (Ernest), à la Rébutinière-Souesmes (Loir-et-Cher). — Plans comparatifs ancien et nouveau.
(E. C.) (QUAI.)

49. SAUVAGE (Henri de), à Paris, rue Barbette, 6. — Prix de revient agricoles en France et à l'Étranger, méthode de comptabilité agricole.
(QUAI.)

50. SEURRAT de la BOULAYE (Joseph), à Paris, rue Montparnasse, 41. — Brochures sur la maladie des pins maritimes et sylvestres en Sologne.
(**E. C.**) (**QUAI.**)

51. Société centrale d'Agriculture de Chambéry (Haute-Savoie). — Carte agronomique du département de la Savoie. (**QUAI.**)

52. Société centrale d'Agriculture du département de la Seine-Inférieure, Président : **M. Fouché**, à Rouen (Seine-Inférieure), rue Saint-Lô, 40 bis. — Tableaux statistiques, bulletins, travaux divers. (**QUAI.**)

53. Société d'Agriculture de Compiègne (Secrétaire : **L. Benaut**), à Compiègne (Oise). — Travaux mensuels de la Société. (**QUAI.**)

54. Société d'Agriculture et Syndicat agricole de l'arrondissement de Provins (Seine-et-Marne), Président : **M. Bouvrain**, à Chenoise. — Statuts, règlements et imprimés. (**QUAI.**)

55. Société d'Agriculture, Sciences et Arts, Comice et Syndicat de l'arr. de **Meaux**, (Président : **M. Gatelier**), à la Ferté-sous-Jouarre (S.-et-M.). — Annuaires, bulletin et statuts de la Société et du Syndicat, imprimés divers. (**QUAI.**)

56. Société d'Encouragement à l'Agriculture du Gers (Président : **A. de Cardes**), à Auch (Gers). — Tableaux graphiques indiquant le progrès agricole réalisé par le syndicat de la Société. Documents divers. (**QUAI.**)

57. Société des Agriculteurs de France, à Paris, avenue de l'Opéra, 21. — Collection des publications de la Société. (**QUAI.**)

58. Société Française d'Encouragement à l'Industrie Laitière, (Administrateur : **M. E. d'Abzac**), à Paris, rue Jean-Jacques-Rousseau, 33. — Collection du journal « l'Industrie Laitière » ; documents, etc. (**QUAI.**)

59. Société nationale d'Encouragement à l'apiculture (Secrétaire-général : **de Lagorsse**), à Paris, avenue de l'Opéra, 5. — Collection de la « Semaine Apicole », journal de la Société, publications et documents divers. (**QUAI.**)

60. Station agronomique de Béthune (Pas-de-Calais). — Cartes, notices, collections agricoles de la Station agronomique et de l'arrondissement de Béthune. (**QUAI.**)

61. Station agronomique de Bordeaux (Directeur : **Gayon**), à Bordeaux (Gironde). — Appareils de recherches agricoles. (**QUAI.**)

62. Station agronomique de Châteauroux (Directeur : **E. Guinon**), à Châteauroux (Indre). — Échantillons de terres, marnes, calcaires, foins, analyses, tableaux des champs d'expériences, publications diverses, plan de la station. (**QUAI.**)

63. Station agronomique de la Loire-Inférieure, (Directeur : **M. Andouard**), à Nantes (Loire-Inférieure). — Bulletins de la Station. (**QUAI.**)

64. Station agronomique de la Somme, (Directeur : **M. Nantier**), à Amiens (Somme). — Bulletins de la Station ; bulletins de la commission météorologique et tableaux ; phosphates enrichis. (**QUAI.**)

65. Station agronomique de Loir-et-Cher, (Directeur : **M. E. Colomb-Pradel**), à Blois (Loir-et-Cher), rue Bœsnier, 6. — Tableaux et collections de la Station agronomique. (**QUAI.**)

66. Station agronomique de Rouen, (Directeur : **Houzeau**), à Rouen (Seine-Inférieure). — Batterie azotométrique pour le dosage rapide de l'azote total dans les engrais et autres matières agricoles. (**QUAI.**)

67. Station agronomique de Seine-et-Marne, (Directeur : **Auguste Vivier**), à Melun (Seine-et-Marne) — Tableaux de statistique agricole. (**QUAI.**)

68. Station agronomique du Centre, (Directeur : **M. Parmentier**), à Clermont-Ferrand (Puy-de-Dôme). — Plans et photographies, appareils et outillage de recherches chimiques agricoles, mémoires divers. (**QUAI.**)

69. Station agronomique du Cher, (Directeur : **M. Péneau),** à Bourges (Cher). — Carte géologique et agronomique en relief du Cher, carte agronomique des cantons de Vierzon, Lury, Mehun, des Aix et Angillon. (QUAI.)

70. Station agronomique du Finistère, (Directeur : **M. Parize),** à Morlaix. — Collection d'algues marines ; sables marins ; fac-simile de racines fourragères cultivées en Bretagne. (QUAI.)

71. Station agronomique du Pas-de-Calais, (Directeur : **M. Pagnoul),** à Arras, rue Saint-Nicaise. — Collections de terre et produits minéraux du département, de produits agricoles et d'engrais. Publications de la station. (QUAI.)

72. Station agronomique du Rhône, (Directeur : **M. Raulin),** à Lyon. — Plan, cultures et méthodes d'un champ d'expériences. (QUAI.)

73. Station aquicole de Boulogne-sur-Mer, (Directeur : **Émile Sauvage),** à Boulogne-sur-Mer (Pas-de-Calais). — Cartes et diagrammes de pêche, plan de la station et lithologie d'une ferme du Pas-de-Calais, sous-produits de la pêche. (QUAI.)

74. Syndicat agricole de Brüs-sous-Forges, (Président : **Robin),** à Brüs-sous-Forges (Seine-et-Oise). — Tableaux de statistique agricole. (QUAI.)

75. Syndicat agricole de Desvres (Pas-de-Calais), Président : **M. Delattre.** — Tableaux de statistique agricole. (QUAI.)

76. Syndicat agricole de la Haute-Saône, à Vesoul. — Tableaux de statistique agricole. (QUAI.)

77. Syndicat agricole de l'arrondissement de Chartres (Eure-et-Loir). — Tableaux de statistique agricole. (QUAI.)

78. Syndicat agricole de Montpellier et du Languedoc, (Directeur : **M. Fournié),** à Montpellier, rue Clos-René. — Tableaux de statistique agricole. (QUAI.)

79. Syndicat agricole du Boulonnais, à Boulogne-sur-Mer (Pas-de-Calais), rue Thiers. — Stud-book de la race chevaline boulonnaise. (QUAI.)

80. Syndicat agricole et viticole de Châlon-sur-Saône, à Châlon-sur-Saône (Saône-et-Loire). — Tableaux de statistique agricole. (QUAI.)

81. Syndicat des Agriculteurs de l'arrondissement de Châteaudun, (Président : **Michou),** à Nermont-Châteaudun (Eure-et-Loir). — Tableaux de statistique agricole. (QUAI.)

82. Syndicat des Agriculteurs de la Savoie, à Chambéry, place Saint-Léger, 87. — Tableaux de statistique agricole. (QUAI.)

83. Syndicat des Agriculteurs de la Vienne, (Président : **Henri de Larclause),** à Poitiers (Vienne). — Tableaux de statistique agricole. (QUAI.)

84. Syndicat des Agriculteurs de Loir-et-Cher, (Président : **Alphonse Riverain Pillet),** à Blois (Loir-et-Cher), rue d'Angleterre, 5. — Tableau de statistique agricole. (QUAI.)

85. Syndicat des Agriculteurs des Ardennes, (Secrétaire : **Fiévet),** à Charleville (Ardennes). — Carte, graphiques, statuts, imprimés, échantillons, guide pour l'emploi des engrais chimiques. (QUAI.)

86. Syndicat des Agriculteurs de Tarn-et-Garonne, à Montauban, rue d'Élie, 4. — Tableaux de statistique agricole. (QUAI.)

87. Syndicat du Hannetonnage du Canton de Govron (Mayenne), Président-Fondateur : **M. Le Moult.** — Tableau graphique de la marche du syndicat, divers documents, brochures. (QUAI.)

88. VIEVILLE (Émile), à Saint-Julien (Indre), commune d'Azay-le-Ferron. — Brochure sur la comptabilité agricole. Registres pour l'application de cette méthode. (QUAI)

89. **WALLET (Léon)**, à La Minée-Brinon (Cher). — Cartes et plans.
(**E. C.**) (**QUAI.**)

90. **ZEBROWSKY (Eustache)**, à Cercoux (Charente-Inférieure).— Mémoires, cartes et tableaux de statistique agricole, concernant l'arrondissement d'Arles (Bouches-du-Rhône). (**QUAI.**)

COLONIES.

ALGÉRIE.

1. **ANTOINE (J.-A.)**, à Oran, rue Schneider.— Manuel agricole spécial à l'Algérie avec notions sur l'économie du bétail. (**ESPLANADE.**)

2. **BASTIDE (Léon)**, à Bel-Abbès (Oran). — Volumes divers sur l'alfa sur l'agriculture de la région, sur l'histoire de Bel-Abbès. Bulletin du Comice agricole de Bel-Abbès. (**ESPLANADE.**)

3. **BONZOM (Eugène)**, à Alger. — Brochure « l'Algérie qu'on ne voit pas ». (**ESPLANADE.**)

4. **FEUILLET (Émile)**, à Mustapha (Alger). — Méthode nouvelle de comptabilité agricole, financière, etc. (**ESPLANADE.**)

5. **GAILLARDON (Baptiste)**, à Alger, rue Bruce, 3. — Manuel du vigneron, du cultivateur, en Algérie et Tunisie. Carte viticole de l'Algérie et de la Tunisie. (**ESPLANADE.**)

6. **GAUCHER (Louis)**, à Aïn-Témouchent (Oran). — Brochures diverses. (**ESPLANADE.**)

7. **Gouvernement Général de l'Algérie**, à Alger. — Atlas agricole et statistique de l'Algérie. (**ESPLANADE.**)

8. **JOURDAN (Jules)**, à Affreville (Alger). — Plan de la pépinière communale. (**ESPLANADE.**)

9. **LESCURE (Jules)**, à Oran, rue de Mostaganem, 54.— Traité d'agriculture algérienne pratique. (**ESPLANADE.**)

10. **SCHNEIDER DE PROSTROFF**, à Constantine, rue Salomon, 5.— Ouvrages sur l'apiculture, la botanique et l'arboriculture et sur l'art vétérinaire en Algérie. Comptabilité, tenue des livres appliquée à l'Algérie. (**ESPLANADE.**)

RÉUNION.

1. **DOLABARATZ**, Directeur de l'Agence du Crédit Foncier Colonial, à Saint-Denis. — Diagrammes rendant compte de résultats de l'exploitation agricole et industrielle de la société depuis 1882. (**ESPLANADE.**)

PAYS ÉTRANGERS.

RÉPUBLIQUE ARGENTINE.

1. **LEMME (Charles)**, à Buenos-Ayres. — Ouvrages sur l'agriculture.   (**PARC.**)

2. **LIMA (Miguel G.).** — Travaux sur l'agriculture.   (**PARC.**)

3. **PELUFFO (Vincent)**, à Buenos-Ayres. — « Le jardinier illustré. » (**PARC.**)

4. **VICTORICA (Julio)**, à Buenos-Ayres. — Bulletin du département d'agriculture.   (**PARC.**)

BELGIQUE.

1. **GEELHAND (Alfred)**, à Calesberg-Merxem. — Rapport sur l'Exposition internationale d'agriculture d'Amsterdam 1884.   (**QUAI.**)

2. **KEELHOOFF (Joseph)**, à Neerpelt. — Traité pratique de l'irrigation des prairies.   (**QUAI.**)

3. **VAN NÉROM (Charles L.)**, à Bruxelles, boulevard d'Anvers, 38. — Carte agricole de la Belgique. Carte des cultures.   (**QUAI.**)

BRÉSIL.

(Voir son Catalogue spécial.)

CHILI.

1. **Commissariat de l'Exposition du Chili**, à Santiago. — Collection de produits agricoles de la région de colonisation ; collection d'eaux d'irrigation et terres arables avec leurs analyses.   (**PARC.**)

ÉTATS-UNIS.

1. **DODGE (J. R.)**, au ministère de l'agriculture, à Washington, D. C. — Illustrations graphiques, représentant des statistiques de l'agriculture des Etats-Unis.   (**QUAI.**)

2. **FERNOW (Bernhard E.)**, à Washington, D. C. — Carte montrant l'étendue des forêts. Cartes montrant la distribution des forêts et des essences forestières.   (**QUAI.**)

3. **GALLOWAY (B. F.)**, professor, au ministère de l'agriculture, à Washington, D. C. — Planches et dessins coloriés, représentant les différentes maladies causées dans les plantes par le fungus, etc.   (**QUAI.**)

4. **MERRIAM (C. Hart).** — Cartes montrant la distribution géographique des mammifères et des oiseaux, ayant une importance économique.   (**QUAI.**)

5. SALMON (D. L.), — bureau of Animal Industry — à Washington D. C. — Tableau montrant la production des aliments des animaux, aux Etats-Unis, la répartition du bétail et des porcs. **(QUAI.)**

6. SARGENT (Chas. S.), Director of Arnold Arboretum, à Brookline, Mass. — Plan de l'Arboretum d'Arnold. **(QUAI.)**

7. SAUNDERS (Wm.), au ministère de l'agriculture, à Washington, D. C. — Plan des jardins et des parcs du ministère de l'agriculture des Etats-Unis. **(QUAI.)**

JAPON.

1. Ministère de l'Agriculture et du Commerce (Direction de Géologie), à Tokio. — Cartes agronomiques de différentes parties du Japon avec rapports. **(TROCADERO.)**

2. Ministère de l'Agriculture et du Commerce, (Écoles agricole et forestière de Komaba), à Tokio. — Résultats d'analyses de terrains, graines, engrais et tableau statistique y relatif. Spécimens et dessins de plantes de diverses espèces, reproductions de fruits de différentes sortes. **(TROCADERO.)**

GRAND-DUCHÉ DE LUXEMBOURG.

1. Administration du service agricole du Grand-Duché de Luxembourg, à Luxembourg. — Plan d'irrigation de drainage, de régularisation de cours d'eau et de réunion des parcelles ; modèle d'instruments en usage dans le service agricole ; modèles d'écluses et constructions hydrauliques, produits des champs d'expérience, analyses, etc. **(PALAIS.)**

2. WAGNER (J. Ph.), à Ettelbruck. — Traité d'arithmétique élémentaire appliquée à l'agriculture, traité d'arithmétique et de comptabilité agricoles, traité de géométrie pratique appliquée à l'agriculture. **(PALAIS.)**

   Prix d'honneur (médaille d'or avec diplôme) au Grand Concours de Bruxelles, en 1888.

PAYS-BAS.

1. Société du Paardenstamboek Néerlandais (Président : **M. J. Breebaart),** à Winkel. — Généalogies de chevaux, statuts. **(QUAI.)**

2. Société du Runderenstambaek Néerlandais (Président : **M. J. Breebaart),** à Winkel. — Généalogies de bestiaux, statuts. **(QUAI.)**

PORTUGAL.

1. Direction générale des colonies, à Lisbonne. — Mémoires sur l'agriculture coloniale, statistique du commerce, etc. **(QUAI.)**

2. MARÇAL (Ramiro Larcher), à Portalègre. — De la nature et organisation d'un établissement d'agriculture pratique. Avant-projet pour les constructions de l'Ecole agricole de réforme de Villa-Fernandes. Albums, mémoires manuscrits. **(QUAI.)**

3. RIBEIRO (A. A. F.), à Lisbonne. — Les « Colonies portugaises » (revue illustrée), collection complète. **(QUAI.)**

RUSSIE.

1. **DOKOUTCHAEFF (B.)**, à Saint-Pétersbourg. — Sols typiques de la Russie.
(**QUAI.**)

SAINT-MARIN.

1. **Banque populaire de Saint-Marin**, à Saint-Marin. — Documents statistiques. (**PALAIS.**)

2. **Caisse d'Épargne**, à Saint-Marin. — Rapports sur ses opérations. (**PALAIS.**)

3. **Société de Secours Mutuels**, à Saint-Marin. — Statuts, renseignements, statistique. (**PALAIS.**)

4. **TONNONI (Pietro A.)**, à Saint-Marin. — Tableau agronomique ; traité des plantes herbacées et ligneuses, monographie illustrée de la vigne, du vin, du bétail et des engrais ; carte technologique. (**PALAIS.**)

SALVADOR.

1. **Département de Santa-Ana.** — Eaux thermales, sulfureuses et sulfo-carbonatées. (**PARC.**)

2. **Département de San-Vicente.** — Eau sulfureuse médicinale. Eau ferrugineuse de San-Bartolo. (**PARC.**)

3. **Village de Pasaquina.** — Eau sulfo-carbonatée. (**PARC.**)

SUISSE.

1. **AUBERJONOIS (Gustave)**, à Lausanne (Vaud), domaine de Beau-Cèdre. — Plans des constructions agricoles du domaine de Beau-Cèdre avec notice explicative. (**QUAI.**)

2. **FREY (A.)**, à Pratteln (Bâle). — Appareil pour faire le fromage, brochure et tableaux explicatifs. (**QUAI.**)

3. **Institut agricole de Lausanne (Station centrale d'essais viticoles)**, à Lausanne (Vaud). — Documents administratifs, publications diverses. (**QUAI.**)

4. **KOTTINGER (Jules)**, à Zurich. — Notice sur la caisse d'assurances zurichoise, protectrice de l'agriculture. (**QUAI.**)

5. **Station laitière de Fribourg**, à Fribourg. — Fromages de Gruyère vacherins, objets d'enseignement. (**QUAI.**)

URUGUAY.

1. **ARECHAVALETA (José)**, à Montevideo. — Collection d'herbes. (**PARC.**)

2. **CHIZANOL (Pierre)**, à Montevideo. — Échantillons de terre de pâturage. (**PARC.**)

Classe 73 *bis*.   3

3. **CORDOBA (Teofilo),** à Salto. — Terres de pâturage.   (PARC.)

4. **HARRIAGUE (Pascual),** à Montevideo. — Terre pour ferme (culture).
(PARC.)

5. **VILLAR (José),** à Montevideo. — Échantillons de terre de culture et de pâturage.   (PARC.)

GROUPE VIII.

AGRICULTURE, VITICULTURE ET PISCICULTURE.

Classe 73 *ter.*

Organisation, méthodes et matériel de l'enseignement agricole.

FRANCE.

1. **AMAR (Jean-F.),** directeur de l'**Orphelinat agricole,** à Saverdun (Ariège). — Blés, maïs, haricots, fèves, pois, pommes de terre, betteraves, raisins, vins, pommes, poires, produits maraîchers. **(QUAI.)**

2. **ARMENGAUD Aîné,** ingénieur, à Paris, rue Saint-Sébastien, 45. — Tableaux d'enseignement agricole ; ouvrages ; modèles en relief. Produits agricoles. **(QUAI.)**

    Tableaux d'enseignement et de décoration scolaire adoptés par le ministère de l'Instruction publique et par la Ville de Paris, Agriculture. — Le froment, les plantes agricoles, les boissons, le bétail et ses produits, les engrais, les industries agricoles.
    Physique appliquée. — Industries chimiques. — Mines et métallurgie. — Industries du bâtiment. — Industries du vêtement. — Histoire naturelle. — Anthropologie. — Cosmographie. — Les Beaux-Arts. (Ensemble 140 tableaux).
    Modèles en relief. — Appareils pour l'enseignement de la géométrie élémentaire et de la géométrie descriptive.

3. **BALNY (Jules-P.-C.),** au Vauroux, canton du Coudray-St-Germer (Oise). — Études sur la maladie des pommes de terre. **(QUAI.)**

4. **BALTET (Charles),** président de la **Société horticole, vigneronne & forestière de l'Aube,** à Troyes (Aube). — Tableaux et matériel d'enseignement agricole et horticole ; cahiers, cartes et plans. **(QUAI.)**

5. **BERTHAUX,** instituteur, à Villiers-le-Bel (Seine-et-Oise). — Produits agricoles. **(QUAI.)**

6. **BONDU (Aimé),** instituteur, à Ouville-l'Abbaye, par Yerville (Seine-Inférieure). — Travaux agricoles sur l'hygiène pédagogique. Travaux d'élèves. **(QUAI.)**

7. **BOUCHÉ (Alfred),** à Paris, boulevard Saint-Germain, 120. — Collection du journal de « l'Agriculture ». **(QUAI.)**

8. **CANOBY (Mme Marie),** à Paris, avenue Henri-Martin, 4. — Aquarelles de fleurs. **(QUAI.)**

9. **Chaire départementale d'agriculture de l'Ardèche,** à Privas, Professeur : **Rougier.** — Collections de terrains, de cocons et de châtaignes, carte agronomique et viticole du département, mémoires et publications agricoles et viticoles. **(QUAI.)**

10. Chaire départementale d'agriculture de l'Aveyron, à Rodez (Aveyron), Professeur : **André (Frédérick d').** — Collections de céréales en gerbes, de racines et tubercules ; carte météorologique.   **(QUAI.)**

11. Chaire départementale d'agriculture de l'Aude, à Carcassonne (Aude), Chargé de cours : **Auriol.** — Collections de roches, terres, plantes, insectes, d'engrais et instruments agricoles. Carte viticole et plans.   **(QUAI.)**

12. Chaire territoriale d'agriculture de Belfort, aux Aynans, par Lure (Haute-Saône), Chargé de cours : **Hézard (Eugène).** — Monographie du territoire de Belfort, échantillons de roches, variétés de blé cultivé dans les champs d'expérience.   **(QUAI.)**

13. Chaire départementale d'agriculture du Cher, à Bourges, Professeur, **Franc.** — Collections des produits des champs de démonstration. Tableaux de ces champs, carte des vignobles du département. Tableaux de statistique départementale. Tableaux d'enseignement agricole. Travaux de la chaire départementale.   **(QUAI.)**

14. Chaire départementale d'agriculture de la Corrèze, à Tulle (Corrèze), Professeur : **Fasquelle (G.)** — Collections de roches. Cartes géologiques, agronomiques et culturales. Tableaux de zootechnie.   **(QUAI.)**

15. Chaire départementale d'agriculture de la Côte-d'Or, Professeur : **Magnien**, à Dijon.—Planches agricoles et viticoles ; graphiques et cartes des champs d'expérience ; insectes nuisibles à la vigne ; phosphates.   **(QUAI.)**

16. Chaire départementale d'agriculture des Côtes-du-Nord, à Lamballe, Professeur : **Vallet (E.).** — Mémoires de pomologie, plan de mise en culture d'une lande de 450 hectares (cap Fréhel).   **(QUAI)**

17. Chaire départementale d'agriculture de la Dordogne, à Périgueux, Professeur : **Gaillard.** — Notions d'agriculture à l'usage des élèves des écoles primaires.   **(QUAI.)**

18. Chaire départementale d'agriculture de l'Eure, à Évreux, Professeur : **Bourgne (André).** — Étude manuscrite d'agriculture et d'économie rurale : « le Département de l'Eure ».   **(QUAI.)**

19. Chaire départementale d'agriculture du Gard, à Nîmes, Professeur : **Chauzit (A. B.).** — Publications diverses sur l'agriculture, plan d'un champ d'expériences.   **(QUAI.)**

20. Chaire départementale d'agriculture de la Gironde, Professeur : **Vassillière (F.)**, à Bordeaux (Gironde), rue Verdier, 21.—Carte agronomique de la Gironde ; atlas agronomique et phylloxérique de la Gironde. Échantillons de terres, minéraux et fossiles agricoles de la Gironde.   **(QUAI.)**

21. Chaire départementale d'agriculture de la Haute-Loire, au Puy, Professeur : **Hérisson (F.)** — Collection de roches et terres. Échantillons agricoles. Publications et cartes agricoles, géologiques et autres.   **(QUAI.)**

22. Chaire départementale d'agriculture du Loiret, à Orléans, Professeur : **Duplessis (Joseph).** — Publications agricoles.   **(QUAI.)**

23. Chaire départementale d'agriculture du Lot, à Cahors, Professeur : **Savre (Pierre).** — Mémoires agricoles. Cartes des champs de démonstration. Carte agronomique du Lot.   **(QUAI.)**

24. Chaire départementale d'agriculture de Lot-et-Garonne, à Agen, Professeur : **de l'Ecluse.** — Mémoires agricoles. Devoirs d'élèves.   **(QUAI.)**

25. Chaire départementale d'agriculture de la Lozère, Chargé de cours : **Coste (A.)**, à Mende (Lozère).—Échantillons de terrains du département. Mémoires agricoles. Carte géologique. Plan des champs d'expérience du département.   **(QUAI.)**

26. Chaire départementale d'agriculture de la Marne, à Châlons, Chargé de cours : **Doutte.** — Collections d'insectes utiles et nuisibles. Travaux de laboratoire.   **(QUAI.)**

27. Chaire départementale d'agriculture de la Mayenne, à Laval, Professeur : **Leizour.** — Publications agricoles. **(QUAI.)**

28. Chaire départementale d'agriculture de Meurthe-et-Moselle Professeur : **Doyen (E.).** — Publication agricole. **(QUAI.)**

29. Chaire départementale d'agriculture de la Meuse, à Commercy, Professeur : **Prudhomme (F.)** — Mémoire agricole, agriculture du département de la Meuse. **(QUAI.)**

30. Chaire départementale d'agriculture du Pas-de-Calais, Professeur : **Comon,** à Arras (Pas-de-Calais). — Produits des champs d'expériences et de démonstration graphiques et plans. **(QUAI.)**

31. Chaire départementale d'agriculture du Rhône, à Châtillon-d'Azergues, par Chessy, Professeur : **Vincey.** — Publications agricoles. Tableaux relatifs aux écoles de greffage, aux champs de démonstration, aux étendues de vignes sulfurées et aux syndicats agricoles du département. **(QUAI.)**

32. Chaire départementale d'agriculture et Société d'encouragement à l'agriculture de la Haute-Saône. Professeur et secrétaire de la Société : **Allard),** à Vesoul (Haute-Saône). — Produits agricoles. **(QUAI.)**

33. Chaire départementale d'agriculture de la Savoie, à Albertville (Savoie), chargé de cours : **Perrier de la Bâtie (E.).** — Manuscrit agricole et herbier. **(QUAI.)**

34. Chaire départementale d'agriculture de Tarn-et-Garonne, à Montauban, Professeur : **Dubreuilh (J.-P.).** — Monographie et plans de la vigne école, de la vigne expérimentale de cépages américains et du champ d'expériences agricoles. **(QUAI.)**

35. CHEVALLIER (Jules-A.), instituteur, à Autray (Loiret). — Collection de plantes du champ d'expériences de l'école, collection d'instruments agricoles, faites par les élèves. **(QUAI.)**

36. Colonie agricole de Melleville, à Melleville (Seine-Inférieure). — Produits agricoles ; plans des champs d'expériences. **(QUAI.)**

37. Comice agricole de l'arrondissement de Rouen, Président : **Fouché,** à Rouen (Seine-Inférieure), rue St-Lô, 40 bis. — Exposition collective d'enseignement agricole par les instituteurs et les institutrices de l'arrondissement de Rouen. Travaux d'élèves. **(QUAI.)**

38. DELACHAUSSÉE (Jules), instituteur à Champigny-la-Futelaye (Eure). — Échantillons de produits agricoles. Herbier. Dessins agricoles. **(QUAI.)**

39. DELAGRAVE (Charles), libraire-éditeur, à Paris, rue Soufflot, 15. — Ouvrages, cartes et planches d'enseignement agricole. **(QUAI.)**

40. DEYROLLE (Émile), à Paris, rue du Bac, 46. — Collection pour l'enseignement des sciences naturelles dans les écoles d'agriculture. Tableaux d'histoire naturelle. Instruments de micrographie. **(QUAI.)**

    Médaille d'or, Exposition universelle de Paris 1878.

41. DUÊME (Mlle Rose), institutrice à Saint-Priest-en-Murat (Allier). — Manuscrit, tableaux d'enseignement horticole pour les petites filles. **(QUAI.)**

42. École Nationale d'Agriculture de Grand-Jouan, Directeur : **Jules Godefroy,** à Grand-Jouan, par Nozay (Loire-Inférieure). — Collections. Travaux de professeurs et d'élèves. **(QUAI.)**

43. École Nationale d'Agriculture de Grignon, Directeur : **M. Philippar (Edmond),** à Grignon (Seine-et-Oise).—Matériel et objets d'enseignement agricole consistant en documents, tableaux et appareils divers. **(QUAI.)**

44. École nationale d'agriculture de Montpellier, à Montpellier (Hérault), Directeur : **Foëx (G.).** — Documents relatifs à l'Ecole. Travaux des professeurs et des élèves. Produits des champs d'expérience.   (QUAI.)

45. École nationale vétérinaire d'Alfort (Seine), Directeur : **Nocard.** — Plans de l'école au siècle dernier, en 1860 et en 1889, plans et photographies des services, programmes, appareils, travaux et publications.   (QUAI.)

46. École nationale vétérinaire de Lyon (Rhône). — Collections et travaux de maîtres et d'élèves exposés par les différentes chaires de l'école.   (QUAI.)

47. École pratique d'agriculture d'Aumale, Directeur : **Bazengeon,** à Aumale (Seine-Inférieure). — Collection de produits agricoles. Herbier. Cahiers d'élèves. Plans des bâtiments et du domaine.   (QUAI.)

48. École pratique d'agriculture de Berthonval (Pas-de-Calais), Directeur : **M. de Roosmalen.** — Plan de l'exploitation et de l'école, produits divers, travaux des élèves.   (QUAI.)

49. École pratique d'agriculture, à Ecully (Rhône), Directeur : **Deville.** — Appareils de sulfuration, publications, programmes, cahiers, photographies, plan du domaine.   (QUAI.)

50. École pratique d'agriculture de la Brosse, à Venoy, par Auxerre (Yonne), Directeur : **Thierry.** — Plan de l'Ecole, tableaux, herbier.   (QUAI.)

51. École pratique d'agriculture de l'Allier, Directeur : **Dujon (J.),** à Gennetines (Allier). — Plan de l'Ecole pratique.   (QUAI.)

52. École pratique d'agriculture de Rouïba, (Algérie). Directeur : **Décaillet.** — Plantes de culture expérimentale. Collections d'insectes utiles et nuisibles. Cahiers de cours. Plans et photographies de l'école.   (QUAI.)

53. École pratique d'agriculture de St-Bon. Directeur : **Rolland,** à St-Bon (Haute-Marne). — Matériel d'enseignement agricole.   (QUAI.)

54. École pratique d'agriculture de St-Remy, Directeur : **Cordier (M. E.),** à St-Rémy (Haute-Saône). — Collection de roches, d'insectes, de produits agricoles, échantillons divers, herbiers, cahiers de cours, plans de l'école et du domaine.   (QUAI.)

55. École pratique d'agriculture du Lézardeau, Directeur : **Baron (François),** au Lézardeau, près Quimperlé (Finistère). — Beurre, fromages façon Camembert et façon Port-Salut. Roches et insectes, herbiers, etc.   (QUAI.)

56. École pratique d'agriculture du Neubourg, Directeur : **Pargon,** au Neubourg (Eure). — Échantillons de blé, avoine, en gerbes et en grains. Herbier. Plan de l'école et carte.   (QUAI.)

57. École pratique d'agriculture du Paraclet, près Boves (Somme), Directeur : **Tanviray.** — Echantillons de sol et engrais analysés, insectes et plantes nuisibles, programmes, publications, dessins, cartes et plans.   (QUAI.)

58. École pratique d'agriculture et de laiterie Claude-des-Vosges : Directeurs : **Brunel et Maucôtel,** à Saulxures (Vosges). — Collection de roches, de graines, d'ustensiles pour la fabrication du beurre et du fromage, tableaux d'enseignement agricole.   (QUAI.)

59. École pratique d'agriculture et de laiterie de Coigny, par Orétot (Manche), Directeur : **Le Tertre.** — Collections de produits agricoles ; beurres, Herbiers. Cahiers d'élèves. Plans du domaine et des bâtiments.   (QUAI.)

60. École pratique d'agriculture et de viticulture de Beaune, Directeur : **Lyoen,** à Beaune (Côte-d'Or).— Collections de géologie, minéralogie et pisciculture. Plans et cartes. Programmes et cahiers. Vins, eaux-de-vie.   (QUAI.)

61. École primaire agricole de Sartilly, Directeur : **Aubril,** à Sartilly, (Manche).— Relief agronomique. Plan de l'Ecole. Cahiers de cours et dessins. Produits.   (QUAI.)

62. École primaire agricole Descomptes, à Ménil-la-Horgne, par Void (Meuse).—Collections de produits agricoles. Cahiers d'élèves. Plans de l'École. **(QUAI.)**

63. École vétérinaire de Toulouse, Directeur : **Dr Laulanié (Prosper),** à Toulouse (Haute-Garonne). — Photographies, collections spéciales, œuvres du corps enseignant. **(QUAI.)**

64. Ferme-École de Beaufroy, Directeur : **L. Leblanc,** à Beaufroy (Vosges). — Tableaux d'enseignements. Plans de la ferme. **(QUAI.)**

65. Ferme-École de la Roche, Directeur : **Tardy (D),** à la Roche, par Rigney (Doubs). — Variétés de blés et d'avoines, gerbes et grains, betteraves et pommes de terre. Fromage et beurre. Fourrages. Enseignement agricole. Cahiers d'élèves. Plans. **(QUAI.)**

66. Ferme-École de Nolhac, Directeur : **Chaudier (J.),** à Nolhac, par St-Paulien (Haute-Savoie). — Tableaux d'enseignement agricole, collections de graminées, de fourrages, de légumes, de roches, d'engrais, cahiers de cours, comptabilité agricole. **(QUAI.)**

67. Ferme-École des Plaines (Corrèze), Directeur : **Ussel (comte J.-H. d').** — Plans de propriétés et photographies. **(QUAI.)**

68. Ferme-École de Puilboreau, Directeur : **Bouscasse (E.),** à Puilboreau, près la Rochelle (Charente-Inférieure). — Blé, orge Chevallier, betterave de Puilboreau. Vins. **(QUAI.)**

69. Ferme-École des Trois-Croix, Directeur : **Hérissant, et Chaire départementale d'agriculture d'Ille-et-Vilaine,** à Rennes (Ille-et-Vilaine). — Échantillons de produits agricoles et horticoles, mémoires et brochures, cahiers d'élèves, plans et cartes agricoles. **(QUAI.)**

70. Ferme-École du Saut-Gautier, Directeur : **Blin,** à Saut-Gautier, par Domfront (Orne). — Mémoire sur la ferme-école. **(QUAI.)**

71. FIRMIN-DIDOT et Cie, à Paris, rue Jacob, 36.— Ouvrages agricoles. **(QUAI.)**

72. GALLAIS (Émile-S.), instituteur, à Saint-Michel-sur-Orge (Seine-et-Oise). — Collections de zoologie, botanique, minéralogie, produits et instruments pour enseignement agricole. **(QUAI.)**

73. GAUTHIER (E.-Aristide), instituteur, à St-Aignan-des-Gués (Loiret). — Travaux scolaires se rapportant à l'enseignement pratique de l'agriculture. **(QUAI.)**

74. GIRAUD (J.-J.), instituteur en retraite, à Oyeu, par Charavines (Isère). — Cahier manuscrit de leçons sur l'agriculture, l'horticulture, l'arboriculture. **(QUAI.)**

75. GOIN (Auguste), libraire-éditeur, à Paris, rue des Écoles, 62. — Ouvrages agricoles et horticoles. **(QUAI.)**

76. GORRY-BOUTEAU (Pierre), à Belleville, commune de Sainte-Verge (Deux-Sèvres). — Plan d'un champ d'expérience. **(QUAI.)**

77. HERLIN (Alcide), instituteur, à Saint-Martin-Boulogne (Pas-de-Calais). — Tableaux d'enseignement. **(QUAI.)**

78. Institut national agronomique, à Paris, rue Saint-Martin, 292. — Collections et travaux de maîtres et d'élèves exposés par les différentes chaires de l'École. **(QUAI.)**

79. LATOUCHE (E.-Ernest), horticulteur, à Pontoise (Seine-et-Oise). — Collection de greffes. **(QUAI.)**

80. LE BAILLY (Auguste-J.), à Paris, rue de Tournon, 15. — Ouvrages et publications agricoles. **(QUAI.)**

81. LE ROUX (Sylvère), vétérinaire-inspecteur, à Brest, rue de Paris, 80. — Publications agricoles et vétérinaires. **(QUAI.)**

82. LESLUIN (Florestan-L.), instituteur, à Lourches (Nord). — Cours écrits, plans, cartes, tableaux, champ d'essai, travaux et dessins d'élèves, herbier, insectes, sols, engrais, géographie agricole. (QUAI.)

83. Librairie agricole de la maison rustique, Directeur : **Bourguignon**, à Paris, rue Jacob, 26. — Ouvrages et tableaux d'agriculture et d'horticulture. (QUAI.)

84. MAILLOT, Professeur à l'École d'Agriculture de Montpellier. — Carte séricicole. (QUAI.)

85. MAUD'HEUX (A.-Félix), à Épinal (Vosges), rue des Forts, 16. — Documents concernant la création et l'organisation des bibliothèques agricoles des casernes et des forts du gouvernement militaire d'Epinal. (QUAI.)

86. Ministère de l'Agriculture (Direction de l'Agriculture), Directeur : **Tisserand**, à Paris. — Spécimens des récompenses décernées à l'Agriculture. Statistiques agricoles, publications, cartes, plans, enseignement agricole, etc. (QUAI.)

87. MONTHIERS (E.-Paul), à Lacroix-en-Brie (Seine-et-Marne). — Reproduction de feuilles d'arbres et d'insectes. Densités de chênes divers. Plans parcellaires de terrains reboisés depuis 1880. (QUAI.)

88. MOURIER-SIPEYRE, à Calvisson (Gard). — Modèles réduits d'instruments agricoles. (QUAI.)

89. PAGIN (Alphonse), à Thillot, par Hannouville (Meuse). — Manuscrit viticole. (QUAI.)

90. PARET (Marius), instituteur, à Toulon (Var). — Manuscrits. (QUAI.)

91. PAVETTE (E.-Ovide), inspecteur primaire, à Montmorillon (Vienne). — Notions élémentaires et méthodiques d'agriculture, d'horticulture et d'arboriculture. (QUAI.)

92. Pensionnat St-Joseph, Directeur : **Frère Abel**, à la Guerche-de-Bretagne (Ille-et-Vilaine). — Collections d'insectes. Herbiers. Pommes à cidre modelées. Publications. Travaux de maître et d'élèves. (QUAI.)

93. PETIT (Eugène-J.), à Pau (Basses-Pyrénées), place Gramont, 13. — Collections d'histoire naturelle. « Les batraciens et leur utilité en agriculture ». (QUAI.)

94. POUPIN (M.), instituteur, à Linas (Seine-et-Oise). — Musée scolaire agricole. (QUAI.)

95. RAVIER (Jules), à Saint-Ouen (Seine), rue de la Chapelle, 76. — Tableaux de graminées. (QUAI.)

96. ROUSSEAU (Henri-J.-F.), professeur, à Joinville-le-Pont (Seine). — Herbiers d'enseignement à l'usage des lycées, collèges, institutions et écoles. (QUAI.)

97. SALGUES (Augustin), instituteur, à Chamblet (Allier). — Plan en relief d'une ferme. (QUAI.)

98. SILHOL (J.-Félix), instituteur, à Saint-Paul et Valmale (Hérault). — Herbier scolaire, cahiers-herbiers d'élèves ; échantillons de vignes. (QUAI.)

99. Société académique d'Agriculture, Belles-lettres, Sciences et Arts, Président : M. le colonel **Babinet**, à Poitiers (Vienne). — Céréales, légumes, vignes américaines cultivés par la Société. (QUAI.)

100. Société centrale d'Horticulture du Département de la Seine-Inférieure, Président : **M. A. Héron**, à Rouen (Seine-Inférieure). — Fruits moulés de table et de pressoir. Publications de la Société. (QUAI.)

101. Société des Instituts et Orphelinats agricoles, Directeur : **A. Briaux**, à Paris, place de la Bourse, 8. — Collections agricoles, horticoles, apicoles, produits divers, travaux d'élèves. (QUAI.)

102. SOUCHU-PINET (Henri-Julien), à Langeais (Indre-et-Loire). — Instruments agricoles et viticoles réduits pour enseignement. **(QUAI.)**

103. TERRILLON (P.-Léonce), instituteur, à Planay (Côte-d'Or). — Enseignement agricole, musée scolaire. Collections. **(QUAI.)**

104. VACHER (Marcel-L.-F.), à Montmarault (Allier). — Musée pour l'enseignement primaire agricole. **(QUAI.)**

105. VELNA (Gaston-Perruche de), à Paris, rue des Écoles, 40. — Nouvelle comptabilité agricole à l'usage des écoles primaires. **(QUAI.)**

106. VERMOREL(B.-Victor), à Villefranche (Rhône).— Pulvérisateur contre le mildew, pals injecteurs contre le phylloxera, soufreuses, chaudières à pyrales, dessins et matériel d'enseignement. **(QUAI.)**

Médaille d'or, Barcelone 1888.

COLONIES.

ALGÉRIE.

1. POCHARD (Henri), à Aïn-Farès (Oran). — Musée scolaire agricole. **(ESPLANADE.)**

2. SALINIÉ (L.-R.), à Boufarik (Alger). — Matériel d'enseignement agricole comprenant tous les outils (réduits au 1000me) employés pour l'agriculture en Algérie. **(ESPLANADE.)**

PAYS ÉTRANGERS.

BRÉSIL.

(Voir son Catalogue spécial.)

CHILI.

1. FEUVRE (René-L. de), à Santiago. — Enseignement agricole du Chili. (Quinta normal d'agriculture). **(PARC.)**

ÉTATS-UNIS.

1. ATWATER (W. O.), professeur au ministère de l'agriculture, à Washington, D. C. — Photographies et cartes représentant des vues des bâtisses, laboratoires etc., des collèges et autres institutions agronomiques. **(QUAI.)**

PAYS-BAS.

1. WALDECK (P. F. L.), à Loosduinen. — Bois destinés à l'enseignement agricole. **(QUAI.)**

PORTUGAL.

1. Direction générale de l'Agriculture, à Lisbonne.—Réglements des écoles agricoles officielles et des laboratoires de chimie agricole. Administration officielle de l'agriculture : Diverses publications. **(QUAI.)**

2. Direction des Travaux de la carte agricole du Portugal, à Lisbonne. — Cartes agricoles et géologiques des concelhos de Beja, Cuba, Vidigueira, Alvito, Moura, Barrancos, Aljustrel, Ferreira (du district de Beja), de Mourao (district d'Evora), de Gollegà (district de Santarem). — Carte de la production vinicole du Portugal ; carte des régions agronomiques du Portugal ; carte de la division administrative du Portugal. **(QUAI.)**

3. MARÇAL (Ramiro Larcher), à Portalègre. — Théorie minérale d'alimentation des plantes et son application à l'agriculture. Travaux économiques agricoles. Etude sur les populations, climatologie et conditions économiques du district. **(QUAI.)**

4. PERY (Gerardo Augusto), à Lisbonne. — Statistique agricole des concelhos de : Beja, Cuba, Alvito et Vidigueira (avec cartes agronomiques et géologiques, 4 vol). **(QUAI.)**

5. **SILVA Junior (Antonio da), MARÇAL (Ramiro Larcher), SA (Guilherme Joâo),** à Portalègre. — Annales agricoles du district de Portalègre, 1878 à 1885.   (QUAI.)

6. **SILVA Junior (Antonio Fillippe da),** à Alter do Châo (district de Portalègre). — Rapport des résultats obtenus dans la station agronomique expérimentale de Lisbonne 1872.   (QUAI.)

SUISSE.

1. **SCHNEEBELI (Henri),** à Flunstern (Zurich). — Tableau chromographique avec texte, concernant la production du lait de la race tachetée et de la race brune en Suisse.   (QUAI.)

GROUPE VIII.

AGRICULTURE, VITICULTURE ET PISCICULTURE.

CLASSE 74.

Spécimens d'exploitations rurales et d'usines agricoles.

FRANCE.

1. Agriculteurs de BERNAY (Exposition collective des), Président : **Bouchon (Albert)**, à Bernay (Eure). — Eau-de-vie de cidre, poiré, textiles et oléagineux, produits agricoles divers. (Voir classe 73.) **(QUAI.)**

BERNAYS (François), à Menneval. — Blé, avoine, lin, colza, eau-de-vie de cidre. (Voir classe 73.)

BOUCHON (Albert), à Nassandres. — Blé, avoine, orge, féverolles.

DESHAYES (Albert), à Aclou. — Blé, avoine, lin, colza, eau-de-vie de cidre. (Voir cl. 73.)

DUMONT (Paul), à Plasnes. — Blé, avoine, lin, colza, eau-de-vie de cidre. (Voir cl. 73.)

ECALARD (Aimé), à Saint-Léger-de-Rostes. — Blé, avoine, lin, colza, eau-de-vie de cidre. (Voir cl. 73.)

2. Agriculteurs du NORD (Exposition collective des), Claeys, Président, à Lille (Nord), Grande Place, 8. — Produits agricoles. **(QUAI.)**

AMMEUX-VAN HERSECKE, à Vieille-Église. — Blés, avoines, lins, betteraves, rutabagas.

ARDAENS (Stanislas), à Pitgam. — Collection de céréales.

BACHY (Instituteur), à Sains-du-Nord. — Excursion agronomique dans le canton d'Avesnes (Nord). Carte dudit canton.

BAEY (J), à Strazeele. — Colza, lin, œillette.

BASSEZ GRENIER, à Valenciennes. — Balle tourbe moussure litière.

BECUWE, à Zeggers-Cappel. — Gerbe fèves avec échantillons, botte osier et variétés de betteraves fourragères.

BEUGNET (Désiré), à Saint-Pierrebroucq. — Variétés de blés, avoines et betteraves.

BLANCHARD (Instituteur), à Berlaimont. — Monographie du canton de Berlaimont.

BLONDÉ (Louis), à Quaëdypre. — Variétés de fèves et haricots avec échantillons.

BOLLAERT (Henri), à Saint-Pierrebroucq. — Variétés de blés, avoines, fèves.

BOLLENGUR (C.), à Warhem. — Bottes de lin, haricots, gros pois, paille, fèves, etc.

BONTE (Henri), à Chemy. — Blé, avoine, beurre.

BONZEL CORENWINDER, à Sequedin. — Laiterie, tabacs en feuilles.

BOUILLIEZ, à Merville. — Blé, avoine, foin de prairie, trèfle, lin, haricots.

Classe 74.

BOURGERAT (Honoré), à Villemorien. — Toisons de moutons métis, produits de laiterie, fromages, blé, avoine, orge, échantillons.

BOURLART (Charles), à Houdain. — Blé, avoine, trèfle, betteraves.

BRUNEEL (Pierre), à West-Cappel. — Fèves, avoine et haricots.

BRUNET (Prudent), à Sainte-Savine. — Miel en rayons, miel extrait, cire, ruche à rayons mobiles et ruche d'observation.

BURY-WILLAME, à Wignehies. — Beurre de table obtenu par le système réfrigérant « Danois. »

CALOONE (C.), à Pitgam. — Bottes de blé, avoine, fèves, lin, foin, etc.

CANDRELIER (E.), à Roost-Warendin. — Blé, seigle, avoine, betteraves, etc.

CAPONT (Henri), à Carnières. — Herbier agricole, cahiers d'élèves.

CARDON (Pierre), à Rieux. — Variétés de betteraves, carottes et chicorées.

CARETTE (Pierre), à Flers-Lille. — Blé, avoines, betteraves, lin, pommes de terre, navets, trèfles, hivernages.

CARLIER (Émile), à Orchies. — Blés, avoines, betteraves, accessoires pour la sélection.

CARPENTIER-MYRTIL, à Wattignies. — Chicorées.

CASIEZ-LONCLE, à Busigny. — Lot de houblons, culture de houblonnières.

CHADENET (Maurice), à Saint-Julien. — Céréales, avoines, racines, betteraves fourragères, carottes.

CLAYES (Jules), à Cappellebrouck. — Fèves et féverolles.

CLARO-DESPRETZ (L.), à Deulémont. — Graines de lin, lin en paille.

COQUELLE (Clément), à Mastaing. — Produits agricoles.

COY-DUFLO (Paul), à Landas. — Blé, avoines, seigle, betteraves, etc.

COURTIN-WALLERAND, à Maroilles. — Machines agricoles.

DALLE (Jean), à Bousbecques. — Variétés de lin.

DAVAINE (Émile), à Saint-Amand. — Fèves, orges, blé, avoine, seigle, lin, chanvre, trèfle, luzerne, pommes de terre.

DEBEYRE, à Saint-Pierrebroucq. — Tableau de statistique agricole.

DECONINCK-BÉCUVE, à Wormhoudt. — Gerbes de lin divers.

DEGRUSON, à Merville. — Malts.

DEHAENE (René), à Socx. — Blé, fèves, betteraves.

DEHARVENGT-DERKENNE, à Dousies-Maubeuge. — Chicorées vertes, en cossettes, torréfiées et moulues, escourgeon, froment, seigle, hivernage, avoines diverses.

DEHARVENGT-DERKENNE, à Feignies. — Spécimen de racine de chicorée verte, avec notice, avoines diverses.

DELATTRE-BRABANT, à Lille. — Phosphates bruts et pulvérisés, produits agricoles, avec et sans emploi de phosphates.

DELATTRE (Narcisse), à Lompret. — Variétés de blé, avoines, trèfle.

DELEPORTE-BAYARD, à Roubaix. — Science appliquée à l'agriculture.

DERAM-THYS, à Merkeghem. — Blé de Bergues, avoines, lin, fèves.

DERUELLE (Placide), Instituteur, à Clary. — Résumé d'Agriculture et d'Horticulture. Notice agricole pour le canton de Clary.

DESMARESCAUX (Jules), à Orchies. — Élixir contre les coliques des chevaux.

DESSORT, à Cambrai. — Blés, betteraves et grains.

DEVEY-DEVEY, à Capellebroucq. — Variétés de blés et avoines.

DONAIN (Instituteur), à Bavay. — Album de 90 planches se rapportant à l'agriculture.

DUBOIS Frères, à Pont-à-Marcq. — Collection de céréales.

DUCAMP (J.), à Villers-Outréaux. — Différentes sortes de blés.

DUJARDIN (A.), à Monchecourt. — Alcool de betteraves, photographies, betteraves, blé, etc. (Voir classe 73.)

DUPONT (Antoine), à Thiam. — Variétés de blés, escourgeon, seigle, avoines, luzerne, trèfle, betteraves.

DURIEZ-ECKMANN (François), à Craywick. — Variété de blés, d'avoines, betteraves, lins, pommes de terre, etc.

Duriez-Sarrazin, à Flines-lez-Raches. — Blé, avoine et betteraves.

Dussart-Hennock, à Sars-et-Rosières. — Blés, avoines, trèfles, graines de betteraves, betteraves.

Duvette (César), à Obréchies. — Blé blanc, avoines, féverolles, pois verts, betteraves, carottes.

Florimond-Desprez, à Capelle. — Ferme expérimentale agricole.

Fostier-Leclercq, à Etrœungt. — Collection de fromages dits de Maroilles.

Fourcy (Émile), à Rosendaël. — Monographie.

Gabelle (Aubert), à Sommaing-Écaillon. — Blé, orge, avoine.

Gillain (P.), à Sainghin-en-Mélantois. — Machines, instruments, appareils de laiterie, fromagerie.

Gombert, à Fournes. — Tableau comparatif de champs d'expériences.

Gosseau (Aimé), à Leval. — Blé, orge, seigle, betteraves.

Gravis (Aimé), à Louvignies-Bavay. — Collection de plantes herbagères, lot de fèves et d'avoines ; betteraves.

Gruson-Cousinne, à Estaires. — Blé, avoines, haricots, betteraves, distillerie, carottes.

Gruson-Lemaire, à Estaires. — Blé, lin, betteraves.

Guise (Louis), à Doulieu-Estaires. — Betteraves, haricots, fèves.

Hallant (Jules), à Houdain. — Blé d'Armentières et betteraves à sucre diverses.

Herlem (Instituteur), à Sars-Poteries. — Tableaux d'enseignement intuitif de l'agriculture dans les écoles primaires. (1re et 2me série).

Herrebout (François), à Bourbourg. — Bottes de lin vert et graines de lin.

Hibon-Renard (Achille), à la Bassée. — Chicorée.

Hourriez & Herremann (J.), à Bailleul. — Huiles végétales, tourteaux et graines oléagineuses.

Hourriez (J.), à Lourches. — Blé, avoine, orge, betteraves, choux, navets, carottes, pommes de terre.

Janssen (Edmond), à Capelle. — Produits.

Kiéken (Jules), à Grande-Synthe. — Variété de blé, avoine, lin, etc.

Largillière, à Bontrancourt. — Variétés de blés, betteraves.

Laude (Paul), à Mastaing. — Blés divers, variétés de betteraves, avoines, seigle, carottes.

Laurent-Mouchon, à Orchies. — Céréales et betteraves.

Lebecque-Verièle, à Tetieghem. — Variétés de blés, avoines, betteraves, fèves, etc.

Lefebvre-Goffart (Hubert), à Valenciennes. — Betteraves à sucre, betteraves fourragères, choux, navets.

Legrand (Oscar), à Spycker. — Variétés de blés, avoines, fèves, lin en paille, betteraves avec échantillons.

Lemaire (Frères et Sœurs), à Nomain. — Blés, avoines, betteraves, orge, fèves, maïs, chanvre, etc.

Lepeuple (Paul), à Bersée. — Graines de betteraves à sucre, blés, avoines.

Lesluin, à Lourches. — Travaux agricoles.

Liénard (Alphonse), à Taisnières-en-Thiérache. — Fromages divers.

Liévin-Waels, à Hazebrouck. — Beurres.

Looren (Désiré), à Crochte. — Blé, avoines, escourgeons, fèves, haricots avec échantillons.

Macarez (Ernest), à Haulchin. — Hivernage, betteraves, seigle, blé, choux, orge, etc.

Macarez (Félix), à Capelle-sur-Écaillon. — Différentes sortes de blé, avoine, fèves, orge, seigle, etc.

Maillard-Wattremez (Fénelon), au Quesnoy. — Variétés de blés, avoines, luzerne, betteraves, carottes, chicorées.

Mallengier (Jacques), aux Moëres. — Variétés de blés, avoine, lin, fèves, pois, etc.

Mallez (Henri), à Thiant. — Blés, avoines, gerbes, graines, betteraves, haricots, fruits frais.

MARTEL (Louis), à Cappellebroucq. — Différentes sortes d'avoines.

MARTIN (H.), au Quesnoy. — Blés, avoines, seigle, fèves, lin, betteraves et topinambours. Cidre et alcools de fruits, lait et fromages. (Voir cl. 73.)

MASQUELIER, à Flers-Lille. — Variétés de blés, avoines, betteraves pour distilleries de pommes de terre, lin, lentilles, seigle, légumes divers.

MICHEL (Henri), à Saint-Pier. ebroucq. — Betteraves.

MOURMANT (Raymond), à Esquelbecq. — Variétés de blés, avoines, grains, etc.

MORMENTYN (Auguste), à Bergues. — Divers blés, avoines, pois, haricots, pommes de terre, etc.

NOEL (André), à Hautmont. — Céréales et betteraves.

PODEVIN-NABOR (Auguste), à Locon, par Béthune. — Tabacs divers en végétation.

POIDEVIN (Charles), à Uxem. — Diverses sortes de blés.

POIRSON (Adolphe), au Cateau. — Divers produits de médecine vétérinaire.

QUENSON (François), à Eringhem. — Blé, avoines, fèves et haricots.

QUESNAY (Édouard), à Orchies. — Collection d'insectes utiles, nuisibles, etc.

RICHE (Paul), à Feignies. — Blés à épis carrés, blés d'Armentières, orge chevalier, avoines de printemps.

RINGEVAL, à Cantin. — Manuscrits agricoles, herbier, blé, betteraves, etc.

RYNGAERT (Rémy), à Armbouts-Cappel. — Variétés de blé et de pommes de terre.

SALOMON-DREYFUS & Cie, à Valenciennes. — Bocaux de malts avec grains de la fabrication des établissements de Lourches.

SÉGARD (Louis), à Ostricourt. — Variétés de betteraves, choux, fourrages avec échantillons.

SOCIÉTÉ D'AGRICULTURE, à Hazebrouck. — Collection complète de céréales.

SOCIÉTÉ D'AGRICULTURE DE DUNKERQUE, à Dunkerque. — Collection complète de céréales.

SOUFFET (Prévost), au Cateau. — Blés en gerbes, orges, avoines en gerbes, betteraves, etc.

STEVENOOT (Aimé), à Armbouts-Cappel. — Variétés de blés, avoines, escourgeons, orges, pois, etc.

TRIZÉ Frères, à Avelin. — Graines de betteraves, blé, lin.

VANHEES-LAMELIN, à Berlaimont. — Garde-échantillon, armure métallique destinée à protéger le jeune arbre des vergers contre la dent des herbivores.

VERMERSCH (Alfred), à Saint-Pierrebroucq. — Variétés de fèves, grains, betteraves, etc.

VERVOOT-CORNILLE, à Merville. — Lin de Flandre.

VIRQUIN-LEJEUNE, à Saint-Folquin. — Produits agricoles, variétés de blés, avoines, fèves, betteraves.

WEMAERE-BOLLE, à Warhem. — Variétés de blés ; seigle, haricots, fèves, lin, etc.

WEMAERE (Arsène), à Armbouts-Cappel. — Diverses sortes de blés, d'avoines, de fèves, de betteraves, etc.

3. Agriculteurs du PAS-DE-CALAIS (Exposition collective des), **Camescasse,** Député, Président du Comité, à Arras (Pas-de-Calais). — Produits agricoles.   (QUAI.)

ADMINISTRATION DES TABACS, à Arras. — Échantillons de tabacs, produits dans le département du Pas-de-Calais.

BACHELET (Henri), à Vaulx-Vraucourt. — Céréales et betteraves à sucre.

BOQUET, à Ficheux. — Céréales.

BOULANGER-BERNET, à Andres. — Céréales.

BOULANGER-NARCISSE, à Guines. — Céréales et betteraves à sucre.

CADET (Isidore), à Andres. — Lins.

CALONNE, à Ruitz. — Alcools. (Voir cl. 73).

CARON (Arthur), à Oye. — Produits agricoles, betteraves à sucre.

CODRON (Eugène), à Audruick. — Produits agricoles, betteraves à sucre

COUTURE, à Evin-Malmaison. — Lins en graine, rouis et teillés.

DECONINCK (J.), à Arras.— Maison d'importation. Semences et engrais. Céréales généalogiques Halett.

DEMIAUTTE, à St-Léger. — Betteraves à sucre.

DERNIS-THOREL, à Guines. — Produits agricoles divers.

DHORNE (Anatole), à Riencourt-lez-Bapaume. — Céréales et betteraves à sucre.

DUCROCQ-MERCIER, à Guines. — Produits agricoles divers.

DUMONT-LHOMME, à St-Léonard. — Produits agricoles divers.

ELOI-LETÉVÉ, à Arras-Ronville. — Blés.

FLEUTRY, à Richebourg-St-Vaast. — Tabacs.

GODRY (Louis), à Andres. — Lins.

GROTTARD, à Ablainzevelle. — Lins.

GUIZELIN (Gustave de), à Guines. — Produits agricoles divers.

HANICOTTE (Léon), à Béthune. — Produits agricoles divers et alcools. (Voir cl. 73).

HUMEZ (Alphonse), à Sauchy-Lestrée.— Racines de chicorée, brutes, torréfiées et fabriquées.

JOLY-DAUSQUE, à St-Martin-Boulogne. — Produits agricoles divers.

LEBAS (Eugène), à Gambligneul. — Produits agricoles, betteraves à sucre, résultats d'expériences agricoles. Fumiers et conserves.

LEFEBVRE-BAQUET, à Hames-Boucres. — Produits agricoles divers.

MASCLEF (Joseph), à Loison. — Céréales, betteraves à sucre, modèles d'étables, fumiers et conserves.

MOREL (Maurice), à Adinfer. — Produits agricoles divers.

NOŸELLES (Vicomte de), à Blendecques. — Céréales.

PELTIER (Léon), à Avion. — Céréales, betteraves à sucre.

PORION (Eugène), à Wardrecques. — Produits agricoles divers.

STOCLIN (J.-B.), à Sainte-Marie-Kerque. — Céréales, betteraves à sucre.

TOPART, à Vaulx-Vraucourt. — Modèles d'instruments agricoles.

TOURTOIS (Louis), à Harnes. — Céréales, betteraves à sucre.

VARLET (Joseph), à Wardrecques. — Produits agricoles divers, betteraves à sucre.

WATERLOT, à Ginchy. — Modèle d'une couverture mobile pour fumier.

4. Association agricole de SAINT—ROMAIN (Exposition collective de l'), Président : **Léon Desgenetais,** à Saint-Romain-de-Colbosc (Seine-Inférieure). — Produits agricoles divers.   (QUAI.)

DELANOS (Benoît), à Saint-Romain-de-Colbosc. — Cidre, eau-de-vie de cidre et de poiré, volailles. (Voir cl. 73.)

DESGENÉTAIS (Léon), à Bolbec. — Avoine.

LAMBERT (Michel), à Saint-Romain-de-Colbosc. — Cidre et miel. (Voir classe 73.)

MAZE (Pierre), à Saint-Romain. — Poiré, eau-de-vie de cidre et de poiré, beurre. (Voir cl. 73.)

5. CHER (Exposition collective du département du), président. **H. Brisson,** député, à Bourges (Cher). — Produits et instruments divers. (Voir cl. 73).   (QUAI.)

ALFROY-HAY, à Henrichemont. — Blés, avoines, marnes.

ANDRÉ (Eugène), à Crézancy. — Vin blanc. (Voir cl. 73).

ANDRÉ (Jean), à Crézancy. — Vin rouge. (Voir cl. 73).

ARDOIN (Mme), à Saucergues. — Miel.

ARDOIN (Silvain), à Saucergues. — Graines de différentes espèces, betteraves fourragères.

ASSOCIATION AGRICOLE DE SAINT-AMAND, (président : PALLIENNE), à Saint-Amand. — Produits agricoles.

Association agricole de Vierzon, (président : Henri Brisson), à Vierzon. — Produits
   agricoles.
Auchère (François), à Humbligny. — Poterie.
Auchère (François), à Neuvy-deux-Clochers. — Poterie.
Auchère (Gustave), à Neuvy-deux-Clochers. — Poterie.
Aucouturier, à Saint-Just. — Céréales et peaux de moutons.
Auger-Bedu, à Aubigny. — Blés, seigles et vesces d'hiver.
Auger-Chauvin, à Graçay. — Chaux hydraulique.
Aupy (Anatole), à Bannegon. — Fruits, plantes sarclées.
Auroy, à Vailly. — Phosphates fossiles.
Bailly, à Bué. — Bouteilles, vin de 1887. (Voir cl. 73.)
Balland (François), à Sancerre. — Vin rouge nouveau et vieux. (Voir cl. 73.)
Barbellion (Charles), à Brinien. — Céréales, plantes fourragères, foins, toisons de
   moutons solognots.
Barbellion (Ludovic), à Aubigny-Ville. — Farines de meules, sons et blés du pays.
Barbry (Louis), à Azy. — Échantillons de vin. (Voir cl. 73.)
Barrat-Lelong, à Châteauneuf. — Fromages de Châteauneuf.
Barrière-Champault, à Henrichemont. — Peaux tannées, vaches en croûtes, veau
   blanc, veau ciré.
Baudry, à Bourges. — Eau-de-vie (Voir cl. 73.)
Beauvois (Charles), à Baunay. — Hottes à vendanges.
Bel (Augustin), à Vierzon. — L'âge des animaux domestiques par la dentition (pièces
   anatomiques).
Bellot, à Aubigny. — Blés d'automne et de printemps, bois de houx et pierres
   diverses.
Bergeron, à Henrichemont. — Céréales de son champ d'expériences.
Bernardeau (Étienne), à Venesmes. — Vins blancs, vieux et nouveaux. (Voir cl. 73.)
Bernard-Tranchant, à Aubigny. — Céréales, plantes fourragères et toisons.
Berneau (L. P.), à Sancerre. — Échantillons vins nouveaux d'Aurigny. (Voir cl. 73.)
Bernon (Mme Claire), à Sancerre. — Bennets du pays.
Bezé, à Vallenay. — Ruches, miel et cire.
Billon-Quentin (Philippe), à Venesmes. — Huile de noix, vins blancs, tourteaux de
   noix. (Voir cl. 73.)
Bitard (Paul), à Sancerre. — Vins. (Voir cl. 73.)
Blain (François), à Montigny. — Échantillons de vin. (Voir cl. 73.)
Blain (Sylvain Marie), à Montigny. — Échantillons de vins. (Voir cl. 73.)
Bonet (Joseph), à Couy. — Sabots en bois, noyer et orme.
Bongrand (Émile), à Sancerre. — Vin de Sancerre 1885 et 1887. (Voir cl. 73.)
Bonnaire (Antoine), à Saint-Maur. — Vin rouge. (Voir cl. 73.)
Bonnelat (Antoine), à Saint-Maur. — Cidres, châtaignes. (Voir cl. 73.)
Bonnet (Pierre), à Montigny. — Échantillons de vin. (Voir cl. 73.)
Bonni, à Levet. — Céréales en gerbe et en grain et toison.
Boucherat (Jean), à Vesdun. — Vins gris, blanc et rouge, eau-de-vie de marc. Échan-
   tillons de graines. (Voir cl. 73.)
Boulay (Simon), président de la Société syndicale de St-Satur. — Vins.
Bouquet (P.-A.-M.), à Sancerre. — Vins vieux de Sancerre. (Voir cl. 73.)
Bourget, à Vailly. — Céréales de son champ d'expériences.
Boutroux (Ernest), à Presly-le-Chétif. — Seigle, avoine, orge, sarrasin, pommes de
   terre, navets, chanvre, fromage.
Braconnier (Joseph), à Vierzon. — Gerbes et grains, blé de Californie, plantes sarclées,
   betteraves et carottes fourragères.
Breton (Jules), à Bannay. — Chaudronnerie et ferblanterie, etc.
Brunat, à Presly-le-Chétif. — Blé, seigle, orge, avoine.

CANTIN (E.-T.), à Saint-Satur. — Hotte de vendanges.

CARDOUX (François), à Saint-Satur. — Vins gris. (Voir cl. 73.)

CARTRY, à Presly-le-Chétif. — Céréales.

CASSIER (Pierre), à Concressault (Cher). — Charrue pour la culture des betteraves, pommes de terre, haricots.

CAZIN (Alexandre), à Montigny. — Échantillons de vins. (Voir cl. 73.)

CLABIN (Louis), à Crézancy. — Vin rouge et vin blanc. (Voir cl. 73.

CHAMAILLARD, à Sury-ès-Bois. — Céréales et toisons.

CHAMAILLARD (Edmond), à Concressault. — Farines.

CHAMBRETTE (Joseph), à Bessais. — Instruments d'agriculture et miel.

CHAMPAULT (Pierre), à Crézancy. — Échantillons de vin rouge de 1887. (Voir cl. 73.)

CHANGEUX-DECROIX (Pierre), à Châteauneuf. — Huile de noix, tourteaux de noix.

CHARON (M.-A.), à Graçay. — Chaussures pour hommes et pour femmes.

CHATAIN (Nicolas), à Nozières. — Vins nouveaux et vieux, céréales. (Voir cl. 73.)

CHAUDRON, à Graçay. — Fourche en bois et râteaux à faucher les blés et les avoines.

CHAUMETON, à Sury-ès-Bois. — Céréales, fourrages, vins et marnes. (Voir cl. 73.)

CHAUVEAU (Alexandre), à Graçay. — Charrue en fer à roulettes.

CHAUVEAU (Pierre), à Neuvy-sur-Barangeon. — Plans d'irrigation.

CHAVANNE (Henri), à Dun-sur-Auron.—Vin rouge, eau-de-vie de vin et de marc, engrais pour vigne, abris contre les gelées printanières. (Voir cl. 73.)

CHÉDIN, à Bourges. — Toiles cirées.

CHERRIER (Étienne), à Crézancy. — Vins 1881, 1883, 1887, huile de noix. (Voir cl. 73).

CHERRIER (Pierre), à Bué. — Fromages.

CHERRIER (Pierre), à Montigny. — Échantillons de vin. (Voir cl. 73).

CHESTIER (Joseph), à Savigny-en-Sancerre. — Huile de noix.

CHEVALIER (Jean), à Concressault. — Blé du pays, provenant de la récolte.

CHEVALLIER, à Vailly. — Appareil pour cueillir la graine de trèfle.

CHEVALLIER (Albert), à Vierzon. — Engrais pour céréales, racines fourragères et prairies, blés et vin blanc. (Voir cl. 73).

CHOLLET, à Argent. — Blés, seigles, orges, avoines et luzernes.

CHOPINEAU, à Concressault. — Céréales.

CHOTARD (Constant), à Crézancy. — Vin rouge. (Voir cl. 73.)

CHOTARD (Jean), à Crézancy. — Vin rouge et blanc 1884, 1887. (Voir cl. 73.)

CIRODDE, à Sainte-Montaine. — Seigles, orges, avoines, sarrasin, œufs, volailles, miels, cires, toisons.

COQUIN (Pierre), à Saint-Germain-des-Bois. — Échantillons de graines, laine en suint, pommes de terre.

COLIN (Louis), à Saint-George-de-Poissieux. — Céréales, beurre.

COMICE AGRICOLE D'AUBIGNY, (Présìdent : CHOLLET), à Aubigny. — Produits agricoles de diverses natures.

COMICE AGRICOLE DE SANCERRE, (Trésorier : GARSONIN), à Sancerre.—Produits agricoles et vins. (Voir cl. 73).

CORTET (Julien) Père et Fils, à Saint-Satur. — Corbeille de fruits de leurs jardins.

COSSON (Louis), à Vierzon. — Garniture de foyer de fer forgé, portes d'étable en fer.

COTTAT neveu (François), à Verdigny. — Fromages de chèvre.

COTTAT (L.) BOUILLOT, à Verdigny. — Vin rouge de 1875 et fromages de chèvre. (Voir cl. 74).

COUGOUT (Gabriel), à Saint-Amand. — Betteraves, fruits.

DAIN (Constant), à Bannay. — Objets d'art au tour.

DANIEL (Fernand), à St-Amand. — Raisins et autres fruits.

DARBY (Gédéon), à Graçay. — Modèles de couvertures.

DAULNY, à Brie. — Vin de 1887. (Voir cl. 73.)

DEBRADE (Jean), à Quincy. — Vin blanc de Quincy en bouteilles. (Voir cl. 73).

DEBRET (Pierre), à Montigny. — Vin rouge. (Voir cl. 73).

DECENCIÈRE (P.-L.), à Vailly. — Échantillons de vin et de marne. (Voir cl. 73)

DEJOULX (Léopold), à Presly-le-Chétif. — Terre réfractaire et briques.

DEJOUX (Henri), à Gardefort. — Tuiles, carreaux, briques, etc.

DELAFOSSE (Nicolas). — Plan de la ville de Bourges.

DENIZOT (Jean), à Sancerre. — Vin nouveau d'Amigny. (Voir cl. 73).

DENOUX (Mme Élise), à Orval. — Laine d'angoras. Haricots et légumes.

DÉNOUX (Frédéric), à Orval. — Céréales, pommes de terre, carottes, betteraves, laine, chanvre.

DEPIERRES, à Menetou-Salon. — Vins et eau-de-vie (Voir cl. 73).

DESCHAMPS (Jules), à Henrichemont. — Peau de vache en croûte.

DION (Louis), à Menetou-Rastel. — Froment, avoine, vin. (Voir cl. 73)

DUBOIS DE BELAIR, à Lury. — Vin. (Voir cl. 73).

DUCARTON (Étienne), à Massay. — Pompes à godets. Pompe aspirante et foulante.

DUMAS-DESCHAMPS, à Henrichemont. — Peau de vache en croûte.

DUVERGER DE HAURANNE (E.), à Herry. — Produits agricoles de son champ d'expérience.

FAROUX (Joseph), à Crezancy. — Vin rouge. (Voir cl. 73).

FARSURE (Edmond), à Graçay. — Outils de serrerie.

FAUVE (Pierre), à St-Germain-des-Bois. — Froment et avoine.

FLEURIER, à Concressault. — Orge de Crimée. Vin. Plantes fourragères. (Voir cl. 73).

FLEURIET (Sébastien), à Verdigny. — Vins rouge et blanc. (Voir cl. 73).

FLEURY (Amédée), à Lury. — Vins rouge et blanc. (Voir cl. 73).

FORT (Pierre), à Vierzon. — Roues.

FORTIN (Hermann), à Brinon. — Plans d'irrigation. Tuiles gouttières. Pompe de puits.

FOUCHER-COUSIN, à Henrichemont. — Céréales et plantes fourragères.

FOURNIER (L.-J.), à Sancerre. — Modèles de roues en fer.

FOUSSET, à Châteaumeillant. — Huiles de noix et de colza.

FRANC, à Bourges. — Résultats des champs de démonstration et tableau pour l'enseignement agricole et horticole.

GABRIEL (Jean), à Bourges. — Scie à ruban.

GALICHET, (Lambert), à Graçay. — Sabots.

GANDILHON (Clovis), à Aubigny. — Miel et cire de Sologne.

GARAPAIN, instituteur, à Contres. — Travaux scolaires.

GAESONNIN (Eugène), à Sancerre. — Vin rouge de Sancerre. (Voir cl. 73).

GARSONNIN (Gustave), à St-Satur. — Fruits de sa propriété.

GAUCHER (J.), à Vierzon. — Produits agricoles et de basse-cour.

GAUCHER (Ovide), à Henrichemont. — Peau de vache en croûte.

GAUCHER-LAFORGE (Félix), à Henrichemont. — Peau de vache en croûte.

GESSAT, à Henrichemont. — Céréales.

GIRAULT (Alexandre), à Crézancy. — Vin rouge. (Voir cl. 73).

GIRAULT (Isidore), à Sury-ès-Bois. — Céréales diverses.

GIRAULT (Louis), à Santranges. — Échantillons de sabots.

GIRAULT (Pierre), à Henrichemont. — Articles de poterie.

GODEFROY (Charles), à Vierzon. — Verrerie et poterie agricole.

GODON (Étienne), à Sury-ès-Bois. — Céréales.

GOGOT (Pierre), à Crézancy. — Vin rouge. (Voir cl. 73).

GOUDINOUX (Pierre), à Montigny. — Échantillons de vin. (Voir cl. 73).

GOUY (Jacques-J.), à St-Outrille. — Griffes d'asperges en caisse.

GRANDFOND, instituteur, à Thaumiers. — Travaux scolaires.

GOUTTENOIRE (Édouard), à Graçay. — Pierre de taille pour construction, campanille construit avec cette pierre.

GRÉGOIRE, à Aubigny. — Vins et légumes. (Voir cl. 73).

GRÉZAULT (Gabriel), à Massay. — Tuiles, carreaux, briques, chaux grasse et hydraulique, vin, marne. (Voir cl. 73).

GUÉNEAU (Auguste), à Menetou-Rastel — Chanvre.

GUÉNIN (H. T.), à Lury. — Boutures et vins de plants américains. (Voir cl. 73).

GUÉNIVET (George), à Graçay. — Tableau peint à l'huile.

GUIBERT, à Henrichemont. — Céréales, fourrages et marnes.

GUILLAUMN (Edmond), à Henrichemont. — Album de variétés de conifères.

GUILLAUMIN (Jacques), à Blet. — Sabots de diverses espèces.

GUILLOT (Stéphane), à Vesdun. — Vins, fruits. (Voir cl. 73).

GUINGAND (Étienne), à Sury-en-Vaux. — Petits tonneaux et brocs de bois.

HABAULT (Mathieu), à Chéry. — Calcaires, chaux grasse, chaux hydraulique.

HABERT (Louis), à Vailly. — Céréales, lin en bottes et en filasse.

HARAULT (Sylvain), à Menetou-Rastel. — Sabots.

HATTE (Eugène), à Vailly. — Céréales.

HAUTIN, à Sens-Beaujeu. — Huiles de noix.

HAVOUÉ-BÉDU, à Henrichemont. — Céréales et marnes.

HENRY (Napoléon), à Aubigny. — Céréales en grains et farines.

HERPIN, à Assigny. — Froment, poire, fruits, oies sauvages.

HERPIN, à Vailly. — Céréales.

HOUARD-PINON, à Léré. — Tableau concernant la culture du chanvre.

HOUZET (Louis), à Aubigny-Ville. — Châlet en brique (la Couverture).

JOSSANT (Abel), à Montigny. — Vins rouges. (Voir cl. 73).

JOUESNY (Jules), à Graçay. — Éboueuse et balayeuse de neige. Camion à bras pour cantonnier.

JOULIE (X.) (Société de produits chimiques agricoles), à Vailly. — Phosphates en roches et morilus extraits des gisements du Cher.

JOULIN (François), à Crézancy. — Vins rouges. (Voir cl. 73).

JOULIN (Marc), à Crézancy. — Vin blanc, vin rouge. (Voir cl. 73).

JUBLOT (Étienne), à Villegenon. — Produits agricoles et de basse-cour. Vin, cidre, poiré, toisons, peaux, etc. (Voir cl. 73).

LABBÉ (Joseph), aux Aix-d'Angillon. — Lessiveuses, fourneaux de cuisine et appareil à distiller, réservoirs à huile et à essences minérales.

LABERNARDIÈRE, à Aubigny. — Céréales et fourrages.

LACHAIZE, (Mᵐᵉ Héloïse), à Vierzon. — Un couvre-lit.

LACOURDRETTE (Jules), à Graçay. — Chaussures.

LAFORGE (Ernest), à Concressault. — Cidre. (Voir cl. 73).

LALLEMAND (F.-Eugène), à Vinon. — Marteaux de moulins pour tailler les meules, serpe de vigneron.

LANCHÉ, à Presly-le-Chétif. — Produits agricoles.

LARUE-GAZEAN (Jules), à Châteauneuf. — Sabots ordinaires, de luxe et de fantaisie.

LAVEZARD-MÉTIVIER, à Vierzon-Ville. — Fourragère et roues.

LEBLANC (Charles), à Méry-ès-Bois. — Céréales, tubercules, racinets et navets.

LECÈTRE (Jacques), à Saint-Germain-des-Bois. — Échantillons de grains, graines fourragères, laine en suint.

LECOUET (Sylvain), à Dun-sur-Auron. — Céréales, engrais, peaux préparées, colle de menuisier.

LEDOUX, à Graçay. — Une porte en chêne.

LEFEU (François), à Graçay. — Sécateurs, chenets et divers objets en fer forgé.

LEFÈVRE (Louis), à Vierzon-Ville. — Produits pour la destruction des rats. Cafés, vins. (Voir cl. 73).

LEFORT (Léon), à Santranges. — Charpenterie, étoile couverte.
LELIÈVRE (Alexandre), à Santranges. — Froments.
LESTANG (Charles), à Sancerre. — Vins de 1878, 1881, 1887. (Voir cl. 73.)
LEVASSEUR-MAUPAS, à Sancerre. — Plusieurs objets tournés.
LINARD (François), à Crézancy. — Vin rouge. (Voir cl. 73.)
LOISEAU (Augustin) à Santranges. — Cidre. (Voir cl. 73.)
MABILLAT (Jean), à Chéry. — Miel et collection d'abeilles.
MAILLET-CANTIN, à Bourges. — Céréales en gerbes et en grains.
MAITRASSE, à Aubigny. — Vins et légumes. (Voir cl. 73.)
MALFUSON (Edmond), à Sancerre. — Vins, miel. (Voir cl. 73.)
MALLET (Isidore), à Montigny. — Vin rouge. (Voir cl. 73.)
MARÉCHAL (Patient), à Verdigny. — Vin rouge. (Voir cl. 73.)
MARÉCHAL Fils, à Sancerre. — Échantillon de sabots.
MARTIN (Mme), à Mazières (Bourges). — Céréales, racines, toison.
MARTIN (Mme), à Mazières, près Bourges — Collection d'œufs de volaill
MARY (Jean), à Bourges. — Marteaux à lames rapportées pour le rhabillage des meules
de moulin.
MAUGRAS (Louis), à Vierzon. — Biscuits et petits-fours.
MERCIER (Alexandre), à Graçay. — Sabots.
MERLIN & Cie, à Vierzon. — Machines à vapeur, tarare, hache-paille.
MESLET (Jules), à Arcamps. — Céréales, bois.
MIGEON (Louis), à Crézancy. — Vin blanc et vin rouge. (Voir cl. 73)
MILHIET (Pierre), à Sancerre. — Pressoir systèm à cliquetage, N° 3. Cautère.
MILLERIOUX (Auguste), à Neuvy-deux-Clochers. — Vin rouge. (Voir cl. 73.)
MILLERIOUX (Habert), à Saint-Satur. — Vin rouge, vin blanc. (Voir cl. 73.)
MILLERIOUX (Pierre), à Menetou-Rastel. — Vin rouge. (Voir cl. 73)
MILLET (André), à Neuvy-deux-Clochers. — Vin rouge. (Voir cl. 73.)
MILLET (Jean), à Neuvy-deux-Clochers. — Vin rouge. (Voir cl. 73.)
MILLET (J.-B.), à Crézancy. — Vin rouge. (Voir cl. 73.)
MILLET (Mlle Louise), aux Aix-d'Angillon. — Dessus-de-lit et divers objets faits au
crochet.
MINGASSON (Ernest), à Veaugues. — Vin rouge, vin blanc. (Voir cl. 73.)
MIOT-TOREAU, à Graçay. — Vestons.
MONTARLOT (Étienne), à Graçay. — Outils d'horlogerie.
MONDURIER (Jean), à Montigny. — Vin rouge. (Voir cl. 73.)
MONTAGU, à Sury-ès-Bois. — Blé raclin et toisons.
MOREAU (Alphonse), à Graçay. — Tarare.
MOREUX (Amédée), à Savigny-en-Sancerre. — Sabots de diverses formes.
MOREUX (Félix), à Vailly. — Sabots du pays.
MORIN, à Argent. — Céréales en bottes et en grains.
MORIN (Célestin), à Graçay. — Cloche.
MORIN (François), à Crézancy. — Vin rouge, vin blanc. (Voir cl. 73.)
MORIN (François), à Montigny. — Vin. (Voir cl. 73.)
MORINEAU (Adolphe), à Graçay. — Porte en fer.
MOTRET (Jean), à Montigny. — Échantillons de vin. (Voir cl. 73.)
MOTRET (Jean), à Sancerre. — Vin rouge. (Voir cl. 73.)
MOTRET (Jules), à Montigny. — Échantillons de vin. (Voir cl. 73)
MOTRET (Louis), à Montigny, — Vin rouge. (Voir cl. 73.)
MOTRET (Sylvain), à Montigny. — Vin rouge. (Voir cl. 73.)
MOUTON, à Vailly. — Céréales.
NEIRET (Charles), à Châteauneuf. — Céréales, pommes de terre, betteraves.

NEVEU (Hippolyte), à Verdigny. — Vin rouge, vin blanc. (Voir cl. 73.)

NEVEU (Simon), à Verdigny. — Vin rouge. (Voir cl. 73.)

NICOLLE-LABBÉ, à Châteauneuf. — Huile de noix, tourteaux de noix.

PAGNET (François), à Saint-Amand. — Vins vieux et nouveau. (Voir cl. 73)

PAGÈS (L.), à Bourges. — Vins.

PAILLARD-BIQUIN, à Sancerre. — Vins.

PALLIENNE (Émile), à Saint-Pierre-les-Bois. — Céréales, laines.

PANARIOU Fils (Charles), à Henrichemont. — Saloires, terrines et autres poteries.

PASQUET (Ernest), à Henrichemont. — Croupon en croûte avec tête, côtés dépouillés. Assortiment de garnitures de sabots.

PASQUET (François), à Saint-Amand. — Vins vieux.

PATONO (Xavier), à Graçay. — Tarare.

PELLÉ (Théophile), à Argent. — Vin rouge, vin blanc. (Voir cl. 73.)

PELOILLE (Vincent) à Sancerre. — Fûts sancerrois.

PÉRAS (Léon), à Menetou-Salon. — Vins de Meneton et de Vasseley. (Voir cl. 73.)

PÉROT (Elie), à Savigny-en-Sancerre. — Graines potagères.

PERRET-DELORME (Jean), à Venesmes. — Vin rouge, vin blanc. (Voir cl. 73.)

PERRIN (Charles), à Saint-Germain-des-Bois. — Froment et avoine.

PERROT (Jules), à Dampierre-en-Crot — Céréales.

PETIT (Denis), à Orval. — Fromages.

PETIT (Jules), à Graçay. — Produits viticoles et horticoles.

PINARD (Vincent), à Sancerre. — Vin rouge, tonneau forme du pays. (Voir cl. 73.)

PINAULT Frères, à Saint-Satur. — Sable à mouler.

PINON (François), à Sancerre. — Vin rouge, vin blanc. (Voir cl. 73.)

PINON (Théodore), à Sancerre. — Vin vieux et nouveau. (Voir cl. 73.)

PINSON (Anselme), à Crézancy. — Vin rouge (Voir cl. 73.)

PINSON (Arthème), à Crézancy. — Vin rouge. (Voir cl. 73.)

PINSON (François), à Crézancy. — Vin rouge. Voir cl. 73.)

PINSON (Pierre), à Crézancy. — Vin rouge. (Voir cl. 73.)

PINSON-RHOMBLE, à Crézancy. — Vin rouge. (Voir cl. 73.)

PIVET (Sylvain), à Méreau. — Avoines et blés, plantes sarclées.

POUBEAU-MAUDUIT, à Châteauneuf. — Pommes de terre, asperges.

POUBEAU (Paul), à Graçay. — Porte en bois.

PONROY (Jules), à Montigny. — Vin. (Voir cl. 73.)

PRESSON, à Bourges. — Instruments divers.

PROST (Victor), à Bourges. — Moteur à air comprimé.

QUILLIER (Napoléon), à Sancerre. — Vin rouge de Sancerre et de Bué. (Voir cl. 73.)

RABOURDIN (S.-M.), à Sivry. — Vins. (Voir cl. 73.)

RAFFERTIN (Jacques), à Crézancy. — Vin rouge. (Voir cl. 73.)

RAFFESTIN (Germain), à Bué. — Fromages.

RAIMBAULT (Étienne), à Sury-en-Vaux. — Hottes et paniers à vendange, cages à poulets.

RAIMBAULT (J.-L.), à Chéry — Vin rouge. (Voir cl. 73.)

RAIMBEAULT (Ludovic), à Vailly. — Divers objets tournés.

RAT, à Argent. — Céréales, œufs, toisons.

RÉGNARD, à Belleville, par Léré. — Céréales.

RÉGNER (Henri), à Dun-sur-Auron. — Roues de charrette avec moyeux métalliques

RENAULT, à Argent. — Céréales.

RENAULT (Hubert), à Argent. — Produits céramiques, poteries diverses, tuyaux en ciment.

RENIER (Henri), à Dun-sur-Auron. — Roues de charrettes et moyeux.

RIOLES-FOURMON, à Graçay. — Objets à découper

ROBILLARD (Cyrille), à Santranges. — Charrue avec avant-train de son invention.

ROBILLOT (Pierre), à Groises. — Produits de son domaine.

ROBLIN (François), à Savigny-en-Sancerre. — Œufs de poules métisées, crèvecœur, houdanaises.

ROGER (Alexandre), à Massay. — Charrues.

ROGER (E.-F.), à Bué. — Eau-de-vie. (Voir cl. 73.)

ROGNES-LAGNEAU, à Aubigny. — Chapeaux.

ROGUET (Charles), à Châteauneuf. — Céréales, plantes sarclées.

ROTILLON (Eugène), à Sancerre. — Produits agricoles, fromages, raisinés sancerrois, etc.

ROULIN (Louis), à Montigny. — Vin. (Voir cl. 73.)

SADRIN-CHEVRIN, à Saint-Amand. — Vins, fruits. (Voir cl. 73.)

SALLÉ (Pierre), à Crézancy — Vin rouge, vin blanc. (Voir cl. 73.)

SALMON, à Henrichemont. — Céréales.

SAUGET (Arthur), à Lury. — Vin blanc. (Voir cl. 73.)

SAVOUREUX (Auguste), à Graçay. — Charrue à avant-train en chêne ferrée.

SAVRE & DELIS, à Aubigny. — Marne de Blancafort et de Blet.

SOCIÉTÉ D'AGRICULTURE DU CHER, à Bourges. — Produits agricoles.

SOCIÉTÉ D'HORTICULTURE, à Bourges. — Produits horticoles et viticoles.

SOCIÉTÉ DE PISCICULTURE, à Bourges. — Procédés de pisciculture, cartes de cours d'eau.

SOCIÉTÉ SYNDICALE DES VIGNERONS DE SAINT-SATUR, (Président : BOULAY), à Saint-Satur. — Vin rouge. (Voir cl. 73.)

SOCIÉTÉ VIGNERONNE DE SANCERRE, (Président : PAILLARD-BIQUIN), à Sancerre. — Vins. (Voir cl. 73.)

SONCIET (Alexandre), à Crézancy. — Vin rouge. (Voir cl. 73.)

SOURIAU (Louis), à Graçay. — Blé et avoine.

SUARD (Antoine), à Jars. — Boîtes de jeux de cartes et porte en chêne.

SUPPLISSON (Maurice), à Sancerre. — Vin vieux de Sancerre. (Voir cl. 73.)

SYNDICAT DES VITICULTEURS DE BOURGES. — Vins.

SYNDICAT ANTI-PHYLLOXÉRIQUE DE VEAUGUES (Président : MINGASSON), à Veaugues. — Vin blanc, vin rouge. (Voir cl. 73.)

SYNDICAT DE CRÉZANCY, (Président : MINGASSON), à Crézancy. — Produits agricoles, viticoles, etc.

SYNDICAT DE VEAUGUES, (Président : MINGASSON), à Veaugues. — Produits agricoles, viticoles, etc.

TALBOT (Auguste), à Neuvy-deux-Clochers. — Poterie.

TAXIL (Nicolas), à Saint-Amand. — Plans de fermes.

THIRIOT-BERNON, à Sancerre. — Graines fourragères, grains, huile de noix, noix.

THIROT (Mᵐᵉ Solange), à Menetou-Rastel. — Objets de lingerie.

THOMAS, à Sancerre. — Vins. (Voir cl. 73.)

THUÉ-PERRON, à Graçay. — Chaussure d'homme.

THUÉ-POURNIN, à Graçay. — Dôme, lanterne et ornements en zinc.

TISSIER, à Nançay. — Céréales, fourrages, toisons, bois, terre, asperges.

TOUSSAINT (François), à Vailly. — Blés, seigles, avoines.

TOUSSAINT (Isidore), à Villegenon. — Céréales et chanvre.

TOUSSAINT (Victor), à Vailly. — Céréales.

TRANCHANT (Bernard), à Aubigny. — Céréales, plantes fourragères.

TRIBOUDET-MOREAU, à Aubigny. — Chapeaux.

TROTEREAU-BAILLY, à Massay. — Vins, blés. (Voir cl. 72.)

TURPIN (Désiré), à Crézancy. — Vin rouge, vin blanc. (Voir cl. 73.)

VAILLANT DE GUÉLIS (E.-A.), à Sancerre. — Vin rouge de Sancerre. (Voir cl. 73.)

VAILLANT DE GUÉLIS (George), à Sancerre. — Vin blanc de 1887. (Voir cl. 73.)

VANOSTRA (Victor), à Graçay. — Tarare.

VATAN, à Sancerre. — Vins. (Voir cl. 73.)

VATTAN (Isidore), à Sancerre. — Outils de taillanderie à l'usage du pays.

VATTAN (Constant), à Sancerre. — Cafés, sirops, confitures.

VAUFPELAND (Vicomte de), à Vinon — Cassis, produit de ses plantes.

VAUTHELENT, à Graçay. — Confiseries et liqueurs.

VÉRON (Auguste), à Sancerre. — Vin rouge, tonneaux forme du pays. (Voir cl. 73).

VETOIS (P.-C.), à Crézancy. — Vin rouge. (Voir cl. 73.)

VILLOINGT (Jules), à Aubigny-Ville. — Fruits de table, fruits à cidre.

6. Comices de COULOMMIERS, ROZOY, PROVINS, FON-TAINEBLEAU et MELUN (Exposition collective des), Présidents : JOSSEAU, à Paris, rue de Suresnes,7 ; DE HAUT, à Paris, rue de Grenelle,26. — Produits agricoles divers, céréales, fourrages, plantes sarclées.   **(QUAI.)**

BACHELIER Père, à Voinsles (Seine-et-Marne). — Céréales, grains, fourrages, pailles, fromages,betteraves et autres produits de son exploitation.

BACHELIER Fils, à Vaudoy (Seine-et-Marne). — Céréales, grains, fourrages, pailles, fromages, betteraves et autres produits.

BERLIN, à Bannost. — Avoines.

BERNARD (Désiré), à Fontaine-Pépin. — Fromages, avoine, blé et moyettes.

BIDOT, au Pressou. — Avoine.

BOUVRAIN, au Grand-Boissy. — Toisons, blés, œufs.

BOUVRAIN, à Labrosse. — Toison, blé.

COTHIAS, à Champéreux. — Fromages.

COUESNON-BONHOMME (Alex.), à Villers. — Céréales, avoine de Brie.

DECANTE (Oscar), à Courpalay (Seine-et-Marne). — Céréales, grains, fourrages, pailles, fromages betteraves et autres produits.

GERMANN, à Bray-sur-Seine. — Blés.

LETTERON, à Saint-Martin-des-Champs. — Lins, avoine, blé.

LHERMEY, à Châtenay-sur-Seine. — Produits agricoles.

MARCHAND, à Lumigny (Seine-et-Marne). — Céréales, grains, fourrages, pailles, fromages, betteraves et autres produits.

MARIÉ, à Coulommiers (Seine-et-Marne). — Céréales, grains, fourrages, pailles, fromages, betteraves et autres produits.

MÉGRET, à Fortailles. — Fromages, avoines.

MURET Frères, à Noyen-sur-Seine. — Plans d'exploitations, irrigations.

RIEFFEL, à Crèvecœur. — Céréales, grains, fourrages, pailles.

SALMON, à Vrignes. — Céréales, grains, fourrages, pailles.

SIMON (Paul), à Touquin (Seine-et-Marne). — Céréales, grains, fourrages, pailles, fromages, betteraves et autres produits.

7. Comice agricole de BAZAS (Exposition collective du), Président : **Alexandre Léon,** à Bordeaux (Gironde), cours du Chapeau-Rouge, 12. — Produits de la gemme, instruments servant à la culture du pin, produits divers, cartes diverses des cultures et des terrains de l'arrondissement.   **(QUAI.)**

ABADIE-FERRAN, à Captieux. — Ruches, miel et cire des Landes.

BARON, à Luxey. — Instruments de gemmage des pins, poterie pour le gemmage, système Hughes.

BELIN, à Villandraut. — Produits résineux de toutes sortes.

CARRÈRE, à Préchac. — Plan d'installation à faire le beurre, système suédois.

COLOUBIE-JEANTY, à St-Symphorien. — Lattes, planches, parquets, pavés, bois séchés à l'étuve.

COURREGELONGUE (Marcel), à Bazas. — Carte des terres cultivées, Carte indiquant la répartition des animaux des espèces bovine et ovine.Petit modèle à l'échelle d'une métairie. Ruches landaises, normandes à cadres. Miel, cire.

DELOUBES, agent-voyer de l'arrondissement de Bazas — Carte des terrains de l'arrondissement.

DUBÉDAT, à Sendetst, Canton de Grignols. — Poterie pour le gemmage des pins, tuyaux de drainage.

ESPAGNET, (Justin), à Bazas. — Produits de châtaigneraies. Cercles à barriques.

FILHOL & GUNZLER, à Bazas. — Traverses de pin. Poteaux de mine de toutes dimensions.

HAZERA, à Hostens. — Poterie pour le gemmage des pins.

LACOSTE (Clément), à Villandraut. — Produits résineux de toutes sortes.

LAFFORGUE (Théodore), à Préchac. — Pin gemme, système ordinaire, pin gemme, système Hughes. Produits résineux de toutes sortes.

MARC & COLOUBIE, à Préchac. — Scierie à vapeur pour débiter les bois, caisses, lattes, planches, parquets pavés, bois séchés à l'étuve.

MAURIAC, à Barie. — Collection de toutes les variétés d'osier et de sorgho à balais cultivées.

SÉGUIN, à Bazas. — Produits de châtaigneraies. Cercles à barriques.

8. Comice agricole de CHARTRES (Exposition collective du),
Président : **Roussille**, à Chartres (Eure-et-Loir). — Plans de fermes et usines agricoles, photographies de bestiaux, statistiques agricoles, bulletins de comices, céréales et produits agricoles divers, etc. **(QUAI.)**

BOUREZ, à Béville-le-Comte. — Sucres en grains.

CHASLES, à Crossay. — Topographie de chevaux.

DRAMART (Mme), à Flauville. — Maïs ensilé.

DUCHON (Henri), à Maigneville. — Maïs séché.

GOUACHE-BARÉ, à Oéllé. — Laines.

GOUSSU (Adrien), à Rozelles. — Crêmes.

LEJARDS (Albert), à Levéville. — Céréales, betteraves, flegmes, plan de ferme.

LHOMME, à Fresnoy-le-Gilmert. — Céréales, betteraves, flegmes, plan de ferme.

MORIN, à Beaudreville. — Plans de réunions territoriales.

POPOT, à Villeau. — Lin, orges, flegmes.

ROUSSILLE (Pierre), à Bessay. — Avoine noire, plan de ferme.

ROYNEAU, à Aufferville. — Laines south down.

SEDILLOT, à Ormoy. — Laines.

THIREAU (Barthélemy), à Illiers. — Pommes de terre, fécule.

THIROUIN, à Chennevelle. — Plan de ferme, laines.

VINCENT, à Morsans. — Avoine de Pologne.

9. Comice agricole d'ÉPINAL (Exposition collective du), Président :
Mandheux, à Epinal (Vosges), rue des Forts, 16. — Modèles de contrats d'engagement entre maîtres et serviteurs ruraux, documents. **(QUAI.)**

10. Comice agricole du canton de JOINVILLE (Exposition collective du), Président : **Capitain-Gény**, à Bussy, écart de Vecqueville (Haute-Marne). — Graines et racines diverses, etc., cahiers agricoles. **(QUAI.)**

BROUILLARD, Instituteur, à Mathons. — Enseignement agricole.

CAILLET (Hippolyte), à Joinville. — Avoine et orge.

GEOFFRIN, Instituteur, à Chatonrupt. — Cahiers agricoles.

GIGOUX, Instituteur, à Joinville. — Cahiers agricoles.

JACQUIN-BRIQUET, à Joinville. — Blé et avoine.

LORRAIN (Pierre), à Momécourt. — Blé en paille et grain, pommes de terre, betteraves, fromage.

11. Comice agricole de TARBES (Exposition collective du), Président : Docteur **Sempé**, à Tarbes (Hautes-Pyrénées), rue Gonez, 9. — Produits agricoles divers, plantes fourragères et industrielles, horticulture, légumes. **(QUAI.)**

12. Comice agricole de l'arrondissement d'AUBUSSON (Exposition collective du), Président : **Martinon,** à Blessac, près Aubusson (Creuse). — Produits agricoles provenant des champs d'expériences fondés par le Comice avec tableaux et indications à l'appui. Produits divers.   **(QUAI.)**

BARRE. — Tubercules, navets, raves.

BANGEY. — Produits agricoles divers.

BOUCHARDEAU. — Publications diverses.

BOUCHEIX. — Produits agricoles divers.

CHABRAT. — Produits agricoles divers.

CHANNETON. — Carte hydrographique, orographique et agronomique de l'arrondissement.

ISSERTINE. — Produits agricoles divers.

JANISSON, à Aubusson. — Trèfles, laines et miel.

LANDRY. — Avoine.

MARTINON (Honoré), au Château-de-Blessac, près Aubusson — Collection de céréales, tubercules, etc.

MEANGEON (DE). — Produits divers, céréales, tubercules.

MIRAL (VVE DU). — Navets, raves.

MONTREUIL (DE). — Fromages.

PICAUD (Étienne). — Collections de céréales.

RENARD et Fils. — Avoine.

SANTY, à Aubusson. — Laines et miel.

SEMBLAT. — Produits divers, charcuterie.

SOURIOUX, à Aubusson. — Huile et tourteaux.

TEYTON, à Aubusson. — Avoine.

13. Comice agricole de l'arrondissement de REIMS (Exposition collective du), Président : **Lhotelain,** à Reims (Marne). — Céréales en tiges et en grains, beurre et fromages, fruits et légumes, vins rouges et blancs du pays, spécimens d'exploitations et d'instruments agricoles, insectes utiles et insectes nuisibles, produits horticoles. (Voir cl. 73.)   **(QUAI.)**

ANDRIEUX-BRODIER, à Pouillon. — Vin rouge de Pouillon, vin blanc de Pouillon, vin rouge de Chenay, vin rouge d'Hermonville. Eau-de-vie de marc. (Voir cl. 73.)

ARNOULD-BALTARD, à Trigny. — Herbier.

BAILLIOT (A.), à Muizon. — Variétés de blé. Laines en toisons et en mèches.

BALLOT, à Taissy. — Pince pour passer les anneaux aux taureaux, pince pour la castration des agneaux.

BAUDESSON, à Saint-Étienne-sur-Suippes. — Laines en toisons et en mèches.

BENOIT Fils (Ch.), à Reims. — Vin blanc de Monferré. (Voir cl. 73.)

BERTRAND-CARRÉ, à Rilly. — Vin rouge et vin blanc de Rilly. (Voir cl. 73)

BERTRAND-COLLART, à Reuil. — Vins rouge et vin blanc. (Voir cl. 73.)

BONNEDAME, à Épernay. — Carte viticole et vinicole de la Champagne.

BOUCHÉ Fils, à Mareuil-sur-Ay. — Vin rouge de Bouzy. (Voir cl. 73.)

BOURDIN (G.), à Reims. — Pains de luxe, boulettes pour potages, grains et farine.

BRISSET-FOSSIER, à Reims. — Pains d'épices, biscuits et massepains. Vin blanc de Reims. (Voir cl. 73.)

BUREAU (Ch.), à Villers-Allerand. — Vin rouge et vin blanc de Villers. (Voir cl. 73.)

CHARBONNEAUX (Ernest), à Reims. — Betteraves fourragères.

CHARLIER, à Boult-sur-Suippes. — Instruments agricoles divers.

CHRÉTIEN, à Cauroy-lez-Hermonville. — Variétés de blé.

COLONIE AGRICOLE DE NOTRE-DAME-D'IGNY (Directeur : R. P. AUGUSTIN), à Igny. — Chocolat des Pères Trappistes.

COMMUNAL, à Hermonville. — Vin rouge de Marzilly. (Voir cl. 73.)

Couvreur (C.), à Fismes. — Variétés de blés et d'avoines.

Danneaux, à Vitry-lez-Reims. — Échantillon de blé.

Darc-Flamain, à Cumières. — Pressoirs.

Delabruyère-Sergent, à Loivre — Variétés de betteraves à sucre.

Deléans, à Reims. — Divers produits de la confiserie rémoise.

Démolin-Lagarde, à Reims. — Variétés de blés et échantillon de seigle.

Démolin-Lagarde, à Reims. — Variétés de betteraves demi-sucrières, luzerne trèfle et sainfoin (en tige et en graines).

Démoulin, à Commetreuil. — Vin blanc de Courmas. (Voir cl. 73.)

Didier (Marc), à la Neuville-aux-Larris. — Variétés de blés.

Établissements économiques de la ville de Reims (Directeur : Monclin), à Reims. — Divers produits de charcuterie.

Établissements économiques de la ville de Reims (Directeur : Monclin), à Reims. — Divers produits de panification mécanique.

Fauvet d'Arras, à Prouilly. — Variétés de pommes de terre.

Favart (Léon), à Reims. — Vin blanc de Chenay. (Voir cl. 73.)

Foret, à Tinqueux. — Échantillons de cires et de miels.

Fortel (Amédée), à Sillery. — Vin rouge et vin blanc de Sillery. (Voir cl. 73.)

Gabreau-Faupin, à Saint-Thierry. — Vin blanc. (Voir cl. 73.)

Gérard (Alfred), à Reims. — Soufflet champenois.

Girard (S.), à Reims. — Historique de la boucherie et de la charcuterie à Reims, leurs rapports avec l'alimentation des différentes classes et salaires.

Gosset (Alphonse), à Reims. — Tableaux : Traité de constructions rurales. Ferme de Villers-Allerand. Vendangeoirs.

Gourdet, à Reims. — Jambons et jambonneaux, saucisses, langues de bœuf fumées, etc.

Irroy (Ernest), à Reims. — Vin rouge d'Avenay, vin blanc d'Avenay, vin blanc de Bougy, vin blanc de Verzenay. (Voir cl. 73.)

Jacquemart-Ponsin, à Irval. — Vin blanc d'Irval. (Voir cl. 73.)

Jolicœur (Dr), à Reims. — Insectes utiles et insectes nuisibles.

L'abbé Létrange, à Taissy. — Herbier.

Lagarde, à Ville-en-Tardenois. — Laines en toisons et en mèches.

Laubréau, à Ville-en-Tardenois. — Trousse de berger.

Le Cacheur-Canot, à Ay. — Vin rouge et vin blanc d'Ay. Eau-de-vie de marc. (Voir cl. 73.)

Leloup (Édouard), à Mailly. — Vin rouge de Ludes, vin blanc de Mailly. (Voir cl. 73).

Lemoine (Dr), à Reims. — Carte géologique de l'arrondissement de Reims.

Leroy (E.), à Villers-Franqueux. — Eau-de-vie de marc. Vin blanc. (Voir cl. 73.)

Leroy-Philippart, à Écueil. — Vin rouge et vin blanc d'Écueil. (Voir cl. 73.)

Lhotelain (Ch.), à Reims. — Variétés de blés, échantillon orge, seigle et avoine.

Mabille (Léon), à Reims. — Spécimens de différentes machines agricoles (pressoir, tarare, hache-paille, etc.)

Maldan (Théod.), à Longvoisin. — Manuel de l'engraissement des animaux dans les pâturages.

Marguet (Pol), à Reims. — Plan en perspective isométrique de la ferme de Courcelles, près Reims.

Monfeuillart, à Selles. — Échantillon de blé.

Monlaurent (E.), à Sillery. — Farine de cylindres.

Monlaurent Aîné, à Cormontreuil. — Farine de cylindres.

Pérard-Pérard, à Vitry-lez-Reims. — Vin rouge de Cernay, vin blanc de Vitry. (Voir cl. 73.)

Perseval-Pétré, à Chamery. — Vin rouge et vin blanc de Chamery. (Voir cl. 73.)

Petit-Elambert, à Reims. — Vin rouge et vin blanc de Trigny. (Voir cl. 73.)

Petitjean, à Reims. — Pains d'épices, biscuits et massepains. Poires de rousselet de Reims.

PHILIPPOT (Ernest), à Vrilly. — Variétés de blés.

PIOT-FAYET, à Sainte-Gemme. — Vin blanc de Sainte-Gemme. Variétés de blés et échantillon d'avoine. (Voir cl. 73.)

RABAULT, à Trois-Puits. — Échantillons de cires et de miels.

RENARD-MATRA, à Luthernay. — Plans des travaux de drainage, exécutés sur la ferme de Luthernay.

RENAUDIN-HUGUENIN, à Reims. — Spécimens de différents instruments.

RICHET (Albert), à Sermiers. — Vin rouge de Sermiers. (Voir cl. 73.)

ROBERT-MITOUART, à Sacy. — Vin rouge et vin blanc de Sacy. (Voir cl. 73.)

RONSEAUX, à Courcelles-lez-Rosnay. — Variétés de pommes de terre, navets, betteraves et carottes.

ROUSSIN (Edmond), à Villedommange. — Vin rouge et vin blanc de Villedommange. (Voir cl. 73.)

SOCIÉTÉ D'HORTICULTURE DE LA VILLE DE REIMS, Président : le Dr Doyen ; professeur : Dubarle), à Reims. — Variétés de haricots, pois et lentilles, variétés de sojas. Fleurs et plantes, fruits, graines et plantes d'essences forestières.

SOULLIÉ (Hubert), à Reims. — Vin rouge de Cumières. (Voir cl. 73.)

STREFF (Nicolas), à Reims. — Spécimens de différents instruments aratoires (brabant, extirpateur, rouleau, etc).

SUCRERIE DE FISMES (MACHEREZ-GOUMANT & Cie), à Fismes. — Sucres et autres produits.

SUCRERIE DE LOIVRE (CHOVET-THIÉRY & Cie), à Loivre. — Sucres et autres produits.

TARPIN, à Reims. — Pain d'épice, biscuits et massepains.

THIÉRY, à Loivre. — Variétés de betteraves à sucre.

THOMAS-DEREVOGE, à Pontfaverger. — Échantillon d'orge.

VILLAIN, à Reims. — Pâtés de Reims.

WARGNIER-CHASSE, à Courcelles-lez-Rosnay. — Variétés de pommes de terre, asperges, navets et carottes.

14. Comice agricole de l'arrondissement de SAINTE-MENE-HOULD (Exposition collective du), Président : **Henry Payart,** à Ste-Menehould (Marne). — Produits agricoles divers.   (QUAI.)

ADRIEN (Émile), à la Chapelle-Felcourt. — Fromages, façon Brie.

BOURGEOIS-SAULNIER, au Vieil-Dampierre. — Deux navets pesant chacun de 5 à 6 kilog.

BURGAIN (Édouard), à Bournouville, commune de la Neuville-au-Bois. — Balais de fleurs de roseaux.

CHAUDRON (Arsène), au Vieil-Dampierre. — Diverses variétés de pommes de terre.

CHAUDRON (Charles), au Vieil-Dampierre. — Toison de laine lavée à dos, autres produits.

CHEMERY (Alfred), à Moiremont. — Blé, avoine, pommes de terre, cidre, poiré, eau-de-vie. (Voir cl. 73.)

JEANSON, au Vieil-Dampierre. — Sarclet, outils pour couper les chardons dans les céréales.

MATHIEU (Augustin), à Saint-Remy-sur-Bussy. — Ruche à miel, bocaux de miel, briques de cire.

MIGNON (Clément), à Bournonville. — Ruche garnie de ses rayons de cire, pot de miel.

NOEL, à Remicourt. — Toison de laine lavée à dos.

PERSON (Vve Henri), à Sainte-Menehould. — Sables verts servant à l'amendement des terrains de Champagne plantés en vignes.

SUCRERIE LESAFFRE & BONDUELLE (Directeur : Courtois), à Sainte-Menehould. — Sucre cristallisé pour consommation et vendanges, sucre de second jet pour raffinerie, mélasses.

THIRION (Amédée), à Somme-Yèvre. — Plants d'aulnes et de pins noirs d'Autriche.

15. Comice agricole de l'arrondissement de SOISSONS (Exposition collective du), Président : **Lemaire,** à Soissons (Aisne). — Tableau synoptique du champ de démonstration du Comice. Description, méthodes, résultats, Laines, grains, graines, produits divers.   (**QUAI.**)

16. Comice agricole départemental de l'AUBE (Exposition collective), Président : **Huot,** à Troyes (Aube). — Produits et instruments agricoles.   (**QUAI.**)

BARTHELEMY (Paul), à Saint-Barres-les-Tertres. — Métier à paillassons, extirpateur herses, charrue, etc.

BAZIN (Félix A.), à Villy-en-Trodes. — Presse typographique.

BEAUGRAND (L.), à Troyes. — Barattes (système Beaugrand), mesures en bois.

BERTHAUT-MANCHIN, à la Ferme de l'Espérance, commune de Villechétif. — Blé, seigle, orge, avoine, graine de moutarde, betteraves, pommes de terre, rutabaga.

BLANCHARD (Alphonse), à Payur. — Charrue roulante perfectionnée.

BOUCLIER (Lucien), à Troyes. — Pompes à brouette pour arrosage, vins, purin, près de l'eau pour pouvoir les faire fonctionner.

BOURGCAT (Honoré), à Villemarien. — Toison de mouton, trainages, blé, avoine, orge, luzerne, sainfoin.

BOURGEOIS (Ernest), à Rilly-Saint-Syre. — Vins, eau-de-vie. (Voir cl. 73.)

BRUNET (Prudent), à Sainte-Savine. — Miel, cire, ruches à rayons mobiles, ruchettes d'observation.

CADET (Élisée), à Montgueux. — Liqueur Cadet Élisée, vins et eau-de-vie. (Voir cl. 73.)

CATHÉRINET-CARRÉ (Auguste), à Bar-sur-Aube. — Faucheuses, moissonneuses, extirpateurs, etc.

CHADENET (Maurice), à St-Julien. — Céréales, avoine, racines, betteraves, carottes, pommes de terre.

CHAILLOT (Hyacinthe), à Grande-Chapelle. — Tableau d'observations annuelles d'ornithologie.

CHEVALET (Lucien), à Troyes, rue de la Paix, 51. — Alambic à distiller et à rectifier les eaux-de-vie de marc, de cidre, de fruits.

CHUCHU (Jules), à Villemorien. — Toison de laine mérinos en suint.

COLLIN (Amand), à Vaillant-Saint-George. — Produits agricoles divers.

CONTAT (L.), à Méry-sur-Seine. — Betteraves fourragères.

CONTESENNE (Édouard) et GUY (Jules), à Pontvannes. — Blancs minéraux manufacturés.

COSSIGNY (Jules-C. de), au Château de Courcelles, commune de Clercy. — Carte géologique et agronomique des environs de Troyes. Echantillons appartenant aux terrains figurés sur la carte.

COUSIN (Émile), à Arcis-sur-Aube. — Produits agricoles divers.

CROISSANT (Albert), à Beaulieu. — Échantillons, blé, seigle, avoine, orge, pommes de terre et bois divers.

CROSETTE (René), à Vandeuvre. — Toison de laine de bélier et de brebis.

DUPONT (Marcel), à Troyes. — Tableau indiquant la composition des échantillons de terres arables de l'Aube, statistique spéciale à chaque sol.

DUPONT-SAVINIAT, à Brantigny, commune de Piney. — Produits agricoles.

FÈVRE (Pierre), à Villepart, commune de Bréviandes. — Miel en branches.

FORGEST & Cie, à Paris, quai de la Mégisserie, 6. — Céréales en bottes, racines diverses, pommes de terre, articles divers en tous genres.

FOUCHEZ (Florent), à Vailly. — Seigle, blé, orge, avoine, pommes de terre et autres légumes.

FOUILLOUX (Émile), à Bar-sur-Aube. — Batteuses à la main et au moteur, bornes-fontaines incongelables, bouches d'arrosage à incendie incongelables, chaufferettes pour appartements, etc.

FOURÉ (Auguste), à Gélannes. — Céréales et appareils à adapter aux charrues.

GAMICHON (Adolphe), à Draupt-Sainte-Marie. — Céréales, pommes de terre et autres plantes légumineuses.

GAMICHON (Guillaume), à Pouan. — Variétés de froment, gerbes, seigle, avoine, orge et grains.

GAMICHON (Louis), à Pouan. — Collection de produits agricoles.

GAMICHON-SIMONNET, à Bessy. — Céréales et plantes légumineuses.

GÉRARD (Claude-L.), à Barberey. — Céréales, légumes, etc.

GÉRARD (Clovis), à Jully-sur-Sarce. — Jeux de herses en fer assortis de supports, traîneaux, nouveau système.

GIGAULT (Paul), à Thieffrain. — Charrue avec avant-train, extirpateur à 5 et 7 lames et à 1 et 3 leviers, herses se réglant d'un coup de levier pour le travail et le repos.

GOUBAULT (Edmond), à Champigny, commune de Laubressel. — Boissons fermentées, plans de bâtiments ruraux, cahiers de mesures législatives. (Voir cl. 73.)

GUENIN-GAUTHROT, à Troyes, rue Courtolon, 36. — Céréales, plantes fourragères, vins, eaux-de-vie. (Voir cl. 73).

HUGUIER-TRUELLE, à Troyes. — Présure blanche liquide sans odeur.

HUOT (Gustave), à la Planche, commune de Saint-Léger, près Troyes. — Céréales diverses, pommes de terre, comestibles et fourragères, vins d'eau sucrée, alcool, eau-de-vie, etc. (Voir cl. 73.)

JEANNEL (Alexandre), à Thennelières. — Céréales diverses, racines, plantes fourragères, produits de laiterie.

LAGOGUEY, à Champsicourt, commune de Maraye-en-Othe. — Cidre, poiré. (Voir cl. 73)

LAMBERT (Édouard), à Bar-sur-Aube. — Instruments pour l'agriculture, machines, pompes, pressoir.

LASNERET (Lucien), à Nogent-sur-Seine. — Produits agricoles divers.

LEGAUT (Alexandre), à Longueville. — Blé, orge, avoine, betteraves et pommes de terre.

LORNE-LORNE (Henri), à Villeneuve-au-Chemin. — Carottes, pommes de terre. (Institut de Beauvais, Pommes de terre du Canada.

MAISON (Louis), aux Riceys. — Serrurerie agricole pour fermier, etc.

MARTIN (Armand), à Machy. — Froment, avoine, orge, pommes de terre.

MASSON (Charles), à Laubressel. — Laines en suint et produits légumineux.

MATHIEU (Victor), à Saint-Mards-en-Othe. — Miel, cidre, hydromel, cidre, eau-de-vie de cidre, orge et avoine. (Voir cl. 73.)

MILLARD-SAINTON, à Échenilly, commune de Saint-André. — Collection de produits agricoles.

MOROT (Ernest-E.), à Pouan. — Plusieurs sortes de froment, d'avoine, orge, seigle, maïs, carottes fourragères, choux-navets et raves, etc.

PAILLOT (Victor), à Rumilly-lez-Vandes. — Cidre de poires et de pommes. (Voir cl. 73).

PELLERIN (Arthur), à la Ferme de Villiers, canton de Piney. — Pommes de terre, betteraves à sucre, produits divers.

PORON-GRISART, à Troyes. — Flacons renfermant des jus, des sirops, des sucres cristallisés. Blé de Bordeaux, blé bleu, avoine.

SAVINIAT (Eugène), à Villemaur. — Blé, seigle, avoine, orge, fourrage, betteraves, carottes, etc.

SEGAULT (Alex.), à Longueville. — Blé, orge, avoine, betteraves, pommes de terre.

TERRENOIRE (Auguste), à Saint-Julien. — Produits agricoles et plantes fourragères.

TISSUT (Stanislas), à Évry. — Plans de drainage et de bâtiments, aménagements ruraux et forestiers.

17. Comice & Syndicat agricole des agriculteurs et vignerons de l'arrondissement de CHATEAU-THIERRY (Exposition collective du), Vice-Président : Carré, à Épieds (Aisne). — Céréales, plantes légumineuses et fourragères, tubercules, Vins, cidre et produits divers, etc. (Voir cl. 73).

(QUAI.)

BAHIN, à Courmont, par Fère-en-Tardenois. — Produits de la distillerie agricole. (Voir cl. 73).

BARDIN, à Chouy, par Neuilly-St-Front. — Céréales, fourrages, fromages de Brie.

BÉNÉDIE & Cie, à Château-Thierry. — Sucrerie, produits de la fabrication.

BORNICHE-DEMONCY, à Essommes, par Château-Thierry.—Vins du pays, vin champanisé en ordinaire. (Voir cl. 73).

CHÈNEBENOIT, à Épieds, par Château-Thierry. — Céréales en grains et en tiges, laines sur cartons.

DELIZY, à Montcmapoy, commune de Dammard. — Laines en toisons.

FERTÉ, à Chouy, par Neuilly-St-Front. — Tissus de laine, provenant de toisons de moutons, race Charmoise.

LEMOINE, à Lessart, commune de Menton. — Laines en toisons, céréales en grains et en tiges.

PARENT, à Passy-en-Valois, par la Ferté-Milon. — Laines en toison et produits divers.

PASCART, à Tarcy, par Gandelu. — Betteraves, fourrages, céréales.

SUCRERIE DE NEUILLY-SAINT-FRONT, à Neuilly-Saint-Front. — Produits de la fabrication.

18.   Comice agricole de l'Arrondissement de GUINGAMP (Exposition collective du), Président : **Tanvez-Lever,** à Guingamp (Côtes-du-Nord). — Principaux produits agricoles de l'arrondissement de Guingamp.   **(QUAI.)**

CONAN, à Guingamp. — Pépinières.

KERAMBRUN (François), maire, à Plonisy. — Produits agricoles.

LE BAIL (François), Vice-Président du Comice agricole de Guingamp, à Kerdel-Paluc. — Produits agricoles.

LELAY, à Guingamp. — Pépinières.

LIBERGE, à Guingamp. — Pépinières.

LORGÈRE (Jean), à Mandez-Saint-Agathon. — Produits agricoles.

MARTIN (Yves), à Guingamp. — Produits agricoles.

PINSON, à Callac. — Produits agricoles.

TRÉMEL (Yves), maire, à Belle-Ile-en-Terre. — Produits agricoles.

TIEC (Guillaume), à Grâce. — Produits agricoles.

19. Comité départemental du FINISTÈRE (Exposition collective du) Président : **De Lécluse,** à Kerfeunteun (Finistère). — Divers produits agricoles, beurre, cidre, etc. (Voir cl. 73.)   **(QUAI.)**

BARON, Directeur de l'école du Lijardeau, à Quimperlé. — Produits agricoles.

BELBEOCH (Charles), à Kerven-en-Pouldergat. — Beurre.

BRIOT DE LA MALLERIE, à Kerlagatu. — Cidres de 1887-1888. (Voir cl. 73.)

DAVID, à Tréméven. — Produits agricoles.

HAMON-LECLINCHE, à Benodet. — Cidre de 1888. (Voir cl. 73.)

LARHANTEC (Pierre), à Coatuner. — Beurre.

LE DALL (Jean), à Penehout. — Beurre frais et demi-sel.

LE LAY, à Rossulier. — Cidres de 1887-1888. (Voir cl. 73.)

PILORGÉ, à Kernours. — Produits agricoles.

20.   Comité départemental de la VENDÉE (Exposition collective du), Président : **Madelaine,** à la Roche-sur-Yon (Vendée). — Grains, fromages, vins etc. (Voir cl. 73.)   **(QUAI.)**

21.   Exposition collective agricole des DEUX-SÈVRES, organisée sous le patronage et avec le concours financier de la société centrale d'Agriculture et du Conseil général, par **M. Gust. Robert,** professeur départemental d'agriculture, commissaire spécial, à Niort.   **(QUAI.)**

AUDOIN, au Bas-Genneton. — Produits agricoles.

BAILLY (H.), à Bougontet. — Produits agricoles.

BARBAUD, à la Mortière. — Produits agricoles.

BARBAULT, à Saint-Porchaire. — Vins. (Voir cl. 73).

BARILLET-BEAUPRÉ, à Fenioux. — Produits agricoles.

BARON, à la Bonne. — Vins et eau-de-vie. (Voir cl. 73).
BAUDOIN, à Noizé. — Vins. (Voir cl. 73).
BEAUDIN, à Lair. — Produits agricoles.
BEAUMONT (Alcide), à Villemain. — Produits agricoles
BELLÉCULÉ, à l'Aubinière. — Produits agricoles.
BELLING (de), à la Chanotière. — Vins et eau-de-vie. (Voir cl. 73).
BERGEON, à Sainte-Verge. — Vins et eau-de-vie. (Voir cl. 73).
BERNARD, à la Fuye-de-Vezançais. — Produits agricoles.
BERNARD-RICHARD, à Pamproux. — Graines et laines.
BERTHONNEAU, à l'Épinay. — Produits agricoles.
BOINOT, au Prieuré de Saint-Gelais. — Produits agricoles.
BONNET, à Airvault. — Vins. (Voir cl. 73).
BOURDIN, à Danzay. — Produits agricoles.
BOUTIN, au Trognard. — Produits agricoles.
BROTHIER, à Limalonge. — Produits agricoles.
CATHELINEAU, à la Jeaunelière. — Produits agricoles.
CÉSARD, à Mauzé-Thouarsais. — Vins. (Voir cl. 73).
CHANTECAILLE, à Breloux. — Produits agricoles.
CHARTIER, à la Frappinière. — Produits agricoles et laines.
COIRIER, à Juscorps. — Vins.
COMICE DE SAINT-MAIXENT. — Vignes d'expérience de Nanteuil. — Vins.
CORNILLEAU, à Beauvoir. — Vins et eau-de-vie. (Voir cl. 73).
COURTOIS, à Saint-Martin-de-Bernegoux. — Vins.
DOCQ, à Crêle. — Produits agricoles et vins. (Voir cl. 73.)
DUCROCQ, à Oreuille. — Produits agricoles.
DUPONT, à Amuré. — Produits agricoles.
DUPONT, à Verdonnier. — Produits agricoles.
FARIBAULT, à la Grange. — Produits agricoles.
FÉRU, à Poisvendre. — Vins.
FRADIN, à Usseau-sur-Mignon. — Vins.
FRADIN, à Pompois. — Vins. (Voir cl. 73).
GACHET (Mathurin), à Vallon, près Thiors. — Produits agricoles.
GANDOUET, à Usseau. — Vins.
GILLE, à Ensigné. — Vins et eau-de-vie.
GIRAUDEAU, à Saint-Hilaire-la-Palud. — Produits agricoles.
GIRAULT, aux Hermittants. — Produits agricoles.
GOBIN, à la Dronnière. — Produits agricoles.
GORRY-PROUTEAU, à Belleville. — Produits agricoles.
GROUSSART, à Mérillé. — Produits agricoles.
GUÉRIN, à Bagneux. — Produits agricoles et vins.
GUÉRIN, au Bois-Gallard. — Produits agricoles.
GUILLAR, à Tourtenay. — Produits agricoles et vins. (Voir cl. 73).
GUILLOT, à Parthenay. — Vins.
HARDY, à l'Appel-Voisin. — Produits agricoles et laines.
HAYS, à Saint-Maixent. — Vins.
HULIN, à Irais. — Vins. (Voir cl. 73).
JAUD, à la Martinière. — Produits agricoles.
FERRIAUX, à Romans. — Produits agricoles et laines.
LAFOND, à Saint-Jouin-de-Marnes. — Vins. Voir cl. 73).
LEBEAU, à Château. — Produits agricoles.
LECLERC (Mme), à Pas-de-Jeu. — Vins. (Voir cl. 73).
LECLERC, à Thouars. — Vins. (Voir cl. 73).

LEVRIER, à la Martinière. — Produits agricoles.

LIAIGRE (A.), aux Bordes. — Produits agricoles.

MAINGRET (A.), à la Roulière. — Produits agricoles.

MARCHAIS, à Tourtenay. — Vins. (Voir cl. 73).

MARTIN, à la Foye-Montjault. — Vins. (Voir cl. 73).

MARTIN, à l'Étang. — Produits agricoles et laines.

MILLAULT, à Oiron. — Vins. (Voir cl. 73).

MOREAU, à Patte-d'Oie. — Produits agricoles.

MOREAU, à Massigny. — Produits agricoles et laines.

MOREAU (Clément), à la Galaiserie. — Produits agricoles et vins. (Voir cl. 73).

MOREAU (Stanislas), à Baroux. — Produits agricoles.

MOREAU, à Bellevue. — Produits agricoles.

MOREAU, à Gerbeaudie. — Produits agricoles.

MOTTET, au Haut-Serin. — Produits agricoles.

NOCQUET, à la Groie-l'Abbé. — Produits agricoles.

PARADOT, à Regné. — Produits agricoles.

PELLEVOISIN, à Beauvoir. — Vins. (Voir cl. 73).

PERRAIN (René), à Hanc. — Produits agricoles.

PLANTIVEAU, à la Maison-Neuve. — Produits agricoles.

POPLINEAU, à la Grange-Saint-Gelais. — Produits agricoles.

POUPART, à la Forêt. — Produits agricoles.

PROUST (Eugène), à la Ménardière. — Produits agricoles.

PROUST, à Puy-Renard. — Produits agricoles.

QUINTARD (Jean), aux Fossés. — Produits agricoles.

RANGEARD, à Magé. — Produits agricoles.

RENAULT, à Villermat. — Produits agricoles.

RICHARD, à la Ménagerie. — Produits agricoles.

ROULLET, à la Crèche. — Vins. (Voir cl. 73).

ROUSSELOT, à la Commanderie. — Produits agricoles.

ROUX, à Thouars. — Vins et boîtes à soufrer.

RUDELIN, aux Jauffretières. — Produits agricoles.

SABOTIN (Philibert), à la Tremblée-de-Vasles. — Produits agricoles.

SAGOT, à la Moye. — Produits agricoles.

SARDET, à Villeblanche. — Produits agricoles.

SAVIN (Joseph), à Parthenay. — Vins.

SERVANT, à Pierrefitte. — Produits agricoles.

SERVICE PHYLLOXÉRIQUE, à Niort. — Vins de vignes américaines. (Voir cl. 73).

SICOT, à Bouin. — Vins.

TAUDIÈRE, à la Chauvelière. — Produits agricoles.

TOUILLET (O.), à Noizé. — Produits agricoles et vins. (Voir cl. 73).

TRISTAND-CARDINAUD, à Arçais. — Produits agricoles.

TUZELET, à Brie. — Produits agricoles.

VAURY, à Challoüe. — Produits agricoles.

VIVION, à Puy-Louet. — Produits agricoles.

22. Producteurs agricoles de l'OUEST (Exposition collective des).

— Matériel servant à la fabrication du cidre, pommes, fûts, pressoirs, echantillons de cidres et eaux-de-vie de cidre, cuves de fermentation, etc.   **(QUAI.)**

AVENEL (Vicomte G. d'), au Château du Champ-du-Genêt, par Avranches (Manche). — Cidre. (Voir cl. 73.)

FLOQUET (A.), à Pont-l'Évêque (Calvados). — Cidre. (Voir cl. 73.)

Fontaine (A.), à Nantes (Loire-Inférieure), rue Lafayette, 12. — Cidre. (Voir cl. 73.)

Nodelet-Neveu (H.), à Chartres (Eure-et-Loir). — Cidre. (Voir cl. 73.)

Blestel-Regulard, à Arques (Seine-Inférieure). — Cidres. (Voir cl. 73.)

23. Société des agriculteurs de la SARTHE (Exposition collective de la), Président : **Legludic,** Député, au Mans, rue Haureau, 35 bis. — Gerbes de blé, d'orge et d'avoine, fourrages divers, chanvre, vins, cidre, eaux-de-vie, etc. (Voir cl. 73.)
                                                                        (QUAI.)

24. Société agricole du LOT (Exposition collective de la), — (Président : le docteur **Rey**), à Cahors, rue du Lycée. — Instruments et produits agricoles. Céréales en gerbes et en grains, fruits frais et conserves, marrons, truffes, cocons de vers à soie et divers.
                                                                        (QUAI.)

Alix (Pierre), à Cahors, rue Nationale, 77. — Chanvre non teillé, bruit, peigné, cardé.

Auzac (Gabriel), au Bosc, commune de Ranfillac. — Tabac en feuilles.

Auzié (Léon), à Ranfilac. — Tabac en feuilles.

Baudiol (Jean), à Thédirac. — Faucheuse à traction de cheval avec un système d'engrenage qui permet à 2 hommes de la faire fonctionner.

Belvèze (Germain), à Larnagol. — Blés divers. Raisins de table et à vins. Chanvre et chènevis.

Bergougnioux, à Cahors. — Vin nouveau. (Voir cl. 73).

Bertrand (François), à Gourdon. — Tabac en feuilles.

Berty (Jean), à Laporte. — Châtaignes, marrons, fromages.

Bizac (Bernard), à Souillac. — Truffes fraîches.

Bizac (G.-J.), à Souillac. — Truffes fraîches.

Bizac (J.-Léon), à Souillac. — Truffes fraîches.

Bouisson (René), à Concots (Lot). — Truffes-glands et chênes truffiers.

Bruel (J.-A.), à Souillac. — Collection de chênes truffiers, glands-écorces.

Bruel (Louis), à Cajarc. — Chasselas blancs, roses provenant de plants greffés.

Bruel & Fils, à Souillac. — Noix et huiles de noix.

Bruel Père, à Souillac. — Tabac en feuilles.

Brunelle & Barillaud, à Souillac. — Noix de table, brou de noix. (Voir cl. 73).

Cabanes (Théodore), à Gourdon. — Tabac en feuilles.

Cangardel (Édouard), à Marminiac. — Prunes et truffes fraîches.

Capmas (P.), à Crayssac. — Vins vieux et nouveau. Plants de vignes américaines avec fruits. (Voir cl. 73).

Cavaro, à Souillac. — Tabac en feuilles.

Cayla, à Saint-Géry. — Tabac de 1888.

Chambon & Fils, à Souillac. — Truffes fraîches.

Chassaing (Jean), à St-Sosy. — Coupe-racines, moissonneuse à bras, vilebrequin et plan incliné pour arrêt de wagons.

Chatain, à Lherm. — Noix naves et prunes du pays.

Conquet (Armand), à l'Hospitalet. — Moissonneuse et manège à battre.

Coste, à Souillac. — Tabac en feuilles.

Coste (Jean), à Salviac. — Noix de table, noix pour huile, tabac récolte 1888.

Coulon (Jean), à Vigayrol. — Chênes truffiers, glands, truffes.

Delmas (Auguste), à Marcilhac. — Glands et truffes.

Delmas & Sotte, à Souillac. — Petites machines agricoles, colle métallique pour souder fer et acier.

Garrigue, à Souillac. — Tabac en feuilles.

Jouclas (Raymond), à Rocamadour. — Fromages.

Laffargue (François), à Prayssac. — Charrue quercynoise à usages multiples.

Lamoure (Paul), à Prayssac. — Plants de Jacquez dans un vase.

Lasfargue (Benoît), à Cajarc. — Râteaux à fourrages et à jardins.

LASSERRE, à Espère. — Vin nouveau. (Voir cl. 73).

LAUZIÉ (Jean), à Saleprison, près Goudron. — Tabac en feuilles.

LESMARIE (Élie), à Escougne. — Truffes.

LEVAL, Fils Aîné, à Souillac. — Tabac en feuilles.

MALLES (Jean), à Concots. — Cocons de vers à soie.

MARATUECH (Hilarion), à Landiech. — Châtaignes et marrons.

MARATUECH (Jean), à Laporte. — Châtaignes et marrons.

MARBON (Auguste), à Cajarc. — Charrue pour tabac, maïs.

MASSOUILLÉ, à Souillac. — Tabac en feuilles.

MAURY (Henry), à Gourdon. — Tabac en feuilles.

MOLES (Jean), à Concots. — Noix naves, cocons de vers à soie, glands et chênes, truffes.

MONTAGNE, à Souillac. — Tabac en feuilles.

MOSBON (Étienne), au Verdier, commune de Cajarc. — Tabac en feuilles.

MOULIN (Alfred), à Gourdon. — Tabac en feuilles.

NUCÉ (Paul de), à Souillac. — Vin nouveau, pêches, raisins. (Voir cl. 73).

PARDES Fils (Jean), à Prayssac. — Grains et fruits secs, noix et marrons.

ROUJOLS (L. B.), à Luzech. — Machines à greffer la vigne.

SAVRE (Pierre), à Cahors. — Échantillons de blés et de pailles.

SOULACROIX, à Souillac. — Tabac en feuilles.

SOULIÉ dit la FORTUNE (Jean), à Concots. — Huiles de noix pour la peinture. Noix naves.

TAILLADE Frères, à Goudron. — Noix, huiles de noix et tourteaux.

TAILLADE (Victor), à Gourdon. — Tabac en feuilles.

TERRISSE, à Concots (Lot). — Truffes.

VALMARY, à Cahors. — Vin de l'année, prunes, truffes fraîches et de conserve. (Voir cl. 73).

VINEL (Gustave), à Larnagol. — Variétés de blés en gerbes et en grains.

25. Société agricole de la MAYENNE (Exposition collective de la), Président : **Denis**, à Laval. — Produits agricoles et industriels de la Mayenne. Tableaux et statistiques.   **(QUAI.)**

ARDOISIÈRES DE RENAZÉ (Gérant), FOURCAULT à Renazé.— Échantillons d'ardoises pour couvertures et constructions.

BERTHELOT & GANDON, à Grey-en-Bouère. — Boissellerie fabriquée, charbon de bois, écorce naturelle et en poudre, bois de merrain.

BERTHELOT (Ferdinand), à Erfroide. — Pommes, cidre, eaux-de-vie, graines, betteraves fourragères, chaux grasse, etc. (Voir cl. 73.)

BERTHELOT (Mme Ernestine), à Erfroide-de-la-Cropte. — Œufs de poules de races différentes, de canards, dindes et pintades, échantillons de volailles engraissées et mortes.

BOISSEAU, à Ballée. — Vin rouge et vin blanc de Ballée et de Saint-Denis-d'Anjou, eaux-de-vie. (Voir cl. 73.)

BOSSUET, à Grey-en-Bouère. — Échantillons divers d'huiles comestibles, de graines diverses et de tourteaux.

COMICE de BIERNÉ, à Bierné. — Cidre et eaux-de-vie de cidre. (Voir cl. 73.)

COMICE de CHATEAU-GONTIER, à Château-Gontier. — Cidres et eaux-de-vie de cidre (Voir cl. 73.)

COMICE de COSSÉ-LE-VIVIEN, à Cossé-le-Vivien. — Cidres et eaux-de-vie de cidre. (Voir cl. 73.)

COULON (J.), aux Agets-Saint-Brice. — Produits céramiques.

FISCHET (Amédée), à Pré-en-Pail. — Eaux-de-vie de cidre (fine normande), crème normande et liqueurs diverses à base d'eau-de-vie de cidre. (Voir cl. 73.)

FOLLIOT Fils (Albert), à Laval. — Marbres bruts et manufacturés des carrières de la Mayenne.

GOUASBAULT, à Bazouges. — Échantillons de fromages façon Camembert.

GAVILLARD (G.), à Chemazé. — Échantillons de ronces artificielles, de l'églantier et de ruban métallique.

GRANGER, à Craon. — Échantillons de farines, sons et recoupes.

GUICHARD, à Saint-Pierre-la-Cour. — Produits agricoles divers.

PICHON (Sylvain), à Château-Gontier. — Statistique agricole de l'arrondissement, photographies des animaux domestiques du département, plans, carte.

POTTIER (Victor), à Château-Gontier. — Huiles comestibles, graines oléagineuses, de tourteaux, moulus et concassés.

REZÉ (Léon), à Grey-en-Bouère. — Céréales, lin, chanvre, laines, racines, cidre, poiré, eaux-de-vie, etc. (Voir cl. 73.)

SIMONET, à Château-Gontier. — Échantillons de marbres provenant des différentes carrières de la Mayenne, de pierres de taille, d'anthracite, et de toutes les essences de bois du département.

SINOIR (Magloire), à Fontaine-Couverte. — Plan de culture, de ferme, de drainage, d'assainissement.

TARDIF (Alexandre), à Château-Gontier. — Talonnettes cambrées pouvant s'adapter aux sabots et souliers divers.

TROUILLARD (Anatole), à Châtres. — Produits agricoles divers.

26. Société d'agriculture d'AVESNES (Exposition collective de la), Président : **E. Legrand**, à Avesnes (Nord). — Beurres, fromages et autres produits agricoles de l'arrondissement.   **(QUAI.)**

27. Société d'agriculture de BOURBOURG, (Président : **Hubert-Legaigneur)**, à Bourbourg (Nord). — Collection de céréales. Plantes légumineuses, fourragères, oléagineuses, textiles et industrielles. Malts, bières, sucres, mélasses, alcools, farines et issues, huiles et tourteaux, laines, miel, cire, beurre, Collections de fers à cheval. (Voir cl. 73.   **(QUAI.)**

ANQUEZ (Auguste), à Gravelines. — Avoine de sa ines.

BELLE (Gustave), à Bourbourg — Farines, sons.

BELLE-DIOMÈDE, à Loon. — Blés, avoine, seigle, pois, fèves, rutabagas, lins.

BERLETTE (Alphonse), à Bourbourg. — Blé, escourgeon d'hiver, avoine de Flandre, pois ronds.

BOLLAERT (Henri), à Saint-Pierrebrouck. — Lin de mars.

CAILLIEUX-MOREAU, à Millam. — Blé.

CASTIER, à Saint-Momelin. — Chanvre, paille, allumettes soufrées.

DEBREYNE, à Bourbourg-Campagne. — Fèves flamandes.

DEBRUYNE, à Bourbourg-Campagne. — Blé, escourgeon, avoine et poids ronds.

DECLERCK (Adolphe), à Dringham. — Fèves, beurre et fromage.

DELORY, à Pont-sans-Pareil. — Sucres et mélasse.

DESMIDT (Henri), à Craywick. — Blé, avoine, lin et caméline.

DESMIDT (Vve Gustave), à Craywick. — Blés.

DURIEZ & DROULERS, à Bourbourg. — Alcool de betteraves. (Voir cl. 73.)

DURIEZ (Edmond), à Bourbourg-Campagne.— Blé, beurre et œufs.

DURIEZ (François), à Craywick. — Blés divers, céréales, foin et luzerne, lin, betteraves, etc.

DUKIEZ (Gustave), à Seclin. — Lins teillés, peignés et en fils.

FETEL (Pierre), à Loon. — Blé, pois, vesces, foins blancs, trèfle, sainfoin.

GANOOTÉ (Gustave), à Loon. — Lin de mars et de mai.

INWHÈRE (Charles), à Bourbourg-Campagne. — Blé blanc de Flandre.

JONKIERRE, à Watten. — Œillette.

LANDRON (Léon), à Looberghe. — Lin de mars.

Louf (Charles), à Bourbourg-Campagne. — Laine en suint.

Matringhem, à Loon. — Chicorée.

Lysensoone (Gustave), à Bourbourg-Campagne. — Orges et pois.

Menne (Édouard), à Saint-Pierrebrouck. — Lins rouis.

Roussel, à Watten. — Trèfle anglais.

Schmitt, à Looberghe. — Blé américain, tuyaux de drainage.

Stoclin (J.-Baptiste), à Sainte-Mariekerque. — Blé.

Tilloy, à Millam. — Houblons du pays.

Vaesken, à Cappellebrouck. — Avoine, prunier.

Vandenbroucq (Benjamin), à Bourbourg. — Orge, malt, bière. (Voir cl. 73).

Vandenbroucque (Léon), à Bourbourg. — Liqueurs. (Voir cl. 73.)

Vandenbroucq-Rohart, à Bourbourg. — Huiles et tourteaux de lin, de colza, cire, miel, etc.

Vandercolme, à Bourbourg. — Haricots et pois.

Vanhaecke (Alphonse), à Bourbourg-Campagne. — Lin, foin, trèfle.

Veil (Émile), à Bourbourg-Campagne. — Blé challenge.

Waguet (Émery), à Bourbourg-Campagne. — Avoine d'un champ d'expériences de la Société.

28. Société d'agriculture du DOUBS (Exposition collective de la),
Président : **Gauthier,** à Besançon. — Matériel complet d'un chalet modèle de fromagerie (foyer, chaudière, presse, ustensiles, pèse-lait, etc.) Produits agricoles, divers blés, graines, vins, kirsch, gentiane, bière, miel. (Voir cl. 73.)   **(QUAI.)**

Beaufoulier Père et Fils, à Besançon, quai de Strasbourg. — Chaudières à foyer mobile.

École de laiterie de Mamirolle (Directeur : Martin.) — Plans de Châlet, ustensile.

Ferrari, à Besançon. — Calorifères de cave à fromages.

Jani, à Besançon. — Calorifères de cave à fromages.

Laurioz Père et Fils, à Arbois (Jura.) — Presses à fromage de Gruyère.

Roussel-Galle Frères, à Port-Lesnay (Jura.) — Foyers pour chaudières, chaudières de fromagerie.

29. Société d'agriculture de la HAUTE-LOIRE (Exposition collective de la), Président : **Aymard,** au Puy (Haute-Loire). — Plans de drainage, céréales, vins, cidre, eaux-de-vie. Fromages et beurres. Miel, etc. (Voir cl. 73). **(QUAI.)**

Abrial, au Puy. — Vins, eaux-de-vie et cidre (Voir cl. 73).

Boyer (Camille), chez M. Richoud, à Sanssac-l'Église. — Fraises.

Chanal, à Chaudeyrolles. — Miel, beurre et fromage.

Chaudier, à Nolhac. — Céréales.

Chevalier-Chauvy, au Puy. — Plans de drainage.

Cheylard, à la Voute-Chillac. — Vin rouge et vin blanc. (Voir cl. 73).

Eyraud, maire, aux Estables. — Fromages et beurres.

Gire (Jules), au Puy. — Projets d'exploitation agricole et de drainage.

Hérisson, au Puy. — Céréales.

Michel, aux Estables. — Beurre et fromages.

Molherat (Charles), à Langeac. — Vin rouge et vin blanc. (Voir cl. 73).

Perrin, maire, à Chamalières. — Kirsch de la Haute-Loire. (Voir cl. 73).

Rochette, aux Estables. — Beurre et fromage.

Vallon et Bertrand. — Cire épurée, blanche, gaufrée, ruches, bourdonnières.

Vérot, au Puy. — Plans de drainage et céréales.

30. Société de l'agriculture de l'INDRE (Exposition collective de la) Président : **P. Baucheron de Lécherolles,** à Châteauroux (Indre).— Produits agricoles, végétaux, d'origine animale, documents divers.   **(QUAI.)**

Babault, à Bourges. — Vins blancs et vins rouges, cépages américains, eaux-de-vie de vin et de marc. (Voir cl. 73.)

BAUCHERON DE LÉCHEROLLES (Paul), au château de Piou. — Toisons de moutons berrichons, collection de haricots, chanvre.

BAUCHERON DE LÉCHEROLLES (Philippe), au château d'Ars, La Châtre. — Chanvre.

BICHAT (Fernand), à Châteauroux. — Plans de propriétés.

BIIN, à Châteauroux. — Osiers bruts et décortiqués.

BONNARME, au Blanc. — Vins rouges et vins blancs divers, eau-de-vie et kirsch, engrais pour la vigne. (Voir cl. 73.)

BOUDIER et Fils, à Châteauroux (Indre). — Échantillons de nodules de l'Indre, Yonne, Ardennes, Meuse, Somme.

BRAULT, à Paray. — Vins rouges et rosés, eau-de-vie de vin. (Voir cl. 73.)

BROQUET (Denis), à Beauvais. — Blé de Noé, rouge de Bordeaux et Hallett, avoine noire.

CAIGNANT (Ernest), à Vatan. — Études sur le crédit agricole et l'agriculture. Histoire du Bas-Berry.

CROMBEZ (Louis), au château de Lancosne. — Chaux grasse, pierres calcaires, écorce de chêne blanc, topinambours, betteraves, alcool de topinambours et de betteraves. (Voir cl. 73.)

DESAIX, au Terrier. — Foin, fourrages.

ÉMERY (Constant), à Houmes. — Topinambours, pommes de terre, luzerne, sainfoin, trèfle, mélanges de graminées, cidre. (Voir cl. 73.)

GIRAUD (Ernest), propriétaire de la ferme hippique de Bonnavoix, à Neuvy-Saint-Sépulchre. — Fourrages divers.

GRENOUILLET (Prothade), au château de Parçay. — Pommes de terre.

GRILLON et Cie, à Châteauroux. — Malt.

GUÉRIN (Lucien), à la Bruère. — Topinambours avec tiges.

GUINON (Edmond), à Châteauroux. — Vins de Jacquez, Noah et Châteauroux, eau-de-vie de prunes. (Voir cl. 73.)

LEJAY DE BELLEFOND (Charles), à Vitvassol. — Vins rouges et rosés vieux, kirsch et eau-de-vie. (Voir cl. 73.)

LEMERLE (Jules), à Saint-Chartier. — Blé bleu, avoine grise et noire.

LOUET (Casimir), à Issoudun (Indre). — Cerisier dans les vignes détruites par le phylloxera.

LUZARCHE D'AZAY, à Azay-le-Ferron. — Vins et cidre. (Voir cl. 73.)

MARCHAIN (Léonce), au château de la Lienne. — Échantillons de bois de semis, foins et maïs ensilés, laines, plans d'aménagement.

MASQUELIER, au château des Planches. — Chaux, pierres, laines, racines, fourrages, céréales, alcool rectifié à 96°, vins de 1887-88. (Voir cl. 73.)

MAUDUIT (Léon), à la Châtre. — Publications sur le crédit rural, sur la culture de la vigne et de l'asperge. Tableau d'une ferme expérimentale.

MERLE (Isidore), à Argenton (Indre). — Échantillons de phosphates.

MESROUZE, à Vandœuvres-en-Brenne. — Mémoire sur la culture de la vigne, dessins, photographies.

NALINE (Arsène), à Châteauroux. — Plans et nivellement, projets d'assainissement.

NAUD (Alexandre), à Verneuil. — Tuyaux de drainage et de conduites, briques pour greniers, carreaux divers, poteries communes.

PALICE (Émile), à Montierchaume. — Ruches, miels, cire pure, eau-de-vie et liqueurs, vinaigre. (Voir cl. 73.)

PERRIN (Charles), à Baudres (Indre). — Vin de 1887. (Voir cl. 73.)

PETIT (Paul), à Vauzelles. — Vin de Noah. (Voir cl. 73.)

RATOUIS (Henri), à Château-du-Puy. — Études agronomiques, dessins, tableau graphique, blé noir, vin blanc, rose, rosé et rouge, eau-de-vie de marc. (Voir cl. 73.)

SAINTE-CLAIRE-DEVILLE (Edmond), à Von. — Ramie.

SOCIÉTÉ D'AGRICULTURE DE L'INDRE, à Châteauroux. — Publications travaux, tableaux. Collections diverses de produits agricoles.

Syndicat des agriculteurs de l'Indre, à Châteauroux. — Tableau graphique des opérations du syndicat. Publications et travaux.

Tréfault (Constant), aux Chezeaux. — Luzerne, sainfoin, trèfle violet, betteraves, topinambours, avoines de printemps, laines.

31. Société d'Agriculture de MELUN (Exposition collective de la) Vice-Président : **Brandin**, à Melun. — Produits agricoles, assolements, méthodes, installations et aménagements agricoles.   **(QUAI.)**

Aubergé (Amédée), à Cramayel. —Variétés de céréales, blé, avoine, variétés de pommes de terre.

Aubergé (Vve Paul), à Cramayel. — Blé, échantillon de foin de prairie permanent, échantillons de fourrages annuels.

Brandin (A.), à Gallande. — Échantillons de foin de prairies temporaires, de blé, de betteraves à sucre.

Brandin (Paul), à Aubigny. — Échantillons de fourrages annuels, de colza en tiges et de laine en suint.

Caille (A.), à Crizenoy. — Échantillons de blé et de luzerne.

Delamare (Paul), à Éprunes. — Échantillon de blé et de laine en suint.

Driat, à Chartrettes. — Tableaux et notice relatifs à ses assolements.

Garnot (Germain), à Réau. — Échantillon de seigle.

Garnot (Paul), à Melun. — Échantillon de topinambour (tubercules et tiges). Échantillon de foin de prairie naturelle.

Hardon (Alphonse), à Courquetaine. — Variétés de céréales, blé, avoine, orge et seigle.

Meyer, à Coubert. — Échantillons de betteraves à sucre, de blés et d'avoines, flegmes de betterave, alcool de betterave.

Michenon, à Andrezel. — Échantillons de laine en suint.

Mir, à Ozouer-la-Ferrière. — Céréales et fourrages.

Mollot (A.), à Arvigny. — Échantillons de blé.

Nicolas (Louis), à Arcy. — Statistique des produits de sa vacherie.

Rabourdin (Gustave), à Fourches. — Échantillons de lin non battu.

Rémond (H.), à Andrezel. — Échantillons de laine en suint

Rémond (Émile), à Mainpincien. — Variétés de céréales, blé d'hiver et de printemps, avoine, luzerne, trèfle, tableau d'assolement.

Siret, à Coutry. — Échantillons de blé en mélange, tableau d'assolement.

Société agriculture de Melun. — Cartes-tableaux. Statistiques. Types des terres de l'arrondissement.

Violet, à Buisseaux. — Échantillons de laine en suint.

32. Société d'Agriculture, Comice et Syndicat de MEAUX, (Exposition collective de la), Président : **Gatellier.** — Céréales, plantes sarclées et fourragères, légumineuses. Fromages et produits agricoles.   **(QUAI.)**

Avène (le Vicomte d'), à Brinches-Villemareuil. — Céréales.

Benard (Jules), à Coupvray, par Esbly. — Céréales.

Bichot (Jean-Baptiste), à Quincy-Sézy. — Fromages de Brie, céréales.

Clairet (Victor), à Vareddes. — Oseille en graine, oseille conservée.

Couesnon-Bonhomme (Alexandre), à Villers. — Céréales, spécialité d'avoine de Brie.

Fournier (Adolphe), à Grandchamp, par Lizy-sur-Oureq. — Fromages de Brie.

Gatellier (Émile), à Condetz-la Ferté-s-Jouarre. — Nouvelles espèces de blés obtenues par croisement.

Guilloux (Ernest), à Vareddes. — Plantes légumineuses, plantes fourragères, céréales.

Haran (Camille), à Oissery. — Fromages de Brie.

Jarry, à la Houe-St-Jean-les-deux-Jumeaux. — Fromages.

Lenfant (Émile), à Charmentray. — Fourrages.

Martin (Adolphe), à Aunet. — Fromages de Brie.

Papillon-Bardin, à Fresnes. — Céréales et lin.

Peigné (Vve), à Bailly-Romainvilliers. — Fromages de Brie.

Proffit (Charles), à Oissery. — Fromages de Brie.

Proffit (Anatole), à Bouillancy. — Fromages.

Proffit (Paul), à Forfry. — Fromages de Brie.

Viet, à Rougeville-Saucy. — Produits agricoles.

33. Société d'Agriculture de l'arrondissement de GRENOBLE (Exposition collective de la), Président : **Dalmas,** à Grenoble (Isère). — Céréales, graines et fourrages, vins, liqueurs, fromages, etc, cocons, chanvres, tabacs, miel, bois, laines, peaux. (Voir cl. 73).

Chaperon, cultivateur-propriétaire, à Gières (Isère). — Chanvre.

Fruitière de Mens, près Celles (Isère). — Beurre.

Jacquier (Gaston), vacherie du Moirond, à Giers (Isère).

Jacquier (Mme Gaston), à Gières (Isère). — Duvet végétal, fourrure de lapin.

Jore, à Saint-Ismier (Isère)

Mortillet (de) fils, à Meylon (Isère). — Champignons des Alpes.

Orphelinat, à Voiron (Isère).

Paganon distillateur, à la Croix-Rouge (Isère).

Renéville (de), à Bresson (Isère).

Godard, à Gières. — Chanvre de la vallée du Grésivaudan.

Fruitière du Villard-de-Lons, Directeur : Bevière, au Villard-de-Lons. — Beurre.

Giraud (Joseph de Domerie), à Oyeu, par Charavines. — Céréales.

Miribel (Ludovic de), au château de Vors, près Villard-Bonnet. — Chanvre et pommes de terre.

34. Société d'Agriculture, de Commerce et Industrie d'ILLE-ET-VILAINE (Exposition collective de la), Président : **Sirodot,** doyen de la Faculté des Sciences, à Rennes. — Produits et matériels agricoles, Plants de pommiers.   (QUAI.)

Aubrée, à Hédé. — Plants de pommiers.

Briend, à Pleurtuit. — Variétés de céréales et de cidres. (Voir cl. 73.)

Champion, à Feins. — Céréales, plantes sarclées et fourragères, osiers, cidre, eau-de-vie, beurre et fromage. (Voir cl. 73.)

Cocas, à Mordelles. — Beurre.

Daguet, à la Tillois-en-Saint-Sauveur. — Cidres et eaux-de-vie de cidre. (Voir cl. 73.)

Decré, à la Brousse-en-Mervil. — Blés, maïs, betteraves, choux, potirons, etc.

Duport, à Roz-Landrieux. — Plants de pommiers.

Ferraud, à la Ferraudière-en-Villemée. — Plants de pommiers.

Gaillet Fils, à la ferme de Monbours, à la Guerche. — Poirés et cormés. (Voir cl. 73.)

Gallerand, à Montfort. — Céréales, plantes sarclées, cidre et beurre. (Voir cl. 73.)

Herissant, aux Trois-Croix. — Plants de pommiers.

Herissant. — Cidres et eaux-de-vie de cidre. (Voir cl. 73.)

Hunault, à Peleneuc. — Froments variés, avoines, fourrages, cidre et beurre. (Voir cl. 73.)

Jacquart, à Rennes. — Plantes sarclées et divers choux, citrouilles.

Judeaux, à la Boisardière-en-Noyal-sur-Seiche. — Cidres en fûts et en bouteilles. (Voir cl. 73.)

Le Beschu, à Fougères. — Plants de pommiers. Cidres et poirés et eaux-de-vie. (Voir cl. 73.)

Lefas, à St-Méloir-des-Ondes. — Blé, orge, beurre et produits divers.

Massot, à Poperune-en-Domloup. — Cidre et produits divers. (Voir cl. 73.)

Ragot, à Vitré. — Cidre, eaux-de-vie de cerises, de cidre, de maïs de betteraves. (Voir cl. 73.)

RICHONEY, à Saint-Sulpice-la-Forêt, — Beurre.

SIMONEUX, à Mélesse. — Plantes sarclées, fourragères, céréales, cidre et poiré. (Voir cl. 73.)

SOCIÉTÉ D'AGRICULTURE, DE COMMERCE ET D'INDUSTRIE POUR LE DÉPARTEMENT D'ILLE-ET-VILAINE. — Produits de ses champs d'expériences. Céréales, plantes sarclées, chanvres, lins et divers.

35. Société d'agriculture, sciences, arts et belles-lettres de l'EURE (Exposition collective de la), Secrétaire : **Léon Petit,** à Évreux, rue du Maillet, 14. — Produits agricoles divers.　　　　**(QUAI.)**

36. Société centrale d'agriculture du département de MEURTHE-ET-MOSELLE (Exposition collective de la), (Président : **Meixmoron de Dombasle),** à Nancy, rue Stanislas, 43. — Produits agricoles divers. Tableaux et statistiques.　　　　**(QUAI.)**

ABOUT, à Agincourt. — Comptabilité agricole.

BERGÉ, aux Mossus. — Houblons : Spalt séché à l'air et à l'étuve, Haguenau, Lorraine.

CHARLES (Louis), à Tomblaine. — Produits agricoles.

CHATTON, à Écuelles. — Blés et avoines.

CLARTÉ, à Baccarat. — Eau-de-vie. Goumi du Japon. (Voir cl. 73).

COMICE AGRICOLE DE LUNÉVILLE, à Lunéville. — Houblons, osiers, pommes de terre, tableaux divers.

COMICE AGRICOLE DE TOUL, à Toul. — Vins et eaux-de-vie. (Voir cl. 73).

CROUVEZIER, au Placieux. — Courbes pour le syndicat.

DANHAUSER, à Lunéville. — Houblons.

DIDELOT, à Mont-le-Vignoble. — Vins.

DRAPPIER (Hubert), à Saulxures. — Plans de drainages.

DROUARD (Mlle), à Arraye-et-Han. — Travail sur les Instituts agricoles pour les enfants de la campagne.

FISSON (Conducteur des services hydrauliques), à Lunéville. — Améliorations foncières accomplies de 1874 à 1888, dans la subdivision de Lunéville.

GENAY (Paul), à Bellence-Chanteheux. — Blés et avoines variés, pommes de terre variées.

HARMAND, à Tantonville. — Beurre fin. Crème. Céréales.

HURAUX, à Eulmont. — Vins.

MEIXMORON DE DOMBASLE, à Nancy. — Machines agricoles.

MOISSON (Charles), à Nancy, rue des Tiercelins, 43. — Pelouse mécanique pour les osiers.

MOITRIER, à Gerbéviller. — Osiers blanchis et gris.

MOUET, à Nancy, place Carrière, 47. — Sels de bétail et d'engrais. Cendres de salines.

PÉROT Frères, à Brichambeau-Nancy. — Plans de drainage.

PICORÉ, à Nancy. — Tableaux d'arboriculture.

POINSIGNON, à Pulventeux-Longwy. — Produits de sa distillerie. (Voir cl. 73).

QUINTARD (Léopold), à Nancy, Cours Léopold. — Vins de Haussonville.

RENAUX (René), à Gerbéviller. — Houblons.

STEB, à Thiaucourt. — Vins.

SUISSE, à Moncel-lez-Lunéville. — Osiers blanchis et gris.

SYNDICAT VITICOLE DE ROSIÈRES-AUX-SALINES. — Vins de Rosières-aux-Salines. (Voir cl. 73.)

37. Société d'encouragement à l'agriculture de la HAUTE-SAONE, (Exposition collective de la), Président : **Bailly (Charles),** à Vesoul (Haute-Saône). — Céréales et produits agricoles divers, plan d'exploitation, collections, publications agricoles.　　　　**(QUAI.)**

BEAUQUIS (Victor　Villeguindry.

Delhautal, à Villers-lez-Luxeuil.

Froissard, à Cerre-lez-Noroy.

38. Société d'Encouragement à l'Agriculture de LOT-ET-GARONNE (Exposition collective de la), Secrétaire général : **Charpentier**, à Agen, rue Cajard, 28. — Produits agricoles et divers de la Région **(QUAI.)**

Bouchon. — Chasselas.

Braudoux. — Vignes américaines, vin.

Capgrand-Mothes, à Paris. — Liéges de toutes sortes.

Chapès (U.), à Brimont. — Produits agricoles divers, vin.

Charpentier (A.), au Château de Pauilhac, près Agen. — Pruneaux et fruits divers, note sur la reconstitution rapide et économique des vignobles, dans la région, avec plants américains.

Demeste. — Vignes américaines, vin.

Durand (Joseph). — Blés et autres produits.

Dussollé, à Lafitte. — Eau-de-vie de Noha et Elvica.

Fournié, à Sérignac. — Fruits divers, primeurs, vin.

Lacarrère, à Saint-Hilaire. — Fruits divers.

Lauze, à Agen. — Fruits divers, vin.

Lussagnet, à Calignac. — Eau-de-vie de Noha.

Mazats (Justin). — Étude pratique sur le prunier d'Ente.

Philippau, à Duras.

Preignan. — Appareil de greffage.

Vidal, à Catayrac. — Chasselas et fruits.

39. Société horticole, vigneronne et forestière de l'AUBE, Président : **Baltet**, à Troyes (Aube). — Produits des vignes, forêts et pépinières du département de l'Aube, outillages et accessoires de culture, enseignement horticole, statistique du développement agricole de l'Aube depuis 1789. (Voir cl. 73).   **(QUAI.)**

Abit (Auguste), à Troyes. — Étiquettes de jardins.

Arbeltier de la Boullaye, à Troyes. — Objets sylvicoles.

Arcis-sur-Aube (Groupe de l'Arrondissement d'), à Arcis-sur-Aube. — Produits sylvicoles.

Asselin (Louis), à Troyes. — Système de multiplication des arbres.

Bailly, aux Riceys. — Produits du sol.

Baltet (Charles), à Troyes. — Ouvrages d'horticulture, plans, tableaux, études.

Baltet (Ernest), à Troyes. — Fruits de semis, études pomologiques.

Baltet Frères, à Troyes. — Plans, arbres, greffes, fruits, etc.

Baltet (Mme Charles), à Troyes. — Échantillons de soies variées.

Baltet (Mlle Lucie), à Troyes. — Utilisation des produits des jardins.

Bar-sur-Aube (Groupe de l'Arrondissement de), à Bar-sur-Aube. — Bois, vins, eau-de-vie. (Voir cl. 73).

Bar-sur-Seine (Groupe de l'Arrondissement de), à Bar-sur-Seine. — Bois, vins, eau-de-vie de cidre.

Barotte, à Troyes. — Travaux sur l'enseignement.

Barrois-Lecuriot, à Noé-lez-Mallet. — Système de palissage de vignes.

Bernard, à Saint-Phal. — Vins. (Voir cl. 73).

Bernot (F.), à Ervy. — Casse-pommes (Modèle réduit).

Bernot, Instituteur, à Troyes. — Enseignement, herbiers.

Berthelot (Victor), à Troyes. — Faussets hygiéniques.

Billot, à Polisot. — Tableaux de l'enseignement agricole.

Binet (Parfait), à Troyes. — Études forestières.

Bouilly (Groupe de), à Bouilly. — Vins et eau-de-vie.

BINET (Mme Cécile), à Troyes. — Reproduction des hêtres de Villechétif.

BOUCLIER (Lucien), à Troyes. — Système de pompes d'arrosage.

BOULAT-MILLARD, à Troyes. — Châssis double.

BOURGEOIS (Ernest), à Rilly-Saint-Syre. — Vins. (Voir cl. 73).

BAUCHET (Victor), aux Riceys. — Produits horticoles.

BRIET (Nicolas), à Saint-André. — Enseignement de l'arboriculture.

BUTOR (Mlle de), à Troyes. — Enseignement, tableaux, fruits en cire.

BUXTOXF-KŒCHLIN, à Troyes. — Poteries, vases à fleurs, etc.

CACAULT (Benjamin), à Ervy. — Liqueurs de fleurs-fruits. (Voir cl. 73).

CACHEUX, aux Riceys. — Vins. (Voir cl. 73.)

CADET (Élisée), à Montgueux. — Liqueurs, vins. (Voir cl. 73).

CARRÉ (Émile), à Troyes. — Outils de jardinage.

CECCONI & LUISA, à Troyes. — Minéralogie de l'Aube.

CHAILLOT (Hyacinthe), aux Grandes-Chapelles. — Insectes, oiseaux, herbiers, etc.

CHARDIN (Eugène), à Channes. — Eaux-de-vie. (Voir cl. 73.)

CHAUSSIN-LARRIVÉE, à Landreville. — Vins. (Voir cl. 73.)

CHÉPY (Léon), à Troyes. — Outils.

CHUTRY-DUPONT, à Bouilly. — Vins, eau-de-vie. (Voir cl. 73).

COGNÉE (François), à Troyes. — Arboriculture.

COLLINET (Isidore), à Mesnil-Sellières. — Métier à paillasson.

COLLOT, à Troyes. — Engrais pour gazons.

COQUET-GUINOT, aux Riceys. — Alambic.

CORGERON (Henri), à Ervy. — Fruits.

COSSIGNY (de), à Courcelles. — Carte géologique de l'Aube.

CRETEY (François), à Trames. — Appareil traçant les courbes pour jardin anglais.

CUNFIN (GROUPE DE), à Cunfin. — Bois bruts, bois ouvrés.

DARNET, à Cormost. — Bois ouvrés.

DATTEZ Fils, à Troyes. — Vins. (Voir cl. 73.)

DAUNAY, à Romilly. — Enseignement horticole.

DAVID (Louis), à Troyes. — Arroseuses pour maraîchers.

DECESSE-MARTINOT, à Essoyes. — Bois bruts ou travaillés

DELAUNAY, à Bar-sur-Aube. — Études forestières.

DEMANDRE, à Troyes. — Études phylloxériques.

DOUSSOT, à Troyes. — Bacs à fleurs, outillage.

DROT (Alphonse), à Ervy. — Vins. (Voir cl. 73.)

DUBREUIL (Charles), à Gyé-sur-Seine. — Sylviculture, vins. (Voir cl. 73.)

DUCHESNE-ROBILLARD, à Bar-sur-Aube. — Vins. (Voir cl. 73)

ERRARD, à Troyes. — Études vinicoles.

FARINET, aux Riceys. — Vins. (Voir cl. 73.)

FAURE-LUTEL, à Villacerf. — Palissage de la vigne, outils.

FERRAND, aux Riceys. — Eaux-de-vie. (Voir cl. 73.)

FORÊT DE CHAOURCE (GROUPE DE LA), à Chaource. — Bois, cidres, poirés. (Voir cl. 73).

FORÊT DE CLAIRVAUX (GROUPE DE LA), à Clairvaux. — Bois bruts et ouvrés.

FORÊT D'ORIENT (GROUPE DE LA), à Orient. — Bois divers.

FORÊT D'OTHE (GROUPE DE LA), à Othe. — Cidres, produits divers. (Voir cl. 73).

FORÊT DE SAULAINES (GROUPE DE LA), à Saulaines. — Sylviculture.

GAUTHIER (Ernest), à Balnot-sur-Laignes. — Herbiers, tableaux.

GAUTHIER (Élysée), à Sainte-Savine. — Cretons pour gazons.

GAUTHIER, aux Riceys. — Tonnellerie.

GÉRARD-HARVIER, aux Riceys. — Vins. (Voir cl. 73.)

GILLOT (Alexandre), à Essoyes. — Plans résineux, bois, semis.

GOMAND (Albert), aux Riceys. — Tonnellerie.

Goubault (Ludovic), à Courseranges. — Eaux-de-vie de fruits. (Voir cl. 73).
Goubault, à Troyes. — Conserves de fruits et de légumes.
Guillemot (Amédée), à Troyes. — Fleurs et fruits reproduits.
Guillemin-Moge, à Troyes. — Vannerie horticole.
Guyot (Alexis), à Troyes. — Herbier de l'Aube.
Haillot (Arsène), à Sainte-Savine. — Sabots de bouleau.
Hainot (Léon), à Ervy. — Fruits.
Harjot (Louis), à Méry. — Herbier local.
Harjot (Paul), à Méry. — Flore de l'Aube.
Harvier (Gustave), aux Riceys. — Tonnellerie.
Harvier-Bégis, aux Riceys. — Vins. (Voir cl. 73.)
Horiot-Dauge, aux Riceys. — Comestibles.
Horiot-Hubert, aux Riceys. — Eaux-de-vie. (Voir cl. 73.)
Hourseau (Nicolas), à Bouilly. — Vins et eaux-de-vie. (Voir cl. 73.)
Houzelot (Alexandre), à Bouilly. — Vins. (Voir cl. 73.)
Humbert (Philippe), à Méry-sur-Seine. — Fruits, plants de peupliers.
Jannès, à Crogny. — Pisciculture.
Lampert (Édouard), à Bar-sur-Aube. — Pressoirs, alambic (Modèles réduits).
Languery (Onézime), à Celles. — Vins. (Voir cl. 73.)
Laour (Émile), à Ervy. — Eaux-de-vie. (Voir cl. 73.)
Lasnier (Léon), à Troyes. — Châssis perfectionné.
Latruffe, aux Eaux-Puiseaux. — Plans, cartes, bois indigènes.
Lavocat, à Troyes. — Échantillons sylvicoles.
Leclerc (Paul), à Polisy. — Vins. (Voir cl. 73.)
Leclerc-Roizard, à Sainte-Savine. — Vins. (Voir cl. 73.)
Leclerc-Gatouillat, aux Valdreux, Chennegy. — Cidres, poirés et eaux-de-vie. (Voir cl. 73.)
Lécuriot, à Viviers. — Eaux-de-vie. (Voir cl. 73.)
Maison (Louis), aux Riceys. — Serrurerie pour parcs et jardins.
Mannequin (Auguste), à Troyes. — Presse, pressoir, pompe (Modèles réduits.)
Manotte-Hauvy, à Troyes. — Essences de bois.
Marguet (Achille), à Chavanges. — Eaux-de-vie. (Voir cl. 73.)
Marquot, à Bayel. — Vases, verrerie.
Massonnat (Isidore), à Pouan. — Fruits.
Maudier, aux Boulins, Maraye-en-Othe. — Cidres, poiré. (Voir cl. 73.
Mermaz, à Troyes. — Appareil de chauffage de serre, alambic.
Meusy (Ernest), à Troyes. — Plans de parcs.
Monin-Royer, à Par ues. — Vins. (Voir cl. 73.)
Naudot (Paul), à Troyes. — Vins. (Voir cl. 73.)
Noel (Eugène), à la Mivoie, Saint-Mards-en-Othe. — Cidres, poirés. (Voir cl. 73.)
Nogent-sur-Seine (Groupe de l'Arrondissement de), à Nogent-sur-Seine. — Produits
    horticoles et forestiers.
Papillon, à Torvilliers. — Vins. (Voir cl. 73.)
Perrier (Louis), aux Riceys. — Eaux-de-vie. (Voir cl. 73.)
Peutot (Alfred), à Brienne. — Vins. (Voir cl. 73)
Pierre (Charles), à Troyes. — Outils de jardinage.
Pillost, à Troyes. — Vins. (Voir cl. 73.)
Poinsot-Rigollot, à Buxières. — Raisins.
Prudent (Léandre), aux Laines-aux-Bois. — Vins et eaux-de-vie. (Voir cl. 73.)
Prudent (Nicolas), aux Laines-aux-Bois. — Vins et eaux-de-vie. (Voir cl. 73.)
Prognier (Paul), aux Riceys. — Vins. (Voir cl. 73.)
Quenedey, aux Riceys. — Eaux-de-vie. (Voir cl. 73.)

Classe 74.

Quinat (Louis), à Pont-Hubert. — Bois bruts et ouvrés.

Rabit (Paul), à Troyes. — Enseignement et historique.

Rigolley, aux Riceys. — Vins. (Voir cl. 73.)

Rigny (Gustave), à Troyes. — Châssis de couche.

Robert-Baltet, à Bar-sur-Aube. — Vins. (Voir cl. 73.)

Robin (Frédéric), à Vaupoissons. — Viticulture.

Rosomanes troyens (Groupe des), à Troyes. — Roses et rosiers

Rossi, à Bar-sur-Aube. — Appareil de chauffage de serre.

Rothier (Émile), à Troyes. — Vins. (Voir cl. 73.)

Rothier (Léon), à Troyes. — Chanvres et leur emploi.

Rousseau (Auguste), à Estissac. — Arboriculture.

Ruelle (Auguste), à Buxeuil. — Vins et eaux-de-vie. (Voir cl. 73.

Ruelle (Pierre), à Troyes. — Organisation d'une pépinière.

Ruinet (Jules), à Ervy. — Bois tournés.

Saget & Fils, à Rumilly. — Outillage sylvicole.

Saillard (Camille), à Bar-sur-Seine. — Etudes météorologiques.

Salognon (Victor), aux Riceys. — Eaux-de-vie, vins. (Voir cl. 73.)

Saussier (Victor), à Viâpres. — Échantillons forestiers.

Sauvenet (Léon), aux Riceys. — Vins. (Voir cl. 73.)

Serbource, à Romilly. — Eaux-de-vie. (Voir cl. 73.)

Simonnot, aux Riceys. — Résineux.

Souverain, à Troyes. — Taillanderie agricole.

Sylvan-Tassin, à la Rivière-de-Corps. — Vins. (Voir cl. 73.)

Tassel-Virey, aux Riceys. — Vins. (Voir cl. 73.)

Taupin (Antoine), à Chesley. — Vins. (Voir cl. 73.)

Thiney, à Prusy. — Charrue vigneronne (Modèle réduit.)

Thomas-Roger, à Ervy. — Cidres, vins. (Voir cl. 73.)

Thuillier (Jules), à Voué. — Sylviculture de Champagne.

Tintrelin-Choisy, à Bagneux. — Vins et eaux-de-vie. (Voir cl. 73.)

Tissier, à Troyes. — Plans de jardins.

Toussaint, à Barberey. — Plantes.

Troyes (Groupe de l'Arrondissement de), à Troyes. — Produits horticoles, viticoles forestiers.

Vallat (Prudent), à Charmont. — Kirsch. (Voir cl. 73.)

Vallier (Edmond), à Troyes. — Eau-de-vie. (Voir cl. 73.)

Vauchassis (Groupe de), à Vauchassis. — Produits horticoles et forestiers.

Verry-Rocher, aux Riceys. — Vins. (Voir cl. 73.)

Vieuhaeuser, aux Riceys. — Vins. (Voir cl. 73.)

Virey (Edmond), aux Riceys. — Eau-de-vie. (Voir cl. 73.)

Vuillet Frères, à Vendeuvre. — Produits des poteries de Vendeuvre.

Weiss (Georges), à Lesmont. — Plan de propriété.

Zeddes (de), aux Riceys. — Vins et eaux-de-vie. (Voir cl. 73.)

40. Sous-Comité de GAILLAC (Exposition collective du) Président : **Dupuy-Dutemps,** à Gaillac (Tarn). — Produits agricoles, viticoles et industriels de l'arrondissement de Gaillac. (Voir cl. 73.)

Azémar (Gabriel).

Barbe (J.-L.).

Bousquer, (Timothée).

Frezouls & Fils.

Raynal & Fils.

41. Syndicat agricole de CHARTRES (Exposition collective du),
Président : **Vinet,** à Chartres (Eure-et-Loir), rue au Lin, 1. — Grains, graines,
céréales diverses, produits divers de la ferme.   **(QUAI.)**

**42. Syndicat agricole de SEINE-et-OISE (Exposition collective
du),** Président : **H. Petit,** à Champagne, par Juvisy (Seine-et-Oise.) — Produits
agricoles de toutes natures.   **(QUAI.)**

BONFILS, à Perigny. — Produits divers.
DEFORGE, à Villebon. — Haricots et semoir spécial pour haricots.
DURAND (Léon), à Plessis-le-Veneur. — Produits divers.
LASNE, à Brétigny. — Produits divers.
PETIT (Henri), à Champagne, par Juvisy.— Céréales, betteraves, pommes de terre.
RABOURDIN (Charles), à Contin. — Produits divers.
RIGAULT (Hyacinthe), à Groslay, rue de l'Asile, 16. — Pommes de terre.

**43. Syndicat agricole et horticole de la GUERCHE-DE-
BRETAGNE (Exposition collective du),** Président : **Desprès,** au
Temple, commune de la Guerche (Ille-et-Vilaine).— Spécimens de pommes et de poires
à cidre, lots de cidre et eaux-de-vie de cidre. (Voir cl. 73.)   **(QUAI.)**

AUBRY, à la Guerche. — Cidre. (Voir cl. 73.)
BLANCHET (Mme Veuve), à la Fresnais. — Cidre. (Voir cl. 73.)
BULOURDE, à Retiers. — Cidre. (Voir cl. 73.)
DESPRÈS, au Temple. — Eau-de-vie de cidre. (Voir cl. 73.)
DESPRÈS, au Temple. — Cidre. (Voir cl. 73.)
DIGNON, à la Lande. — Cidre. (Voir cl. 73.)
DUTERTRE, à Rannée.— Cidre. (Voir cl. 73.)
FRÈRE (Abel), à la Guerche. — Eau-de-vie de cidre. (Voir cl. 73.)
GASTINEL (A.), à Gennes-sur-Seiche. — Eau-de-vie de cidre. (Voir cl. 73.)
GASTINEL (Arsène), à Gennes. — Cidre. (Voir cl. 73.)
GRIMAULT, à Loussigné. — Cidre. (Voir cl. 73.)
GUÉTRON, à Tartifume. — Eau-de-vie. (Voir cl. 73.)
GUILLET, à Montloury. — Cidre. (Voir cl. 73.)
GUILLOUX, à Saut-au-Geai. — Eau-de-vie de cidre. (Voir cl. 73.)
HERVONIN (Pierre), à la Rivière. — Cidre en bouteilles. (Voir cl. 73.)
LAMOUREUX, à Blanche. — Cidres en bouteilles. (Voir cl. 73.)
LOISEAU, à la Sellerie. — Cidres en bouteilles. (Voir cl. 73.)
MADELINE, aux Chenais. — Cidres en bouteilles. (Voir cl. 73.)
MALHERRE, au Val. — Cidres en bouteilles. (Voir cl. 73.)
MOISY, à la Perrière. — Cidres en bouteilles. (Voir cl. 73.)
MOREAU, à Bretigné. — Cidres en bouteilles. (Voir cl. 73.)
MOUËZY, à la Petite-Guerche. — Cidres en bouteilles. (Voir cl. 73.)
TONBON, à Mauhy. — Cidres en bouteilles. (Voir cl. 73.)

**43. Syndicat des Houblons de BOURGOGNE (Exposition col-
lective du),** Président : **Robbin,** à Dijon (Côte-d'Or), place Saint-Jean, 4. —
Plans de houblon en végétation, houblon séché nature, houblon séché pressé pour la
brasserie française, pour l'exportation, appareil de culture et emperchement.   **(QUAI.)**

BING (Émile), à Dijon. — Houblons.
BORDET (Alfred), à Froidvent. — Houblons.
BORDET (Vve R.), à Essarois. — Houblons.
BOYVEAU (de), au château de Villers. — Houblons.
COLLENET (Ch.), à Villers-la-Faye. — Houblons.
DARANTIÈRE, à Dijon. — Houblons.

DAUTEL, à Is-sur-Tille. — Houblons.

DELAMARCHE, à Dijon. — Houblons.

GÉLIOT, à Selongey. — Houblons.

GIRODET, à Is-sur-Tille. — Houblons.

GLEIZE, à Dijon. — Houblons.

LAVIELLE, à Longecourt. — Houblons.

MAGNIEN (Joseph), à Magny-Saint-Médard. — Houblons.

PERRIQUET (Georges), à Orville. — Houblons.

PETITJEAN (Jules), à Chivres. — Houblons.

QUANTIN (A.), à Veronnes-les-Petits. — Houblons.

QUANTIN (E.), à Veronnes-les-Grandes. — Houblons.

ROBELIN, à Dijon. — Houblons.

VAGNIOT, à Talmay. — Houblons.

44. Exposition collective vétérinaire (Président : **Chapard**), à Paris, rue Clément-Marot, 14. — Instruments de chirurgie, produits pharmaceutiques, pièces anatomiques et pathologiques, ferrures pathologiques. Bulletins-atlas, ouvrages divers de médecine vétérinaire, etc. **(QUAI.)**

ALASONNIÈRE (Louis), à la Roche-sur-Yon (Vendée). — Travaux sur une nouvelle méthode de ferrure et sur l'amélioration de la race chevaline.

ANDRAC-KLÉBER, à Cuzorn (Lot-et-Garonne). — Herbier. Flore du département.

ARTUS (Alide), Médecin-Vétérinaire, à Thouars (Deux-Sèvres). — Liquide de météorisation.

BARBE (Eugène), à Bazas (Gironde). — Travaux sur la production et l'élevage dans le département de la Gironde.

BARRY (Joseph), à Méximieux (Ain). — Pince à castration.

BELLAMY (Pierre), à Rennes (Ille-et-Vilaine). — Travaux sur les espèces chevalines, bovines, ovines et porcines. Fers de son invention.

BEUCLER (Charles), à Paris, rue Bouchardon, 3. — Fers pathologiques, ferrure à glace talons en caoutchouc.

BIGOTEAU, à Auneau (Eure-et-Loir). — Collection de fers.

BOINEAUD (Émile), à Bordeaux (Gironde). — Instruments et instruction pour la castration debout.

BOURREL (Jean), à Paris, rue Fontaine-au-Roi, 7. — Divers instruments et tableaux synoptiques.

BRAULT, à Vernon (Eure). — Pince pour opérer seul la castration. Appareil pour le cas de dystoisie. Spécialité contre le crapaud.

CAUCHOIS (Clovis), à Gisors (Eure). — Travaux sur la médecine vétérinaire.

CHAPARD Joseph), à Chantilly (Oise). — Produits pharmaceutiques, ferrure à glace voiture pour l'enlèvement des chevaux.

CHARPENTIER (Prosper), à Paris, rue d'Allemagne, 209. — Trachéotome nouveau. Instruments divers.

GIROTTEAU, à Poitiers (Vienne). — Ouvrage destiné aux fermes-écoles. Leçons élémentaires sur les animaux domestiques.

COLLARD (Albert), à Vitry-le-Français (Marne). — Collection des Bulletins de la Société vétérinaire de la Marne.

COUTIER, à Attigny (Ardennes). — Appareils pour la suspension et la contention.

DAVIAU, à Marseille (Bouches-du-Rhône). — Machine perfectionnée pour coucher les chevaux.

DELAMARRE, à Gisors (Eure). — Pièces pathologiques.

DELATRE, à Givet (Ardennes). — Instruments de chirurgie.

DELPERRIER, à Joinville-le-Pont (Seine). — Collection de fers et instruments de maréchalerie.

DELSOL, (J.-M.), à Mirande (Gers). — Pharmacie portative ou boîte de secours.

DESPRUNIÉE (Émile), à Bourg-Achard (Eure). — Produits, instruments et mémoires relatifs à la médecine vétérinaire.

Detroye, à Paray-le-Monial (Saône-et-Loire). — Nouvel appareil pour la castration des vaches. Passe-corde pour les accouchements.

Devilliers (Nicolas-P.), à Loivre (Marne). — Mors speculum. Appareil pour la trachéotomie.

Ducourneau, à Paris, rue Fontaine-au-Roi, 7. — Laryngoscope pour chiens.

Dugast (Amand), à Ancenis (Loire-Inférieure). — Licol antitiqueur, muselière automatique empêchant les chiens de mordre et leur permettant de boire et manger.

Flamens (Ferdinand), à Paris, rue Cardinet, 87. — Pièces anatomiques et pathologiques.

Fonte, à Hauvilliers-les-Forges (Ardennes). — Étau pour les casseaux. Bistouri à castration.

Garrigues, à Castres (Tarn). — Produits nouveaux.

Gasc (Casimir), à Gaillac (Tarn). — Pinces pour castration debout. Bistouri commode pour cette opération.

Gilis (Louis), à Béziers (Hérault). — Produits pharmaceutiques.

Gomer (Marcel), à Paris, rue Copernic, 25. — Pommade contre les crevasses.

Gorce (J.-Marie-L.), à Relizane (Oran). — Huile podophylleuse.

Goyau, à Paris, rue Bayard. — Fer pathologique.

Graillot, à Paris, boulevard St-Martin, 4. — Instruments de chirurgie.

Grissonnanche (Gilbert), à Aigueperse (Puy-de-Dôme). — Instruments divers.

Hartenstein (Paul), à Charleville (Ardennes). — Appareil pour l'irrigation.

Heu (Philippe), à Chaumont-en-Vexin. — Lève-tête à poulies dans le cas de position anormale de la tête.

Houdmont (Pierre), à Segré (Maine-et-Loire). — Pièces pathologiques.

Hugon (Philippe), à Paris. — Cautère pour le feu en pointes fines et pénétrantes.

Husson (Albert), à Sedan (Ardennes). — Instruments vétérinaires.

Julié (Ernest), à Castres (Tarn). — Entravons dits en 8. Désencarteleur. Agrafe Julié.

Justamond (Kroustamy), à Bagnols (Gard). — Rabots odontriteurs et produits pharmaceutiques.

Jouanne (Gabriel), à Soissons (Aisne). — Feu merveilleux. Lancette à inoculation.

Labully (Pierre), à St-Étienne (Loire). — Appareil pour la contention des veaux ou génisses à la production du vaccin.

Lacombe (Émile), à Châtillon-sur-Loing (Loiret). — Protecteur pour empêcher les chevaux de se couper. Fourchette mobile contre le glissement.

Lafourcade (Paul), à Paris, rue de Flandre, 176. — Travail sur les outardes, pluviers, qualité de la chair chez les oiseaux et gibiers.

Lagassé, à Juniville (Ardennes). — Écraseur.

Laquerrière, à Paris, rue du Val-de-Grâce. — Appareils d'électricité, fer dilatateur, seringue à injection, pièces pathologiques, etc.

Laur (Antoine), à Cahors (Lot). — Produits pharmaceutiques et fers gallo-romains

Laurent (Alexandre), à Bar-le-Duc (Meuse). — Différents instruments de son invention.

Lefèvre (Alexandre), à la Ferté-sous-Jouarre (Seine-et-Marne). — Travaux sur la médecine vétérinaire et pièces pathologiques.

Leriche (Alexandre), à Courtenay (Loiret). — Topique contre les plaies.

Marais (Georges), à Paris, rue Lebrun, 20. — Produits pharmaceutiques vétérinaires.

Marcout (Auguste), à Châlons-sur-Marne (Marne). — Atlas d'anatomie.

Massoc (Jean), à Montestruc (Gers). — Pince pour empêcher le renversement du vagin et de l'utérus.

Mathieu (Eugène), à Sorgues (Vaucluse). — Instrument pour châtrer les animaux par écrasement.

Molard, à Lyon (Rhône). — Râpe à seime.

Moreau (Arthur), à Paris. — Cautère à pointe pénétrante, chauffage automatique et pénétration graduée.

Morot (Charles), à Troyes (Aube). — Pièces pathologiques. Anomalies.

PAGÈS (J.-Edmond), à Cahors (Lot). — Produits pharmaceutiques. Sauterelles (appareils de suspension) pour les barres.

PARNIT (Ferdinand), à Charleville (Ardennes). — Levier mobile pour l'extraction du fœtus.

PAULIN (Jules-F.), à St-Dizier (Haute-Marne). — Pièces pathologiques, montres, anomalies, etc.

PELLIOT et DELON, à Paris. — Produits pharmaceutiques vétérinaires.

PERTUS, à Paris. — Atlas comprenant les coupes de la boucherie de Paris, etc.

REINPLET (Jules), à Bayonne (Basses-Pyrénées). — Speculum à mors mobiles pour cheval.

RELIER (L.), au haras de Pompadour (Corrèze).

RENAULT, à Paris. — Produits pharmaceutiques vétérinaires.

ROGER (Victor), à Roubaix (Nord). — Crochet à parturition entouré de sa corde.

ROSSIGNOL, à Melun (Seine-et-Marne). — Pièces pathologiques ; anomalie.

ROUSSEAU, à Neuilly-en-Thelle (Oise). — Fer pour combattre l'encastelure. Pièces pathologiques.

SAINTIVES, à Loches (Indre-et-Loire). — Fractures diverses.

SALINIER (Émile), à Albi (Tarn). — Mémoire et instruments relatifs à la castration du cheval debout.

SAVARY (Théodore), à l'Isle-Bouchard (Indre-et-Loire). — Appareils de contention dans le cas du renversement du vagin et de l'utérus.

SIMON (Hippolyte), à Paris, cité d'Hauteville, 7. — Bandages et appareils divers appliqués sur un cheval en bois.

TACHET, à Clermont-Ferrand (Puy-de-Dôme). — Ophthalmoscope vétérinaire.

THIERRY Frères, à Tonnerre (Yonne). — Casseaux modèle Thierry, pince pour les appliqués, pommade résolutive.

THOMAS, à Verdun (Meuse). — Appareil servant à la préparation des fils pour l'inoculation préventive du charbon symptomatique.

VASSELIN, à Paris, rue de Grenelle, 186. — Instruments nouveaux. Nouveau travail pour les chevaux.

VIALA (Odillon), au Puy (Haute-Loire). — Timbre perpétuel pour marquer d'un seul trait les viandes de boucherie.

VIAUD, à Aigre (Charente). — Attelles en bois ayant servi sur une mule dans un cas de fracture du tibia.

WATRIN (Alphonse), à Paris, rue Marie-Louise, 5. — Orthomètre, podomètre, étau-dilatateur. Fer à pinçons obliques et pour la pratique usuelle.

EXPOSANTS INDIVIDUELS.

—

1. AMIOT (François), à Bonnard (Yonne) — Pressoirs métalliques montés sur quatre roues, disposés pour vins et cidres, râpe à fruits pour les cidres, montée également sur quatre roues, (Voir cl. 49.) **(ESPLANADE.)**

2. ANDRÉ (Auguste), à Rollot (Somme). — Appareils d'un nouveau système pour la fabrication du cidre (voir cl. 49). **(QUAI.)**

3. ANDRIEUX (Louis), à Narbonne (Aude), rue Marceau, 5. — Calorimètre pour les liquides, alambics d'essai pour les vins, pèse-graines et autres instruments agricoles de précision. **(QUAI.)**

4. ARCHDÉACON (Edmond), à Cheney (Yonne). — Vins rouges et vins blancs, toisons de brebis métis mérinos, blés de semence. (Voir cl. 73.) **(QUAI.)**

5. AUCOUTURIER (Gilbert), au Colombier, commune de Saint-Just (Cher). — Types de mangeoires pour l'élevage de l'espèce bovine. **(QUAI.)**

6. AVENEL (Vte D.-Georges), à Paris, rue Galilée, 23. — Matériel servant à la fabrication du cidre, pommes, fûts, pressoir, échantillon de cidre et eaux-de-vie de cidre, cuves de fermentation, etc., etc. **(QUAI.)**

7. BAILLY-RENARD, aux Riceys (Aube). — Charcuterie. **(QUAI.)**

8. BALESTIER (Romain), (1er maître-maréchal-ferrant au 2e régiment d'Artillerie), à Grenoble (Isère). — Pieds ferrés (vitrine) de chevaux, mulets, bœufs, avec fers pathologiques ordinaires à glace, anciens et modernes, français et étrangers. Tableau contenant ces fers en petit. **(QUAI.)**

9. BARBE (maître-maréchal-ferrant au 7e hussards), à Tours (Indre-et-Loire). — Pieds ferrés, modèle réglementaire, pieds ferrés polis (fantaisie), étrille avec manche en fer, servant de fer pour les crampons à vis, petite clef pour les autres. **(QUAI.)**

10. BARBOU Fils, à Paris, rue de Montmartre, 52. — Lève-roues en fer et clés Barbou. **(QUAI.)**

11. BARRAUD (Baptiste), à Paris, rue de la Fabrique, 3. — Barattes pour battre le beurre. Chaudières pour la fabrication du fromage, moules et presses à fromages. **(QUAI.)**

12. BARTHÉLÉMY (Paul), à Saint-Parres-aux-Tertres (Aube). — Extirpateur, herse, charrue, métier à paillassons, taillanderie. **(QUAI.)**

13. BASSERIE (Paul), Colonel en retraite, au Mans (Sarthe). — Drain pour écurie à sol horizontal (voir cl. 41, Exp. Chapée.) **(QUAI.)**
Médaille d'or Amsterdam 1883.

14. BAUDEU (Jacques), à Puteaux (Seine), avenue de St-Germain, 18. — Matières premières pour l'agriculture. **(QUAI)**

15. BAZIN Frères, à Villy-en-Trodes (Aube). — Imprimeuse à l'usage des agriculteurs et des industriels. **(QUAI.)**

16. BEAUFILS (Eugène), à Fécamp (Seine-Inférieure). — Tableau contenant des fers à cheval. **(QUAI.)**

17. BEAUME (L.), à Boulogne-sur-Seine, avenue de la Reine, 66. — Manèges, pompes à purin, bascules à bestiaux (Voir cl. 49).   **(QUAI.)**

18. BECKER (Charles), à Beaumont-sur-Oise (Oise). — Régulateur de colonne à distiller et à rectifier. Matériel agricole.   **(QUAI.)**

19. BELTON (Eugène), à Dourdan (Seine-et-Oise). — Liqueur antipsorique pour la guérison de la gale du mouton.   **(QUAI.)**

20. BÉNARD (Ernest), à Pont-Moulin, commune de Coulommiers (Seine-et-Marne). — Avoine et fromages.   **(QUAI.)**

21. BÉNÉCHET (Auguste), à Paris, rue des Écluses-Saint-Martin, 42. — Bouteilles à lait, différents modèles et couloir à lait.   **(QUAI.)**

22. BENOIST (Oscar), à Cloches (Eure-et-Loir). — Plan et produits d'un champ d'expériences agricoles.   **(QUAI.)**

23. BENOIT (Olivier), à Plailly (Oise). — Garde-arbres contre l'atteinte de la dent des bestiaux.   **(QUAI.)**

24. BERBIGIER, propriétaire et maire, à Lissac (Haute-Loire). — Plâtre chimique employé comme engrais.   **(QUAI.)**

25. BERGER (Martial), à Bersac (Haute-Vienne). — Grenier mobile pour la conservation des grains, appareils pour la destruction des rats et des limaçons dans les jardins.   **(QUAI.)**

26. BERGER & BARILLOT, à Moulins (Allier). — Matériel pour installation d'écuries et de selleries, locaux pour ranger les harnais.   **(QUAI.)**

27. BIARD (Paul), à Loches (Indre-et-Loire), rue Picois, 16. — Tableau composé de 32 pieds de chevaux ferrés, cadre vitré composé de 40 fers forgés de tous genres.   **(QUAI.)**

28. BIGNON (Louis), à Theneuille, canton de Cerilly (Allier). — Produits agricoles. Plans de propriétés, modèles en relief de métairies.   **(QUAI.)**

29. BILLOT (Nicolas-A.), à Polisot, par Celles (Aube). — Tableaux pour l'enseignement des sciences naturelles, de l'agriculture et de l'horticulture à l'école primaire.   **(QUAI.)**

30. BLAIN, à Segré (Maine-et-Loire) — Épines artificielles en fil de fer galvanisé pour clôture, treillages, parcs.   **(QUAI.)**

31. BLANCHARD (A.-H.), à Payns (Aube). — Charrue.   **(QUAI)**

32. BOREL (Édouard), à Paris, quai du Louvre, 10. — Poteaux raidisseurs et supports, poteaux et supports à chaises, clôture métallique dite anglaise, portillon en fer pour clôture de prairie, parcs à moutons, chenils.   **(QUAI.)**

33. BOUCARD (Émile), à Tours (Indre-et-Loire), place Victoire, 28 — Vitrine fers à cheval polis, vitrine pieds ferrés divers systèmes.   **(QUAI.)**

34. BOUCHER (Albert), à Corbeny (Aisne). — Barattes crémeuses, instruments de laiterie.   **(QUAI.)**

35. BOUCHER (F.-A.), à Corbeny (Aisne). — Collection de barattes à battre le beurre, crémeuses et instruments de laiterie.   **(QUAI.)**

36. BOUCHEREAU (Alfred), à Thiais (Seine), avenue d'Ormesson, 62. — Couveuses artificielles, poulaillers, pigeonniers, abreuvoirs, mangeoires, cabanes et abris à cygnes, éleveuses artificielles, modèles de faisanderies, niches à chien. **(QUAI.)**

37. BOUET (Joseph), à Couy, par Sancergues (Cher). — Sabots en bois, noyer et orme.   **(QUAI.)**

38. BOUILLEZ-DUBRULLE (Émile), à Merville (Nord). — Produits agricoles.   **(QUAI.)**

39. BOULAINE (C.-A.), à Paris, rue Lemercier, 27. — (En collectivité avec M. Magot). Décoration d'un bureau, etc. Régisseur d'exploitation rurale.   **(QUAI.)**

40. BOURDON (Edmond-H.-A.), à Rémy (Oise). — Alcools, potasse brute, maïs, mélasse, betteraves, huile et tourteaux de maïs, céréales. (Voir cl. 73.)   **(QUAI.)**

41. BOURGEOIS (Ernest), à Rilly-Sainte-Syre (Aube). — Vins rouges et blancs, eaux-de-vie de marc et de fruits.   **(QUAI.)**

42. BOUTROUX (Ernest), à Sommerère, près Presly-le-Chétif (Cher). — Seigle, avoine, orge, sarrazin, pommes de terre, choux, navets, fromage.   **(QUAI.)**

43. BOUZERAND (Léon), à Sainte-Sabine (Côte-d'Or). — Types d'une exploitation rurale, plans de bâtiments ruraux, considérations sur les assolements, les prairies naturelles et artificielles, les bestiaux, les céréales, comptabilité agricole.   **(QUAI.)**

44. BRASSEUR (L.-F.), à Paris, boulevard Henri IV, 2. — Flacons porcelaine renfermant du lait de la ferme de Grandvilliers.   **(QUAI.)**

45. BRASSEUR Aîné, à Berry-au-Bac (Aisne). — Semoirs divers. (Voir cl. 49.)   **(QUAI.)**

46. BRETONNEAU (Auguste-Louis), à Paris, rue des Couronnes, 85. — Musette automatique, économique, hygiènique.   **(QUAI.)**

47. BRIXON-POUSSART, à Nouzon (Ardennes). — Appareil à faire cuire les grains et racines, appareil case-crémeur à réfrigérants, passoirs et filtres amovibles.   **(QUAI.)**

48. BROQUET (Adolphe), à Paris, rue Oberkampf, 121. — Pompes horticoles.   **(QUAI.)**

Constructions de pompes à tous usages : arrosage, incendie, purin, transvasement des vins, alcools, huiles, bières, essences.

Installations de pompes dans les puits de grande profondeur, mues à bras, au manège ou tout autre moteur.

Devis et plans sur demande.

49. BROUHOT & Cie, à Vierzon (Cher). — Batteuses diverses, locomobiles. (Voir cl. 49.)   **(QUAI.)**

50. BRUANT (Henri), à Auxerre (Yonne). — Spécialités pharmaceutiques.   **(QUAI.)**

51. BRUN (Léon), à Saint-Marcellin (Isère). — Produits agricoles, grosses noix pour dessert.   **(QUAI.)**

52. BUTOR (Mlle J.-M.-Noémi de), à Troyes (Aube), rue Notre-Dame, 89. — Enseignement, tableaux, peinture, fruits en cire moulés et reproduits d'après nature   **(QUAI.)**

53. CAILLAS (Mme Émile), à Paris, rue de l'Yvette, 34. — Baratte atmosphérique.   **(QUAI.)**

54. CAMONIN (Dominique), à Levallée (Meuse). — Blés, avoines et orges divers, navette et pommes de terre.   **(QUAI.)**

55. CAPRON (E.), à l'Isle-Adam (Seine-et-Oise). — Pilules contre les maladies des chiens. Mixture ovine contre le piétin du mouton, teinture antipsorique contre la gale des moutons et des chevaux, poudre stimulante pour la délivrance des vaches.   **(QUAI.)**

56. CARAMIJIA-MAUGÉ, à Paris, rue Buty, 17. — Appareils pour le battage, le nettoyage, la division, le classement et la manutention des grains ; appareils pour préparer la nourriture des animaux. (Voir cl. 49.)   **(QUAI.)**

57. Carrosserie industrielle (La), à Paris, rue du Faubourg-Saint-Martin, 228 — Voitures, roues, essieux, ressorts, avant-trains.   **(QUAI.)**

58. CAUCHEPIN (L.-V.-J.), à Bernay (Eure). — Appareils pour l'emballage automatique des fromages.   **(QUAI.)**

59. CHAILLIOT (Hyacinthe), aux Grandes-Chapelles (Aube). — Insectes et oiseaux utiles et nuisibles à l'agriculture.   **(QUAI.)**

60. CHANDORA (Léon), à Moissy-Cramayel (Seine-et-Marne). — Céréales en gerbes et en grains, froment seigle, avoine, orge, maïs, sarrasin, fourrages secs divers.   **(QUAI.)**

61. CHAPELIER (Victor), à Ernée (Mayenne). — Pressoir à cidre et à vin, concasseurs de pommes, barattes à beurre, malaxeur à beurre, réfrigérants à lait, écrémeurs à froid, appareils divers de laiterie. (Voir cl.49.)   **(QUAI.)**

62. CHAPUIS (François), à Paris, rue de Lourmel, 10.— Échenilleur, brûleur, appareils à sécher la queue des fruits sur l'arbre, pour reconnaître les falsifications du lait, du beurre, des vins, des alcools, à baratter les beurres, etc.   **(QUAI.)**

63. CHOMONT (Louis), au Theil (Allier). — Dessins, profils, modèles, devis et plans de constructions rurales pour granges, étables, bergeries, porcheries, remises, hangars.   **(QUAI.)**

64. CHUCLIN (Jules-A.), à Villemorien (Aube). — Toison de laine mérinos en suint.   **(QUAI.)**

65. CLAÉS (Paul), à Paris, rue du Château-d'Eau, 22. — Médicaments vétérinaires. Rénovateur liniment antisept. pour animaux domest. Sublimé, onguent résorbant antiseptique contre les maladies de la corne. Pommade antiseptique Claès. **(QUAI.)**

Onguent de pied médicinal, boîtes de pansements. Médaille d'argent, Exposition universelle de Bruxelles, 1888.

66. CLERT (Alfred), à Niort (Deux-Sèvres). — Une collection de trieurs. **(QUAI.)**

67. COHODE (Jean), à Cerrier, commune de Saint-Beauzère (Puy-de-Dôme). — Blés, pommes de terre, betteraves, raves rutabagas, carottes, radis et graines diverses, vins de paille.   **(QUAI.)**

68. COLLIN (Armand-D.), à Vallant-Saint-Georges (Aube). — Produits agricoles divers.   **(QUAI.)**

69. Comices et Syndicats agricoles des Agriculteurs et Vignerons de l'arrondissement de Château-Thierry (Président : **Waddington),** à Épieds, par Château-Thierry (Aisne). — Céréales, vins, cidres. **(QUAI.)**

70. Compagnie générale des Omnibus, à Paris, rue Saint-Honoré, 155. — Plans, coupes, détails de divers types d'écurie de la Compagnie, ainsi que des magasins à avoine et à fourrages, silos en tôle en détails des constructions et installations des machines.   **(QUAI.)**

71. Compagnie générale des voitures de Paris, à Paris, place du Théâtre-Français, 1. — Système d'alimentation des chevaux de la Compagnie, nettoyage, déchets. Spécimens de rations. — Manutention. — Laboratoire.   **(QUAI.)**

72. Comptoir général de l'Élevage, à Paris, rue Cler, 35. — Couveuses, éleveuses, gaveuses, mues, poulaillers, volières.   **(QUAI.)**

73. COQUELLE (Clément-A.-N.), à Mastaing, par Lourches (Nord).—Plantes agricoles, racines et céréales.   **(QUAI.)**

74. COURANT (Henri), à Tigné, par Martigné-Briant (Maine-et-Loire). — Poudre contre l'ostéoclastie des vaches, flacons contre le choléra des volailles. **(QUAI.)**

75. COURTIN (Louis), à Marennes (Charente-Inférieure) rue Sainte-Valère, 89. — Froment, orges et céréales, graines fourragères, racines et fourrages fruits de toutes espèces.   **(QUAI.)**

76. Crédit Agricole, Union des Syndicats agricoles de France, Société anonyme (Directeur : **du Fay),** à Paris, rue Marsollier, 9.— Produits agricoles divers.   **(QUAI.)**

77. CRÉMAZY (Jean), à Auterive (Haute-Garonne). — Appareil chirurgical appareil Crémazy ou le Trésor des agriculteurs éleveurs et fermiers destiné à être mis en place après l'opération de la pierre chez le bœuf.   **(QUAI.)**

78. DALLE (Jean), à Bousbecques (Nord). — Diverses variétés de lins, tableaux de statistique et écrits sur le lin. **(QUAI.)**

79. DAVAINE (Émile), à Saint-Amand-les-Eaux (Nord). — Fèves, orges, blés avoines, seigle, lin, chanvre, trèfle, luzerne, pommes de terre, betteraves. **(QUAI.)**

80. DEBEYRE (C.-L.-Florimond), à Saint-Pierrebrouck (Nord). — Tableau de statistique agricole. **(QUAI.)**

81. DELAHAYE, à Paris, quai de la Mégisserie, 18. — Blés, avoines, maïs, millet, plantes oléagineuses, fourrages graminées en tiges sèches et en grains, pois, fèves, haricots, collection de graines potagères, de fleurs médicinales, d'arbres et d'arbustes. **(QUAI.)**

82. DELARBRE (Gilbert), à Aubusson (Creuse). — Poudre Delarbre pour chevaux poussifs. Régénérateurs Delarbre pour chevaux couronnés. **(QUAI.)**

83. DELATTRE (Narcisse), à Lompret (Nord). — Blé, avoine, hivernage trèfle, betteraves. **(QUAI.)**

84. DELEPORTE-BAYART (Jean-Baptiste), à Roubaix (Nord), rue Colbert, 40. — Publications d'économie rurale, études agronomique, typographique, géologique, hypsométrique. **(QUAI.)**

85. DEMARLE (Henri), à Coulommiers (Seine-et-Marne). — Avoine en gerbe et en grain. **(QUAI.)**

86. DENAUD (Jacques), à Aubeterre, arrondissement de Barbezieux (Charente). — Fers à cheval. **(QUAI.)**

87. DENIS (Louis), à Brou (Eure-et-Loir). — Série de trieurs à alvéoles, série de tarares, série de barattes. (Voir cl. 49.) **(QUAI.)**

88. DERVAUX (Ernest), à Vieux-Condé (Nord). — Céréales et produits agricoles. **(QUAI.)**

89. DESCHAMPS (Jacques), à Paris, rue Greuze, 33. — Couveuse et éleveuse artificielle sans feu. **(QUAI.)**

90. DEVOUASSOUD (Michel), à Chamonix (Haute-Savoie). — Collection de sonnettes et cloches en acier à l'usage des bestiaux. **(QUAI.)**

91. DORGANS (Jean), à Tarbes (Hautes-Pyrénées), rue Brauhauban, 91. — Râteliers divers modèles, système à bascule. **(QUAI.)**

92. DOUILLARD, à Saint-Martin-des-Noyers, canton des Essarts (Vendée). — Tympanifuge, remède contre la météorisation et l'indigestion des ruminants. **(QUAI.)**

93. DOUILLARD (Louis), à Fontenay-le-Comte (Vendée). — Appareils pour la fabrication des fromages et de laiterie. **(QUAI.)**

94. DREYFUS (Salomon) et Cie, à Valenciennes (Nord). — Bocaux de malts et grains de la fabrication des établissements de Lourches et Valenciennes. **(QUAI.)**

95. DREYFUS (Vve) & DREYFUS (Ferdinand), au Château de Montlieu, commune d'Ermancé (Seine-et-Oise). — Plans et modèles d'exploitation agricole et forestière, statistique, transformation par reboisement. **(QUAI.)**

96. DROUOT (F.-F.), à Boulogne-sur-Seine (Seine), route de la Reine, 91. — Appareils pour découvrir la margarine dans le beurre, pour le caillage du lait. Réfrigérant pour producteur, bacs pour mélanger le lait. Appareil pour cuisson. **(QUAI.)**

97. DROUOT (P.) et DROUOT (Ch.), Neveu, à Douai (Nord), Faubourg-Notre-Dame, 1. — Cloches. **(QUAI.)**

98. DUMONT (Alfred), à Ambrault (Indre). — Batteuse mixte à céréales et à graines fourragères. (Voir cl. 49.) **(QUAI.)**

99. DUPANLOUP & Cie, à Paris, quai de la Mégisserie, 14. — Grains et racines fourragères, céréales et graminées fourragères et légumes, etc. **(QUAI.)**

100. DUPONT (Marcel), à Troyes (Aube). — Tableaux divers, produits agricoles.
(QUAI.)

101. DUQUESNE (Pierre-A.), à Pont-Audemer (Eure). — Pâtées françaises et produits divers pour la nourriture des oiseaux insectivores et baccivores, des faisans, des colins, des perdreaux. (QUAI.)

102. DURRSCHMIDT (Georges), à Lyon (Rhône), rue Paul-Bert, 232. — Pierre à aiguiser en émeri pour les faulx et tous les outils aratoires. (QUAI.)

103. École d'Agriculture de Neubourg, (Directeur : **Pargon**), à Neubourg (Eure). — Collection de céréales en gerbes et en grains. (QUAI.)

104. EHRET & DUPONT, à Tarbes (Hautes-Pyrénées). — Cautère, appareil pour vétérinaires. (QUAI.)

105. EMERY (Jules), à Paris, rue de Fontarabie, 25. — Produits divers de droguerie générale vétérinaire. (QUAI.)

106. FAHY (Bertrand), à Limosin, commune de Saints (Seine-et-Marne). — Fromages, Brie et Coulommiers, avoine noire. (QUAI.)

107. FAHY-BOURJOT, à Limosin, commune de Saints (Seine-et-Marne). — Fromages Coulommiers, avoine noire de Brie. (QUAI.)

108. FLEURY (Émile), aux Noëls, commune de Vineuil (Loir-et-Cher). — Pommes de terre et vin de sa récolte. (Voir cl. 73.) (QUAI.)

109. FORGEOT & Cie, à Paris, quai de la Mégisserie, 6. — Céréales et légumes secs, plantes industrielles, racines et plantes fourragères. Légumes, fleurs, etc.
(QUAI.)

Produits agricoles divers et graines diverses. Nos graines sont garanties de levée et d'espèces, et celles de trèfles et luzernes sont garanties contre la cuscute.
Prix d'honneur à l'Exposition d'Amsterdam 1883.

110. FOSSE (Léon), à Paris, rue Jean-Nicot, 14. — Écurie mobile, nouveau système à deux stalles avec râteliers et mangeoires. (QUAI.)

111. FROMAGE (Georges), à Paris, rue Lebrun, 20. — Produits pharmaceutiques vétérinaires. (QUAI.)
Droguerie Centrale Vétérinaire de France.
Ancienne maison P. Marais, G. Fromage, pharmacien, Successeur.
Fournisseur de l'École vétérinaire d'Alfort. — Entrée principale : 20, rue Lebrun, Paris, près le Marché-aux-Chevaux. — Entrée des marchandises, 15, rue de la Reine-Blanche. — Entrepôt : 20, route stratégique, à Ivry-sur-Seine.
Seule maison s'occupant exclusivement de droguerie vétérinaire. — Produits de premier choix livrés à des prix aussi modérés que possible. Envoi du prix-courant sur demande.
Expédition en France et à l'étranger. — Facilités de paiement.

112. FROMOND (Octave), à Graignes (Manche). — Système de penture de bat-flancs pour écurie. (QUAI.)

113. GADRET (Jules), à Gandelu (Aisne). — Topinambours, légumes, pommes de terre. (QUAI.)

114. GAGNEUX (Athanase), à Boynes (Loiret). — Appareil de démonstration pour propager la manière d'élever les petits perdreaux perdus dans l'œuf au moment de la fauchaison des fourrages. (QUAI.)

115. GAMECIN-DUFRENOIS, à Chavignon (Aisne). — Barattes à battre le beurre. (QUAI.)

116. GASSE-MARGAT, à Bordeaux, commune de Crucey (Eure-et-Loir). — Blés, instrument, semoir. (QUAI.)

117. GERARD (Clovis), à Jully-sur-Sarce (Aube). — Herses en fer et acier assorties de supports-traîneaux. (QUAI.)

118. GÉRAUT (Louis), à Laon (Aisne), rue Châtelaine, 17. — Une cage volière pour oiseaux.   **(QUAI.)**

119. GERGAUD (Pierre), au Temple-de-Bretagne (Loire-Inférieure). — Fers à cheval et sabots de cheval ferrés, mors de bride.   **(QUAI.)**

120. GEULIN (Henri), à Tourville-sur-Fécamp (Seine-Inférieure). — Variétés de blés, variétés d'avoines, racines fourragères, carottes et betteraves, fourrages, trèfle violet, trèfle incarnat, seigle, colza.   **(QUAI.)**

121. GILBERT (Ernest), à la Ferme du Manet, commune de Montigny (Seine-et-Oise). — Céréales en gerbes et en grains, betteraves, pulpes et flegmes en flacons.   **(QUAI.)**

122. GOMBAULT (Charles), à Merville (Calvados). — Couveuses artificielles et appareils d'élevage pour basse-cour.   **(QUAI.)**

123. GOMBAULT (Eugène), à Nogent-sur-Marne (Seine). — Baume caustique Gombault. Fondant Gombault.   **(QUAI.)**
  Préparations vétérinaires remplaçant les vésicatoires et le feu.
  Médaille d'argent : Exposition de Barcelone, 1888.

124. GOUÈRE (Côme), à Ozouer-la-Ferrière (Seine-et-Marne). — Céréales en gerbes et en grains, froment, seigle, avoine, maïs, sarrasin, millet, betteraves fourragères et à sucre, luzerne, trèfle, minette, sorgho.   **(QUAI.)**

125. GOURGOUILLON (Vve) & MOREAU, à Vitry-le-François (Marne). — Gerbe portant des anneaux pour taureaux.   **(QUAI.)**

126. GRANDIN (François-Maurice), à Cocherel, commune de Lizy-sur-Ourcq (Seine-et-Marne). — Blé varié hybride dit de Cocherel, blé anglais de Challenge, blé perlé, blé de Bergues.   **(QUAI.)**

127. GRANDIN (Théophile), maire à Cocherel, commune de Lizy-sur-Ourcq (Seine-et-Marne). — Blé anglais de Challenge, blé de Bergues, blé varié hybride, dit blé de Cocherel.   **(QUAI.)**

128. GREVISSE (Joseph), à Paris, rue de Crimée, 105. — Tableau contenant des fers ordinaires ou destinés à des pieds malades.   **(QUAI.)**

129. GRUSON (Louis), à Estaires (Nord). — Blé, lin, betteraves.   **(QUAI.)**

130. GRUSON-COUSINNE (Delphin), à Estaires (Nord). — Blé, avoines, fèves, haricots, betteraves de distillerie, carottes.   **(QUAI.)**

131. GUÉRIN (Léon), à Quibon, commune de Canisy (Manche). — Échantillons de cidres, manuscrit et rapport d'expériences sur la culture du pommier et la fabrication du cidre et sur le choix des vaches laitières. (Voir cl. 73.)   **(QUAI.)**

132. HADMAR (Désiré), à Malakoff (Seine), rue de Tour, 23. — Tondeuses pour chevaux.   **(QUAI.)**

133. HAINAULT (J.-D.), au château de l'Eule, commune de Soler (Pyrénées-Orientales). — Plan et rapport du domaine. Produits agricoles.   **(QUAI.)**

134. HARDON (Alphonse), à Paris, avenue des Champs-Elysées, 122. — Produits agricoles en gerbes, bottes, grains, graines, céréales, fourrages, etc, du domaine de Courquetaine.   **(QUAI.)**

135. HEUBERT (Rémy), à Noyers (Eure). — Betteraves et céréales en gerbes et en grains.   **(QUAI.)**

136. HIBON-RENARD (Achille), à la Bassée (Nord). — Chicorées diverses.   **(QUAI.)**

137. HIDIEN (Auguste), à Châteauroux (Indre). — Locomobiles, batteuses à blé, double nettoyage. Batteuses à trèfle et autres graines fourragères. Pompes centrifuges pour submersions. (Voir cl. 49.) **(QUAI.)**

Médaille d'or à l'Exposition universelle de Paris, 1878. — Croix d'officier du Mérite agricole. Locomobiles agricoles. — Batteuses mettant en sac les blés tout nettoyés. — Batteuses spéciales à trèfle faisant tout le travail d'un seul coup, débourrant, écossant et nettoyant. — Batteuses à double effet, battant les blés et les graines fourragères et rendant blés et graines prêts à livrer au commerce.

138. HIGNETTE (Jules), à Paris, boulevard Voltaire, 162. — Installation d'appareils de laiterie et de fromagerie. (Voir cl. 49.) **(QUAI.)**

139. HIM & Cie, à Paris, passage Jouffroy, 39. — Appareils portatifs pour vignerons, articles spéciaux pour ferrures et écuries. **(QUAI.)**

140. HOPIN-DANGAUTHIER, à Paris, boulevard des Batignolles, 60. — Vannettes, cribles fond fil de fer, vans à crottins ordinaires et zingués, panier, malles pour voyages, paniers pour le linge et le bois, chaises de jardins, etc. **(QUAI.)**

141. HOURIEZ (F.) et HERREMAN (J.), à Bailleul (Nord), Petite Place, 1. — Huiles d'œillette surfine, colza, épurée à bouche et clarifiée. Tourteaux, nourriture et engrais. **(QUAI.)**

142. HUBERT (Arsène), à Saumur (Maine-et-Loire). — Malaxeur pour mélanger et saler les beurres. Tonneau mélangeur, cylindre pour la préparation des beurres durs. **(QUAI.)**

143. ITIER (Michel), à Lyon (Rhône), rue Mercière, 2. — Appareil pour la fabrication des fromages, pâte molle. **(QUAI.)**

144. JACOB (Zéphir), à Limosin, commune de Saints (Seine-et-Marne). — Fromages Coulommiers et Brie. Avoines et blés divers. **(QUAI.)**

145. JAMAIN (P.-E.-N.), à Dijon (Côte-d'Or), rue des Roses, 19. — Capsules Paul Jamain, renfermant du sulfate de carbone et autres insecticides propres à combattre les parasites de la grande et de la petite culture. **(QUAI.)**

146. JAPY Frères & Cie, à Beaucourt (Territoire de Belfort). — Machines agricoles diverses. (Voir cl. 49.) **(QUAI.)**

Faucheuses. — Faneuses. — Râteaux à cheval. — Batteuses pour petite culture. — Tarares. — Nouveaux semoirs. — Manèges. — Charrues. — Egrenoirs à maïs, brevetés S. G. D. G. Hache-paille, concasseurs. — Coupe-racines. — Herses. — Pompes en tous genres. — Pulvérisateurs. — Soufreuses. — Articles de laiterie, etc. etc. à Paris, rue du Château-d'Eau, 7 ; à Toulouse, rue Aubuisson, 1 et 2.

147. LABOISE Père et Fils, à Paris, rue de l'Entrepôt, 21. — Collection de fers à cheval, série de pieds ferrés. Appareil de ferrage à glace et autres appareils divers concernant les chevaux. **(QUAI.)**

148. LACHAUME (Claude), à Paris, rue Cambon, 48. — Collection de mâchoires de chevaux pour connaître l'âge du cheval. **(QUAI.)**

149. LACOSTE (Jean), à Marseillan (Gers). — Une gerbe de blé. Saragnes de Gascogne très productif. **(QUAI.)**

150. LAFFITTE (Jules) et Cie, à Paris, avenue Parmentier, 142. — Charrues, socles, pelles, fourches, outils divers d'agriculture. Forges. **(QUAI.)**

151. LAGNEAU (Victor), à Paris, rue du Faubourg-Saint-Martin, 257. — Pompes à air pour faire le vide aux vidanges. (Voir cl. 49.) **(QUAI.)**

152. LAGOGUEY (Ulphême), à Champsicourt, commune de Maraye-en-Othe (Aube). — Bouteilles de poirés de différentes récoltes, fruits. **(QUAI.)**

153. LAINÉ-DUVERDIER (Pierre), à Malakoff (Seine), rue Louis-Blanc, 3. — Système de frein physiologique pour empêcher même sans mors ni gourmette l'emportement des chevaux. **(QUAI.)**

154. LALOY (J.-François-A.), à Paris, avenue des Champs-Élysées, 75. — Écurie et selleries complètes de types différents, articles spéciaux pour écurie, selleries et pour chevaux.   **(QUAI.)**

 Stalles, boxes, mangeoires, râteliers, caniveaux spéciaux, porte-harnais, porte-selles de tous modèles, meubles et tréteaux pour selleries, etc., etc.

155. LANNE-SOYER, à Eppeville (Somme). — Céréales, betteraves et autres produits.   **(QUAI.)**

156. LARUE-BELLANGER Fils, à Segrie-Fontaine (Orne). — Tour de pressoir en granit y compris la meule pour broyer les pommes à cidre.   **(QUAI.)**

157. LATHOUD (Auguste), à Paris, rue du Bac, 99. — Marques à chaud et à froid, tondeuses, plaques de voitures gravées ou fondues.   **(QUAI.)**

158. LAUNAY (E. de), propriétaire à Moyencourt, par Nesle (Somme). — Blé, avoine, orge (en paille et en grain). Betteraves et produits agricoles divers.   **(QUAI.)**

159. LE BRETON (Édouard), à La Menardais-en-Taden, près Dinan (Côtes-du-Nord). — Cidre en fûts et en bouteilles, beurre frais sans sel, beurre demi-sel, Laine de Dislhey en suint, laine en toison.   **(QUAI.)**

160. LECARON (Adrien), à Paris, quai de la Mégisserie, 20 — Blés, avoines, haricots, pois, graminées et légumineuses en bottes et en grains.   **(QUAI.)**

 Maison fondée en 1796.
 Médailles d'or et d'argent obtenues à l'Exposition universelle de 1878.

161. LEGRAS (Jules), à Besny, près Laon (Aisne). — Betterave à sucre, graine plants, tiges, pieds.   **(QUAI.)**

162. LEMÈNE (Frédéric), à Châlons-sur-Marne (Marne), rue de la Charrière, 2. — Mesureurs et compteurs instantanés de rations de son et d'avoine.   **(QUAI.)**

163. LENOIR (Jules), à Beire-le-Châtel, commune de Mirebeau (Côte-d'Or). — Houblons de Bourgogne.   **(QUAI.)**

164. LEROY (Louis), à Nangis (Seine-et-Marne). — Collection de produits agricoles.   **(QUAI.)**

165. LEVÊQUE-JOYEUX, à Ciry-Salsogne (Aisne). — Haricots de Soissons en botte.   **(QUAI.)**

166. LHERMITE (Gustave), à Louviers (Eure). — Sercleuse et buttoir à cheval, déchaumeur, extirpateur. (Voir cl. 49.)   **(QUAI.)**

167. LHOMME & Cie, à Paris, rue Saint-Honoré, 17. — Colliers métalliques en tôle d'acier pour animaux de trait.   **(QUAI.)**

 Types adoptés par la Cie générale des Omnibus de Paris, la Cie des Tramways de Rouen, les grandes Compagnies de camionnage. — Types de luxe entièrement nickelés.

168. LIMOUZINEAU-SOPHIE, BAILLON, SOQUET, à Loudun (Vienne). — Vins blanc et rouge, beurre, fromages, raisins, produits agricoles divers. (Voir cl. 73.)   **(QUAI.)**

169. LOMBARD (F.), à Paris, boulevard Beaumarchais, 79. — Marteaux pilons et découpoirs, distilleries agricoles, féculeries, laiteries.   **(QUAI.)**

170. LONG (Frédéric), à Paris, boulevard de la Villette, 19. — Échantillons de blé et d'avoine en grains et en gerbes.   **(QUAI.)**

171. LOUET (Casimir), à Issoudun (Indre). — Clôtures en fer, ronces artificielles, parcs en fer pour porcs et moutons, râteliers en fer, chenils, poulaillers, raidisseurs, tonnelles, grilles de jardins, ponts et passerelles, etc.   **(QUAI.)**

172. LUSSEAU (Henri L.), à Paris, rue de Rennes, 99. — Plans de parcs agricoles.   **(QUAI.)**

173. MABILLE Frères, à Amboise (Indre-et-Loire). — Pressoirs, fouloirs, moulins à pommes, concasseurs et autres appareils agricoles. (Voir cl. 40.)   **(QUAI.)**

174. MACAREZ Frères, à Capelle (Nord). — Échantillons de matières premières servant à la fabrication du sucre, produits des fermes. **(QUAI.)**

175. MAGOT (Louis), à Paris, rue Balagny, 56. — Construction en fer et terre cuite, type de bureau de régisseur d'exploitation rurale. **(QUAI.)**

176. MAIGNEN (Prosper-A.), à Paris, place de l'Opéra, 4. — Système d'épuration des eaux pour les fermes, écuries, étables, bergeries. — Procédé d'adoucissement pour les eaux destinées à l'abreuvage du bétail, et l'alimentation des chaudières. **(QUAI.)**

177. MALLIARD (Pierre-A.-F. de), à Paris, rue Gudin, 1. —Kirsch de différentes années depuis 1823 provenant du château de Suton. (Voir cl. 73.) **(QUAI.)**
  Médaille de bronze à l'Exposition universelle de 1878. (Section agricole).

178. MANNEQUIN Fils, à Troyes (Aube). — Machines agricoles. **(QUAI.)**
  Machines à vapeur fixes, demi-fixes et locomobiles. Machines agricoles. Pétrins mécaniques. Presses hydrauliques pour apprêt de bonneterie. Presses à écheveaux. Pompes à eau chaude. — Transmissions. Installation d'usines. — Récompenses : 1855, Paris, médaille de bronze ; 1867, médaille d'argent ; 1878, médaille d'argent.

179. MANOTTE-HAUVY (Arthur-B.), à Troyes (Aube),rue de l'Hôtel-de-Ville, 55. — Essences de bois et placages (Voir cl. 49.) **(QUAI.)**

180. MARMONIER Fils, à Lyon (Rhône), rue du Château, 63.—Presse et moulin à huile de noix, presse à huile d'olives. **(QUAI.)**

181. MAROT (J.) & Fils, à Niort (Deux-Sèvres). — Trieurs agricoles. (Voir cl. 49). **(QUAI.)**

182. MARTIN (Odile), à Paris, passage des Panoramas, 19. — Modèle de la couveuse artificielle dite l'incomparable, modèles d'appareils à engraisser les volailles, dits gaveuses. Martin et épinettes, couveuse germeuse par l'essai des grains. **(QUAI.)**
  Constructeur de gaveuses et couveuses pour œufs et enfants, breveté S. G. D. G. Couveuse pour enfants « La petite Mère » dédiée à Monsieur le Docteur Tarnier, l'inspirateur des couveuses d'enfants. Vente et location.

183. MARTRE et ses Fils, à Paris, rue du Jura,15. — Réservoirs en tôle pour parcs, jardins maraîchers, bacs en tôle, auges en tôle pour bestiaux, arrosoirs, tonneaux, appareil pour la destruction des insectes. **(QUAI.)**

184. MASSONNAT (André), à Nérondes (Cher). —Biberons pour les enfants et pour jeunes animaux. **(QUAI.)**

185. MATHIEU (Victor-L.-A.), à Saint-Mards-en-Othe (Aube) — Miel, cire, hydromel, cidre, eau-de-vie de cidre, orge et avoine. **(QUAI.)**

186. MENARD (Frères), à Thouars (Deux-Sèvres), rue Bigot, 4. — Flacons liquide météorifuge pour combattre la météorisation des bestiaux et la colique gazeuse de tous les animaux. **(QUAI.)**

187. MÉRÉ de CHANTILLY (P.), à Orléans (Loiret), rue d'Illiers, 60. — Produits vétérinaires, onguent rouge. Méré physic-Ball. Méré bol purgatif, Onguent de pied au goudron. **(QUAI.)**
  Produits vétérinaires perfectionnés.
  Onguent rouge Méré. — Seul agent remplaçant vraiment le feu.
  Physic-Ball Méré ; Cough-Ball Méré ; Condition-Ball Méré.
  Fabrication mécanique et soignée de toutes sortes de bols.
  Embrocation Méré, dite Trésor du Sportsman. Liniment révulsif pour fortifier les jambes des chevaux.
  Black-Mixture Méré, baume cicatrisant, antiputride et hémostatique.
  Onguent de pieds et tous autres articles de droguerie vétérinaire.
  Récompense : Barcelone 1888.

188. MERLIN & Cie, à Vierzon (Cher). — Batteuses à vapeur, locomobiles. (Voir cl. 49.) **(QUAI.)**

189. MEYER (Emmanuel), à Coubert, arrondissement de Melun (Seine-et-Marne).— Blés, avoines, betteraves à sucre et fourragère, alcool, caramel, etc. **(QUAI.)**

190. MICHAUD BEAUCHAMP, à Charenton (Seine), rue de Paris, 170. — Produits vétérinaires. Eau de l'Aurore. Thé Michaud. Onguent d'Alfort. Onguent graisse. **(QUAI.)**

191. MILINAIRE Frères, à Paris, rue de la Goutte-d'Or, 16. — Installations d'écuries et d'étables. **(QUAI.)**

    Serrurerie d'art et de bâtiment, serres, vérandahs, marquises, grilles. Voir la grille, avenue de La Bourdonnais, 16, fermant une des entrées de l'Exposition et celles fermant les autres entrées. Charpentes économiques en fer et bois. Voir les annexes de l'agriculture (section étrangère), ainsi que les charpentes du Palais des produits alimentaires, quai d'Orsay, construit par MM. Milinaire, à l'entreprise générale. — Constructions économiques montables et démontables. Voir type de maison en face le Palais des produits alimentaires dans laquelle MM. Milinaire exposent de nombreux produits de leur fabrication.—Installations complètes d'écuries de luxe, industrielles, de labeur et d'étables en fer ou fer et bois. Voir ces installations, Porte Rapp, près la direction des travaux de l'Exposition.

    Récompenses : Paris 1878, deux médailles d'argent; Barcelone, 1888, médaille d'or.

192. MICHEL (Auguste), à Paris, avenue Parmentier, 89. — Coupe-racines perfectionné, tôle, acier et coutellerie agricole. (Voir cl. 49). **(QUAI.)**

193. MILLET (Athanase), à Pantin, rue de Paris, 151. — Une série de fers à cheval destinés à empêcher les glissades. **(QUAI.)**

194. Ministère de l'Agriculture (Direction de l'hydraulique agricole), Directeur : **L. Philippe.**— Siphon-déversoir à amorçage automatique du bassin d'épuration des eaux de Saint-Christophe (Bouches-du-Rhône) par M. Ribaucour, ingénieur en chef des Ponts-et-Chaussées (modèle au 1/10 fonctionnant). — Appareils élévatoires agricoles de M. de Caligny, correspondant de l'Institut de France, pour l'irrigation et la submersion des vignes. Bélier aspirateur, pompe conique sans piston, ni soupape. Machine automatique à tube oscillant. Plan des canaux de submersion de vignes du département de l'Aude. Carte du canal de Pierrelatte (Drôme et Vaucluse), au 1/20,000 et notice. Albums de vues photographiques et des principaux ouvrages d'art du canal de Pierrelatte. Moteur hydraulique pour le haut service et l'arrosage des terrains supérieurs au plan d'eau du canal de Pierrelatte (modèle en relief). — Siphon du canal de Pierrelatte pour la traversée de la vallée du Lez (modèle en relief). **(QUAI.)**

195. MITELETTE (Louis), à Reims (Marne), rue de Vesle, 156. — Collections de fers à bœufs, collection de jougs à bœufs, de coussins, chapeaux articulés pour bœufs. **(QUAI.)**

196. MOISAND (Armand), à Paris, boulevard de Vaugirard, 20. — Dessins divers de ses exploitations agricoles de Thoriaux et de Platé. **(QUAI.)**

197. MORANE Jeune, à Paris, rue Jenner, 23. — Pressoirs et presses spéciales pour le cidre et l'huile (Voir cl. 49.) **(QUAI.)**

198. MOT & Cie, à Paris, boulevard de la Villette, 168. — Coupe racines à disques, à cône, aplatisseurs divers, hache-paille divers systèmes, râteau à cheval. (Voir cl. 49). **(QUAI.)**

199. MULLOT (Ch.), à Montargis (Loiret), rue Dorée, 58 — Eau contre le piétin. Poudre appétissante. **(QUAI.)**

200. MURE Frères, à Lyon, rue de Baraban.— Tarare ventilateur. (Voir cl. 49) **(QUAI.)**

201. NICOLAS (Louis-Étienne), à Arcy, commune de Chaumes (Seine-et-Marne). — Plan en relief au 1/15 de la ferme d'Arcy, plan de défrichement et de culture de drainage, des constructions de la ferme, des laiteries, vacheries, etc. **(QUAI.)**

    Plans de culture. — Vues intérieures des vacheries. — Matériel servant à l'exploitation de l'industrie laitière. — Tableaux statistiques. — Vases en cristal servant à transporter directement le lait de la ferme d'Arcy chez le consommateur. — Récompense : Chevalier de la Légion d'honneur, Amsterdam 1884.

Classe 74.   4

202. NOEL (Nicolas), à Paris, avenue Parmentier, 104. — Pommes agricoles et vinicoles. Appareils pour combatre le mildew. Charrues sulfureuses. (Voir cl. 49.)
(QUAI.)

203. NORMAND LOUVEL (pour **Léon Guichard**), à Saint-Pierre-la-Cour (Mayenne). — Graines et racines fourragères. (Voir cl. 63.)   **(QUAI.)**

204. OLLAGNIER (A.-Joseph), à Tours (Indre-et-Loire). — Pressoirs pour vins et cidres. Fouloirs à vendanges, casse-pommes, presse à huile. (Voir cl. 49.)
(QUAI.) (ESPLANADE.)

Exposition universelle de 1878, premier prix. Classe 74 et 75. (Voir quai d'Orsay et Esplanade des Invalides). Machines à fouler et à cintrer le fer.

205. OLLIVIER (Pierre), à Pandionnec (Côtes-du-Nord).— Pommes de terre, betteraves, carottes, pommes, cidres, lin, beurre, oignons et graines, miel, cire et céréales. (Voir cl. 73.)   **(QUAI.)**

206. Orphelinat de Saverdun, à Saverdun (Ariège). — Blés. Maïs. Haricots, Pois. Fèves. Pommes de terre. Racines. Vins. Pommes, Poires et produits maraîchers. (Voir cl. 73.)   **(QUAI.)**

207. ORTY (Pierre), à St-Léger-de-Peyre (Lozère). — Maïs en fourrage, betteraves, carottes, choux, pommes et poires, châtaignes, noix, fromage.   **(QUAI.)**

208. OSMONT (Georges), à Caen (Calvados). — Presse à double main pour cidre. Moulin à pommes. (Voir cl. 49.)   **(QUAI.)**

209. OUACHÉE (Eugène), à Paris, rue du Louvre, 1. — Barattes en fer battu. Vases à écrémer. Matériel de laiterie.   **(QUAI.)**

210. PAILLART (L.-S.), au château d'Hymmeville, commune de Quesnoy-le-Montant (Somme). — Céréales en grains et en gerbes. Farines et sons. Pommes de terre et racines fourragères. Cidres. Fourrages, betteraves à sucre, etc.   **(QUAI.)**

211. PARÉ-PERCEREAU (Joseph), à Amboise (Indre-et-Loire).— Présure liquide pour faire cailler le lait. Colorant pour beurre et fromage.   **(QUAI.)**

212. PATÉ (Anatole), à Bertaucourt-Épourdon (Aisne). — Une caisse plantée de ramée.   **(QUAI.)**

213. PAUPIER (Léonard), à Paris, rue Saint-Maur, 84. — Instruments de pesage. Chemin de fer pour exploitations industrielles et agricoles. Matériel roulant en fer. (Voir cl. 49.)   **(QUAI.)**

214. PERDRIX (Jules) et PERDRIX (Paul), à Bazailles-sur-Meuse (Vosges). — Céréales. Racines et plantes fourragères. Maïs. Vesce. Comparaison des différentes plantes cultivées selon la méthode ordinaire et avec addition de purin.
(QUAI.)

215. PÉRIN Frères, à Charleville (Ardennes). —Abreuvoir en béton comprimé, mangeoires, auges à porcs, éviers, tuyaux de drainage.Spécimens de clôtures à bestiaux de chasses rurales, frutières séchoirs.   **(QUAI.)**

216. PERRET (Michel), à Tullins (Isère). — Semoir à toutes graines par les céréales, sarcloir et cuve de vérification. (Voir cl. 49.)   **(QUAI.)**

217. PERRIN (A.), à Pommeuse, (Seine et-Marne). — Avoine noire et blés divers.   **(QUAI.)**

218. PERRIN (Émile), au Puits, commune de Beautheil (Seine-et-Marne). — Blés, avoine noire.   **(QUAI.)**

219. PERSIN (Jules-E.-A.), à Boulancourt (Haute-Marne). — Graminées et racines.   **(QUAI.)**

220. PHILIPPE (Jules), à Houdan (Seine-et-Oise). — Couveuses et éleveuses artificielles, gaveuses mécaniques, épinettes, poulaillers, tremiers malaxeuses, abreuvoirs hygiéniques.   **(QUAI.)**

221. PILLET-PAROD, à Vincennes (Seine), rue des Carrières, 13. — Barattes en bois et fer blanc, à bain-marie, en verre, barattes mécaniques en bois, petites barattes en verre et en fer blanc. Pèle-racines et outils divers. **(QUAI.)**

222. PILTER (T.), à Paris, rue Alibert, 24. — Presses à fourrages, tonneaux à bras et à cheval. (Voir cl. 49.) **(QUAI)**

223. POINTE (Louis-A.), à Nully (Haute-Marne). — Fermeture automatique pour bacs à bestiaux, versoir de charrue, propulseur pour barques et navires, fusil disposition particulière pour canons, vins et eaux-de-vie. (Voir cl. 73.) **(QUAI.)**

224. PRIEURET (Albert-C.), à Châteauneuf-sur-Cher (Cher). — Vin Prieuret, tonique apéritif, ferrugineux. La Gasparine contre le Noir museau des moutons.
(QUAI.)

225. QUATREHOMME, à Magnie-le-Hongre (Seine-et-Marne). — Échantillons de céréales. **(QUAI.)**

226. QUÉRÉEL (Jean), au Faouët (Côtes-du-Nord). — Cidre et produits agricoles. **(QUAI.)**

227. RABOURDIN (H), à Paris, rue Boissy-d'Anglas, 39. — Mobilier et instalation générale d'écurie et sellerie. **(QUAI.)**
    Fournisseur de la Ville de Paris et des haras nationaux. Médaille d'or unique 1878.

228. RADOT (E.-C.), à Essonnes (Seine-et-Oise). — Blé de semence et tuyaux de drainage. **(QUAI.)**

229. REGNAULT-RENAUX, à Louviers (Eure). — Articles de ferblanterie pour laiterie, boîtes à lait et ustensiles de ferme. **(QUAI.)**

230. RIGOLLAUD (Victor), maréchal au 7e Hussards, à Tours (Indre-et-Loire). — Tableau contenant 100 fers polis, tableau contenant 20 fers bruts ajustés et 20 pieds ferrés. **(QUAI.)**

231. RIVIER (J.-J.), à Bollène (Vaucluse). — Semis de chênes truffiers faits, il y a 15 ans. Spécimens de truffes obtenues. **(QUAI.)**

232. RODE (Jean), à Paris, rue Neuve-Popincourt, 7 bis. — Tourailles pour brasseries, cylindres, bluttoirs, grillages pour volières, faisanderies, chenils, entourages de parcs, marquises vérandahs, monte-charges, ascenseurs. **(QUAI.)**

233. ROMAIN (François), à Grenoble (Isère), avenue de la Gare, 2. — Une pompe à bière. **(QUAI.)**

234. ROMEVA, à Bordeaux (Gironde), rue de la Monnaie, 13. — Paniers cliquets Appeaux colombophiles. **(QUAI.)**

235. ROULLIER & ARNOULT, à Gambais (Seine-et-Oise) et à Paris, galerie Vivienne, 7. — Matériel de basse-cour, élevage, engraissement, incubateur, éleveuses, gaveuses, poulaillers modèles faisanderies, pigeonniers. **(QUAI.)**
    Couveuses artificielles (nouveau système de chauffage par la briquette), Éleveuses, Gaveuses, Faisanderies, poulaillers fixes et mobiles.
    Installations complètes de basses-cours. Volailles de toutes races pour la reproduction. Œufs à couver. Ecole d'Aviculture (Arrêté ministériel du 28 février 1888), ouverte du 1er février au 1er novembre.

236. ROYER-GALLOT (Gustave), à Châtellerault (Vienne). — Orges diverses. Escourgeons. Echantillons de terre de la Vienne. **(QUAI.)**

237. SAUCE (Clément), à Moulins, commune de Stenay (Meuse). — Huile de faîne. **(QUAI.)**

238. SAVARY & Cie, à Quimperlé (Finistère). — Batteuses, pressoirs, charrues, tarares et autres instruments agricoles. (Voir cl. 49.) **(QUAI.)**

239. SENET (Adrien), Successeur de **Pelletier jeune,** à Paris, rue Fontaine-au-Roi, 10. — Instruments et outils pour l'agriculture. (Voir cl. 49.) **(QUAI.)**

240. SIBUT (P.-M.) Aîné, à Amiens (Somme).— Fers à cheval et à mulet forgés mécaniquement. **(QUAI.)**

241. SIMON et ses Fils, à Cherbourg (Manche), rue Hélain, 70. — Malaxeurs pour le travail des beurres, barattes à beurres, manèges simples et manèges à orientation, broyeurs de pommes, pressoirs à cidre. (Voir cl. 49.) **(QUAI.)**
> Presse continue pour le cidre. — Constructions mécaniques. — Fonderie de fer et de cuivre.

242. Société d'Agriculture d'Hazebrouck, à Hazebrouck (Nord).— Collection complète de produits agricoles. **(QUAI.)**

243. Société de la Sucrerie de Bourdon, à Paris, rue de la Paix, 5. — Produits agricoles. **(QUAI.)**
> Société fondée en 1866. M. E. Boire, Administrateur-Directeur.
> Domaines à Bourdon, Bretange, Marmilhat, et Palbost (Puy-de-Dôme).
> Usines à Bourdon, St-Beauzire, Chappes et Chagnat.
> Récompenses : Médaille d'or (Collab[r]) et médaille d'argent, Exposition universelle, Paris 1878.

244. Société Française de matériel agricole à Vierzon (Cher). — Locomobiles, batteuses diverses et machines agricoles. (Voir cl. 49.) **(QUAI.)**

245. Société libre d'agriculture, sciences, arts et belles-lettres du département de l'Eure, Secrétaire : **Léon Petit,** à Evreux (Eure). — Produits agricoles divers. **(QUAI.)**

246. SORNE-LORNE (Henri-T.), à Villeneuve-au-Chemin (Aube).— Carottes, pommes de terre. **(QUAI.)**

247. SPIRE (J.) et Cie, à Lunéville (Meurthe-et-Moselle), rue des Carmes, 8. — Echantillons de houblon. **(QUAI.)**

248. SUISSE (Benoît), à Paris, boulevard Voltaire, 55. — Appareils pour la conservation du lait à l'état frais. **(QUAI.)**

249. Syndicat Agricole de Brus-sous-Forges, (Président : **Robin),** à Brus-sous-Forges (Seine-et-Oise).— Produits agricoles, haricots, chevrier, etc. **(QUAI.)**

250. Syndicat des houblons de Bourgogne, à Dijon (Côte-d'Or), place Saint-Jean, 4. — Plant de houblon en végétation, houblon séché nature, houblon séché pour la brasserie. **(QUAI.)**
> Seul concessionnaire de la marque et du plomb du Syndicat des Houblons de Bourgogne, M. Emile Bing, à Dijon, 3, boulevard Carnot.

251. TEISSIER & DELMAS, à Paris, rue du Chalet, 8.— Piéges pour détruire les animaux nuisibles, petites barattes pour la fabrication du beurre. Petits articles d'intérieur de ferme. **(QUAI.)**

252. TELLIER-DELZIRE, à Coingt (Aisne). — Barrière mobile en fil de fer formant porte de pâturages. **(QUAI.)**

253. TÉTARD (Stanislas) et Fils, à Gonesse (Seine-et-Oise). — Blés en gerbes et en grains, avoine, betteraves à sucre, graines de betteraves en gerbes et en grains, plants de ramie et ramie sèche, graines, sucre, pulpes, plans et tableaux **(QUAI.)**

254. THUILLARD Frères, à Paris, rue des Vinaigriers, 52. — Fers à cheval, pour ferrure à glace. **(QUAI.)**

255 TIBULLE-COLLOT, à Lille, rue du Faubourg-de-Roubaix, 70. — Le journal « l'Engrais ». Organe international des intérêts des fabricants et marchands d'engrais. **(QUAI.)**

256. TOUCHET (Joseph), au Domaine du Rocher, commune de l'Hôtellerie de Flée (Maine-et-Loire). — Plans de fromagerie et laiterie, conservation de l'herbe par la pression, plan de la propriété et de l'aménagement des eaux. **(QUAI.)**

257. TOUPET (Eugène), à Chantilly (Oise). — Grilles et clôtures en fer pour parcs, jardins et basses-cours, claies en fer et râteliers pour bergeries. Charrues bineuses pour la culture des betteraves. (Voir cl. 49.) **(ESPLANADE.)**

258. TRIBOULET (Georges-A.-E.), à Assainvilliers (Somme). — Céréales et alcools. (Voir cl. 73.)   **(QUAI.)**

259. VALENTIN, à Fresne-en-Wœvre (Meuse). — Blés de 35 espèces en gerbes et en grains, céréales, osiers pour vannerie.   **(QUAI.)**

260. VARENNE (François) & Cie, à Scraincourt (Seine-et-Oise). — Grillages galvanisés pour clôtures, volières et basses-cours.   **(QUAI.)**

261. VAUFLEURY (Jean de), propriétaire de la basse-cour du château de Ronceray, à Louverné (Mayenne). — Appareils d'élevage et d'engraissement.   **(QUAI.)**

262. VAUTRIN (Joseph), à Paris, rue du Château-Landon, 33. — Machines à tondre les chevaux.   **(QUAI.)**

263. VERMOREL (B.-Victor), à Villefranche (Rhône). — Matériel contre le phylloxera, contre le mildew, machines agricoles et viticoles. (Voir cl. 49).   **(QUAI.)**

264. VERVOORT (Cornille), à Merville (Nord). — Lin de Flandre.   **(QUAI.)**

265. VILMORIN-ANDRIEUX & Cie, à Paris, quai de la Mégisserie, 4. — Produits agricoles divers. Céréales, fourrages. Plantes économiques et d'ornement.   **(QUAI.)**

266. VIRCONDELET (Claude-Joseph), à Jussey (Haute-Saône). — Charrues-coutres mobiles et circulaires. (Voir cl. 49.)   **(QUAI.)**

267. VIVIEN (Félix), à Seurre (Côte-d'Or). — Échantillons de foin de la vallée de la Saône avec graines et graines criblées.   **(QUAI.)**

268. VOITELLIER Frères, à Mantes (Seine-et-Oise). — Couveuses, éleveuses, sécheuses, poulaillers portatifs et mobiles, faisanderies, chenils, niches, mangeoires.   **(TROCADERO.) (QUAI.)**

    Fabrique de couveuses artificielles à renouvellement d'eau et à thermo-siphon avec n'importe quel mode de chauffage, mères-éleveuses, sécheuses, poulaillers mobiles et fixes en tous genres, épinettes, faisanderies, pigeonniers et tous objets et ustensiles concernant l'élevage, l'entretien et l'engraissement de tous les animaux de basse-cour et de parc, volailles de race, œufs à couveuse. Installation en province de faisanderies et de chenils, niches à chiens. Grilles en fer pour chenils, poulaillers, clôtures, gibier pour repeuplement, chiens de chasse dressés. Tente de tous animaux reproducteurs. Spécialité de vaches bretonnes. Exportation.

    Maison fondée en 1872, à Paris, 4, place du Théâtre Français, Paris.

    Médailles aux Expositions universelles internationales de Paris 1878 ; Sydney 1880 et Melbourne 1881.

269. VOITELLIER (Henri), à Mantes (Seine-et-Oise). — « L'Aviculture » journal d'élevage et d'agronomie. « L'incubation artificielle et la basse-cour », traité complet d'élevage.   **(QUAI.)**

270. VOY & Fils, à Saint-Denis, près Champdeniers (Deux-Sèvres). — Jougs garnis de leurs accessoires. Appareil de liage.   **(QUAI.)**

271. WATERLOT (François), à Guillemont (Somme). — Modèle d'un fumier couvert ayant les auges sur les côtés avec fermeture automatique permettant de préparer à l'avance du dehors la nourriture des bestiaux.   **(QUAI.)**

272. YVERT (A.-A.), à Mareil-Marly (Seine-et-Oise). — Moulins à pommes, manège, concasseur, coupe-racines, instruments agricoles divers. (Voir cl. 49.) **(QUAI.)**

273. ZOUTILLIER (Eugène), à Orly (Seine), route de Rengie, 4. — Produits agricoles, une collection de pommes de terre.   **(QUAI.)**

COLONIES.

ALGÉRIE.

1. ABDELKADER ben Friha, Caïd, à Tilmouni, Mekerra (Oran). — Orge.
(ESPLANADE.)

2. ABDELKADER OULD BEN FRIHA ben Sahli, à Tivenat Mekerra (Oran). — Blé dur, orge. (ESPLANADE.)

3. ABDERRAHMAN ben Mahmoud ou Rabah, à Oued-Amizour (Constantine). — Blé dur. (ESPLANADE.)

4. ABDESSELAM ben el Hassi, aux Brarcha, Cercle de Tébessa (Constantine). — Blé et orge. (ESPLANADE.)

5. ABDICH ould Ahmed, à Oulad-Daoud, Télagh (Oran). — Blé dur, orge 1888.
(ESPLANADE.)

6. ADDA ben Nacer, à Tirenah, Mekerra (Oran). — Blé dur. (ESPLANADE.)

7. AHMED ben Aissa, aux Beni Ouazane, commune mixte de l'Ouarsenis (Alger). — Blé dur avec gerbes. (ESPLANADE.)

8. ALBERGES (Célestin), à Lauriers-Roses (Oran). — Céréales de 1888 et 1889 en gerbes et en grains. (ESPLANADE.)

9. ALBERT (François), à Boukanéfis (Oran). — Blé tendre. (ESPLANADE.)

10. ALI ben Ameur, à Bousââda (Alger). — Blé dur, blé tendre. Couscouss.
(ESPLANADE.)

11. ALI ben Yacoub, à Penthièvre (Constantine). — Blé dur, orge de montagne.
(ESPLANADE.)

12. AMAR BOUBEKER, aux Beni-Rached (Alger). — Blé dur. (ESPLANADE.)

13. AMAR ould Haoussine, à Tirenah, Mekerra (Oran). — Orge. (ESPLANADE.)

14. AMAR ould Zouaoui, à Tivenat, Mekerra (Oran). — Blés dur et tendre.
(ESPLANADE.)

15. ANDRÉ (Auguste), à Bel Abbès (Oran). — Blés tendre et dur, orge, avoine.
(ESPLANADE.)

16. ANDRÉ (Frédéric), à Arcole (Oran). — Blés, avoines, maïs. (ESPLANADE.)

17. ARNAUD (Fidèle), à Assi-bou-Nif (Oran). — Blé en gerbes et en grains de 1889. Avoine 1889. (ESPLANADE.)

18. ARNAUD (Vve), à Assi-bou-Nif (Oran). — Blé et avoine en gerbes et en grains 1889. (ESPLANADE.)

19. ARNIAUD (Joseph), à Affreville (Alger). — Maïs. (ESPLANADE.)

20. AYACHE (Judas), à Médéah (Alger). — Blé dur de Titery, blé tendre, orge.
(ESPLANADE.)

21. BACQUÈS (Victor), à Témouchent (Oran). — Blé tendre 1888. (ESPLANADE.)

22. BALANÇA (J.-P.), à la Réunion (Constantine). — Blé tendre et dur, avoine et orge en gerbes et en grains. **(ESPLANADE.)**

23. BALAVOINE (Victor), à Palikao (Oran). — Blé tendre avec et sans barbe 1888. **(ESPLANADE.)**

24. BALLINARD (Dominique), à Barral (Constantine). — Blé tendre, maïs. **(ESPLANADE.)**

25. BARBIER (F.-E.-E.), à Laverdure (Constantine).— Blé et orge. **(ESPLANADE.)**

26. BARDOU-KELLER (Joseph), à Oran. — Blés, orges, avoines, maïs. **(ESPLANADE.)**

27. BARTHET Ainé, à Tizi-Ouzou (Alger). — Blé et bechna (sorgho). **(ESPLANADE.)**

28. BARTHOLOMOT (Edmond), à Duvivier (Constantine).— Blé dur, récolte 1888. **(ESPLANADE.)**

29. BASTIDE (Léon), à Bel-Abbès (Oran). — Plans de ferme et de cultures. **(ESPLANADE.)**

30. BAUDIER (C.-A.), à Boufarik (Alger).— Maïs en gerbes et en grains. **(ESPLANADE.)**

31. BAUDOIN (Alphonse), au Djendel (Alger). — Blé tendre, blé dur, orge. **(ESPLANADE.)**

32. BECKER, à Palestro (Alger). — Céréales. **(ESPLANADE.)**

33. BEDECARASBURU, à Aïn-Sennour (Constantine). — Blé dur et blé tendre du pays. **(ESPLANADE.)**

34. BEDECARASBURU (Pierre), à Duvivier (Constantine). — Blé dur et orge. **(ESPLANADE.)**

35. BEDOS (Antoine), à Zarouëla (Oran).— Blé, orge, avoine. **(ESPLANADE.)**

36. BELAUBRE (Louis), à Bissy (Constantine). — Blé tendre en gerbe 1888-1889. Blé dur Français 1888-1889 en gerbe. **(ESPLANADE.)**

37. BEN AOUDA ben Dzezgele, à Tlemcen (Oran). — Orge, blé, maïs. **(ESPLANADE.)**

38. BEN AOUDA ben Regag, à Aïn-Trid (Oran). — Blé dur de 1888. **(ESPLANADE.)**

39. BEN HAYOUN (Joseph), à Tlemcen (Oran). — Blés dur et tendre, maïs. **(ESPLANADE.)**

40. BERGY BAZAJET, à Legrand (Oran). — Blé et avoine de 1888 avec gerbe de blé et d'avoine. **(ESPLANADE.)**

41. BERNARD (Auguste), à Bel-Abbès (Oran). — Dessin avec note explicative. **(ESPLANADE.)**

42. BERNARD (C.), à Affreville (Alger). — Blé tendre, avoine et orge, tuzelle. **(ESPLANADE.)**

43. BERNIS (Michel), à Palikao (Oran). — Blé tendre 1888. **(ESPLANADE.)**

44. BERROUAGHIA (Pénitencier agricole de), à Alger. — Vues photographiques du pénitencier agricole. **(ESPLANADE.)**

45. BERRY (Henri), à Duvivier (Constantine). — Blé dur du pays 1888. **(ESPLANADE.)**

46. BLANCHET (E.), à Bel-Abbès (Oran).— Blés tendre, tuzelle, barbu, dur ; orge, avoine, maïs. **(ESPLANADE.)**

47. BLANCHON (A.), à Mascara (Oran). — Blés tendre et dur, orge 1888.
(ESPLANADE.)

48. BOCQUET (Louis), à Bône (Constantine).— Projet de distillerie nouveau genre pour alcools et eaux-de-vie de toutes espèces. (ESPLANADE.)

49. BŒTCH (Adam), à Zarouria (Constantine).— Blé, orge, avoine. (ESPLANADE.)

50. Boghar (La Commune indigène de), à Boghar (Alger). — Blé et orge du Titery. (ESPLANADE.)

51. BONHOMME (Pierre), à Assi-bou-Nif (Oran). — Blé et avoine en gerbes et en grains 1889. (ESPLANADE.)

52. BONNET, à Bel-Abbès (Oran). — Blé tendre et dur 1888-1889 en épis et en gerbes. (ESPLANADE.)

53. BORY (Jean), à Biskra (Constantine). — Orge du pays. Orge en gerbe. Blé dur du pays. Blé en gerbe. (ESPLANADE.)

54. BOSQUET (Henri), à Ben-Chicao (Alger). — Maïs. (ESPLANADE.)

55. BOUCHERY (Michel), à Négrier (Oran). — Maïs. (ESPLANADE.)

56. BOUCHET (B.-L.) à Bône (Constantine). — Blés durs et tendres, avoine. (ESPLANADE.)

57. BOULAUG (Jean), à Nemours (Oran). — Blés dur et tendre, orge 1888. (ESPLANADE.)

58. BOULLU (Joseph), à Mekla (Alger).—Bechna (sorgho) en gerbe et en grains. (ESPLANADE.)

59. BOU MEDIEN bou Aricha, à Tinerat-Bel-Abbès (Oran). — Blé dur et tendre de 1888. (ESPLANADE.)

60. BOUMÉDINE bel Lakhdar, à Oulad-Jahia, Telagh (Oran). — Blé dur, orge 1888. (ESPLANADE.)

61. BOURLIER, (Charles), à Réghaïa (Alger). — Blé dur indigène en grains et en gerbes. Blé tendre, orge brasserie. (ESPLANADE.)

62. BOYER (Jean), à Aïn-Farès (Oran). — Blé de 1888. (ESPLANADE.)

63. BRAHIM ben Necib, aux Allaouna, Cercle de Tebessa (Constantine). — Blé, orge. (ESPLANADE.)

64. BRAME (P.), à Fouka (Alger). — Plusieurs variétés de maïs. (ESPLANADE.)

65. BRUAT (André), à l'Oued-Seguin (Constantine). — Blé dur. (ESPLANADE.)

66. BRUN (André), à Sidi-Khaled (Oran). — Blé, tuzelle dur, orge, avoine. (ESPLANADE)

67. BRUYAS (Étienne), à Rivoli (Oran). — Orge 1888. (ESPLANADE.)

68. BUISINE (Florimond), à Marengo (Alger). — Céréales. (ESPLANADE.)

69. BURE (Adrien), à l'Ouïder-Bône. — Céréales. (ESPLANADE.)

70. BUZENVAL Fils, à Duperré (Alger). — Blé tendre et orge de la récolte de 1888. (ESPLANADE.)

71. CADIERGUES (Jean), à Oued Imbert (Oran). — Blé tendre, tuzelle 1888-1889. (ESPLANADE.)

72. CAHUZAC (Firmin), à Témouchent (Oran). — Blé tendre de 1888. (ESPLANADE.)

73. CALMELS (A.), à Oran, rue de Montebello, 8.— Blé, avoine, orge. (ESPLANADE.)

74. CALMELS (Henri), à Lourmel (Oran). — Blé dur et tendre, orge et avoine de 1888. **(ESPLANADE.)**

75. CANO (Antoine), à Lauriers-Roses (Oran). — Blé dur de 1888 et 1889. **(ESPLANADE.)**

76. CARGUE, à Aïn-Sennour (Constantine). — Blé. **(ESPLANADE.)**

77. CARROT (Alexis), à Duvivier (Constantine). — Blé dur, orge. **(ESPLANADE.)**

78. CASANOVA (C.-A.), à Oued-Cham (Constantine). — Blé dur 1888. **(ESPLANADE.)**

79. CASTETS (Dominique), à Ameur-el-Aïn (Alger). — Blés durs et blés tendres, orges, avoines, maïs, sorghos ou bechna, graines de luzernes et de vesces. **(ESPLANADE.)**

80. CAYLA (Émile), à Oran.—Blé dur et tendre, orge, avoine, maïs. **(ESPLANADE.)**

81. CAYLA (Jacques), à Tlemcen (Oran). — Blés dur et tendre, maïs. **(ESPLANADE.)**

82. CAYLA (J.-B.), à Tlemcen (Oran). — Blés tendre et dur, orge, maïs. **(ESPLANADE.)**

83. CAYROL (Michel), à Dellys (Alger). — Sorgho blanc et noir. **(ESPLANADE.)**

84. CAYSINOTTI (Charles), à Fort-National (Alger). — Blé en gerbe. **(ESPLANADE.)**

85. CHABAUD (Camille), à Témouchent (Oran). — Blé tendre et dur, orge, avoine de 1888. **(ESPLANADE.)**

86. CHAPUIS (J.-B.), à Bou-Tlélis (Oran). — Blé tendre, orge, avoine. **(ESPLANADE.)**

87. CHAREF ould Abdelkader ben Raal, à Rivoli (Oran). — Blé dur de 1888. **(ESPLANADE.)**

88. CHEIKH ben el Djilali, à Oulad-Souïah, Télagh (Oran). — Blé dur, orge 1888. **(ESPLANADE.)**

89. CHEVILLOT (Joseph), aux Beni-Urgine (Constantine). — Blé dur, blé tendre et avoine du pays de 1888. **(ESPLANADE.)**

90. CHIRIS (Antoine), à Boufarik.—Plans et documents concernant les domaines de Rhilen, de Bahli, de Mahala, etc. — Céréales. **(ESPLANADE.)**

91. CHOUQUET (Léon), à St-Eugène (Alger). — Blé dur et blé tendre. **(ESPLANADE.)**

92. CLAUDE (M.-N.), à Aïn-Trind (Oran). — Blés tendre et dur, orge, avoine. **(ESPLANADE.)**

93. CLAVEL (Antoine), à Trembles. — Blé, orge et avoine de 1889. **(ESPLANADE.)**

94. CLÉMENT (Jules), à Mascara (Oran). — Blé tendre 1888. **(ESPLANADE.)**

95. CODDET, à Oran, rue de l'Hôpital, 7. — Blé, orge, avoine. **(ESPLANADE.)**

96. COLIN (Aristide), à Chanzy (Oran). — Blé et orge de 1888 et 1889. **(ESPLANADE.)**

97. COLIN (Arsène), à Chanzy (Oran). — Blé, maïs. **(ESPLANADE.)**

98. COLIN (Marcel), à Chanzy (Oran). — Blé tendre de 1888 et de 1889, en épis. **(ESPLANADE.)**

99. COLMAN (Nicolas), à Bel-Abbès (Oran). — Blés tendre et dur. **(ESPLANADE.)**

100. COLOMB (Roger), à Thiersville (Oran). — Avoine 1888.　　(ESPLANADE.)

101. COMBES (Jean), à Palikao (Oran). — Blé tendre sans barbe 1888.
(ESPLANADE.)

102. COMBIER (Adolphe), à Aïn-bou-Dib, commune mixte d'Aïn-Bessem (Alger). — Céréales.　　(ESPLANADE.)

103. Comice agricole de Bône, à Bône (Constantine).— Blé dur, orge, avoine sorgho.　　(ESPLANADE.)

104. Comice agricole de Boufarik, à Boufarik (Alger). — Blé, orge, avoine, maïs, sorgho.　　(ESPLANADE.)

105. Comice agricole de Bougie, à Bougie (Constantine). — Céréales.
(ESPLANADE.)

106. Comice agricole de Douéra, à Douéra (Alger). — Blé dur, blé tendre, maïs, orge, bechna (sorgho).　　(ESPLANADE.)

107. Comice agricole du Haut-Chéliff, à Affreville (Alger). — Céréales diverses.　　(ESPLANADE.)

108. Comice agricole de Médéah, à Médéah (Alger). — Blés dur et tendre, orge, bechna (sorgho) alpiste.　　(ESPLANADE.)

109. Comice agricole d'Orléansville, à Alger. — Blé tendre, blé dur, orge, avoine, maïs, farines.　　(ESPLANADE.)

110. Compagnie Génevoise, à Sétif (Constantine). — Blé et orge de 1888.
(ESPLANADE.)

111. COSTE (Jean), à Rebeval (Alger). — Bechna (sorgho) en gerbe et en semences.
(ESPLANADE.)

112. COURBET (Xavier), à Zerizer (Constantine). — Blé tendre et blé dur du pays de 1888.　　(ESPLANADE.)

113. COURTOIS (A.), à Assi-ben-Okba (Oran).— Blé tendre et maïs de 1888, orge de 1889.　　(ESPLANADE.)

114. COUTY (Mme Céline), à Médéah (Alger). — Blé dur, blé tendre, orge.
(ESPLANADE.)

115. CRACOWSKI (Joseph), à Barral (Constantine). — Maïs.　　(ESPLANADE.)

116. CUGÉA (Laurent), à El-Kseur (Constantine). — Blé tendre, blé dur, avoine et orge en gerbes.　　(ESPLANADE.)

117. CUQ (Philippe), à Tizi (Oran). — Blé dur.　　(ESPLANADE.)

118. DABLAND (J.-L.), à Carnot (Alger). — Gerbe de blé dur et blé dur pour semences.　　(ESPLANADE.)

119. DAHENNE (Abraham), à Médéah (Alger). — Blé dur et orge.
(ESPLANADE.)

120. DAOUD ould Mahmoud, à Senadid, Télagh (Oran). — Blé dur, orge 1888.
(ESPLANADE.)

121. DARMON (Salomon), à Nemours (Oran). — Blés dur et tendre, orge, avoine.　　(ESPLANADE.)

122. DAUVERGNE (Antoine), à Palestro (Alger). — Blé dur et blé tendre.
(ESPLANADE.)

123. DAVOINE (F.-M.), à Bel-Abbès (Oran).— Instruments d'intérieur de ferme.
(ESPLANADE.)

124. DEBLISSON, à St-Remy (Oran). — Céréales.　　(ESPLANADE.)

125. DEBONNO (Charles), à Boufarik (Alger). — Maïs en tige et en grains.
(ESPLANADE.)

126. DÉCRÉON (Casimir), à Bouïra (Alger). — Blé et orge de 1888.
(ESPLANADE.)

127. DECRION (Julien), à Bel-Abbès (Oran).— Blés, tendre, tuzelle, barbu, dur, orge, avoine, maïs.
(ESPLANADE.)

128. DELORME, à Oued - Seguin (Constantine). — Orge en grains , maïs en grains, blé en grume.
(ESPLANADE.)

129. DELOUPY (A), à Aïn-el-Arba (Oran).— Blé dur 1888.
(ESPLANADE.)

130. DEMONCHY (Gaston), à Tipaza (Alger). — Blé dur et blé tendre, orge, avoine, maïs.
(ESPLANADE.)

131. DERRADJI ben Abderrahman, à Ould-Yahia (Constantine). — Blé, orge, sorgho.
(ESPLANADE.)

132. DESSOLIERS, à Tenès (Alger). — Brochure : « La prospérité agricole de l'Algérie par les céréales ».
(ESPLANADE.)

133. Djurdjura (la commune mixte du), à Michelet (Alger). — Grains.
(ESPLANADE.)

134. DOL (Salvator), à Souk-Ahras (Constantine).— Blés durs du pays.
(ESPLANADE.)

135. DOMUNO (Jean), à Sainte-Léonie (Oran). — Céréales de 1888, blé tendre.
(ESPLANADE.)

136. DREVETON, à Nemours (Oran). — Blés dur et tendre, orge, avoine 1888.
(ESPLANADE.)

137. DUBOURG (Victor), à Bône (Constantine). — Blés dur et tendre, avoine, etc.
(ESPLANADE.)

138. DUCOMMUN (Auguste), à Nemours (Oran), — Blés dur et tendre, orge, avoine 1888.
(ESPLANADE.)

139. DUFOUR (J.-H.), à Matemore (Oran). — Blé tendre de 1888.   (ESPLANADE.)

140. DUFOURG (Alfred), à Biskra (Constantine). — Orge en gerbe, blé en gerbe.
(ESPLANADE.)

141. DUMONT (Victor), à Bordj-Menaïel (Alger). — Pieds de bechna (sorgho) de 1888, bechna en grains.
(ESPLANADE.)

142. DUVIGEANT (Léonce), à Biskra (Constantine). — Orge en gerbe et en grains, blé en gerbe et en grains.
(ESPLANADE.)

143. EBSTEIN (Simon), à Batna (Constantine). — Avoine blanche du pays, maïs jaune en épis et égrené.
(ESPLANADE.)

144. EHREMPFORT (Charles), à Alger, rue Clauzel, 6. — Céréales.
(ESPLANADE.)

145. EL ARBI ben Ali, à Télagh (Oran). — Blé dur et orge 1888.   (ESPLANADE.)

146. EL HACHEMI ben si Lounis, à Fort-National (Alger). — Céréales.
(ESPLANADE.)

147. EL HADJ ben Miloud, ben Yamina, au Heumis, commune mixte de Ténès (Alger). — Blé dur et orge.   (ESPLANADE.)

148. EL HADJ BRAHIM à Miliana (Alger). — Blé dur et orge.   (ESPLANADE.)

149. EL HADJ EL HABIB ben Tsabet, à Rezazga, Télagh (Oran). — Blé dur, orge 1888.
(ESPLANADE.)

150. EL HADJ KADA HALOUCH, à Bel-Abbès (Oran). — Blé dur de 1888.   **(ESPLANADE.)**

151. EL KADA BEL ABED ben Youssef, à Aïn Trid (Oran). — Blé dur 1888.   **(ESPLANADE.)**

152. EL MEDJALED BEL MOUFFOK, à Oulad sidi Sliman (Oran). — Blé dur, orge 1888.   **(ESPLANADE.)**

153. ESTÈVE (Pierre), à Palikao (Oran). — Blé tendre sans barbe 1888.   **(ESPLANADE.)**

154. ESTRADE (Antoine), à Thiersville (Oran). — Blé tendre de 1888.   **(ESPLANADE.)**

155. FABAS (Philippe), à Mascara (Oran). — Blé tendre et dur, orge, avoine 1888.   **(ESPLANADE.)**

156. FABRIÈS (Ernest), à Ouled ali Imbert (Oran). — Tuzelle, blé tendre, blé dur, orge, avoine.   **(ESPLANADE.)**

157. FAYAUD (François), à Bel-Abbès (Oran). — Maïs.   **(ESPLANADE.)**

158. FILIMUNDI (Joseph), à Tizi-Ouzou (Alger). — Blé dur, bechna, (sorgho), orge.   **(ESPLANADE.)**

159. FILIPPINI, à Thiersville (Oran). — Blé tendre et dur, avoine, orge, 1888.   **(ESPLANADE.)**

160. FOLTZ (Aloys), à Bou-Tlélis (Oran). — Blés dur et tendre, orge, avoine.   **(ESPLANADE.)**

161. FOREMBACHER (Charles), à Sidi-Lhassen (Oran). — Blé tendre et avoine, 1888-1889.   **(ESPLANADE.)**

162. FOURRIER (Henri), à Orléansville (Alger). — Blé tendre en gerbes et en grains, maïs en épis.   **(ESPLANADE.)**

163. FRANDO (Salvator), à Mondovi (Constantine). — Blé dur du pays orge de pays, avoine, maïs blanc et jaune.   **(ESPLANADE.)**

164. FREPPEL (Louis), à l'Oued Rechal (Alger). — Blé dur et blé tendre de 1888.   **(ESPLANADE.)**

165. FUSTER (Jean), à Mondovi (Constantine). — Blé dur du pays, blé tendre, maïs.   **(ESPLANADE.)**

166. GABAY (Salomon), à Oran. — Blé dur en gerbes et en grains 1888, orge, avoine et maïs de 1888.   **(ESPLANADE.)**

167. GALLAND (Auguste), à Morris (Constantine). — Blé dur d'Algérie 1888, blé dur, dit froment de France 1888.   **(ESPLANADE.)**

168. GARIGUES (Jean), à Chanzy (Oran). — Blé, orge et avoine de 1888, blé en épis 1889.   **(ESPLANADE.)**

169. GASQ & LABIT, à Béni-Méred (Alger). — Blé dur, blé tendre, avoine.   **(ESPLANADE.)**

170. GAST (Barthélemy), à Hassen-ben-Ali (Alger). — Blé dur (fessi) et blé dur ordinaire.   **(ESPLANADE.)**

171. GAUBERT (Philippe), à Relizane (Oran). — Blé dur en gerbes de 1887, blé dur en gerbes et en grains de 1889, orge en gerbes de 1889.   **(ESPLANADE.)**

172. GAYDAN (Philippe), à Barral (Constantine). — Blé tendre du pays, maïs en épis, maïs en grains, blé en gerbes.   **(ESPLANADE.)**

173. GEAUD (Jules), à Berrouaghia (Alger). — Orge et avoine.   **(ESPLANADE.)**

174. GILLET (Antoine), à Penthièvre (Constantine). — Blé dur.   **(ESPLANADE.)**

175. GONSALVÈS (Vincent), à Laghouat (Alger). — Orge, récolte de 1887, blé récolte 1887.   **(ESPLANADE.)**

176. GONZALÈS (Alphonse), à Palikao (Oran).— Blé tendre sans barbe 1888.   **(ESPLANADE.)**

177. GRAND (Joseph), à Zérizer (Constantine). — Blé dur du pays.   **(ESPLANADE.)**

178. GROS (P.), à Penthièvre (Constantine). — Blé dur.   **(ESPLANADE.)**

179. GROUTSCH (Pierre), à Alger, passage du Commerce. — Avoine en gerbes 1888.   **(ESPLANADE.)**

180. GUCKERT (Joseph), à Assi-Ameur (Oran). — Blés et avoines en gerbes et en grains 1889.   **(ESPLANADE.)**

181. GUÉNOT (Hortense), à Barral (Constantine). — Maïs en épis.   **(ESPLANADE.)**

182. GUÉRIN (E.-P.), à Tlemcen (Oran). — Orge, maïs.   **(ESPLANADE.)**

183. GUIBERT, à Assi-ben-Okba (Oran). — Maïs de 1888.   **(ESPLANADE.)**

184. GUIRAUD, à Zarouria (Constantine). — Orge, blé.   **(ESPLANADE.)**

185. HADJ DJILALI ben Chaoun, aux Medjadja (Alger). — Blé dur.   **(ESPLANADE.)**

186. HADJ DJILALI ben Miloud, aux Medjadja (Alger). — Blé dur.   **(ESPLANADE.)**

187. HADJ MOHAMMED OULD BORJI, à Tivenat Mekerra (Oran). — Orge.   **(ESPLANADE.)**

188. HADJ TABET Ben Taib, aux Beni-Rached (Alger). — Blé dur.   **(ESPLANADE.)**

189. HAMED ben Harat, à Aïn-Trid (Oran). — Blé dur de 1888.   **(ESPLANADE.)**

190. HAUDRICOURT (Victor), à Rivoli (Oran). — Blé tendre 1888.   **(ESPLANADE.)**

191. HAVARD (Onésime), à Mansoura (Oran). — Blés dur et tendre.   **(ESPLANADE.)**

192. HÉRITIER (Théodore), à Bel-Abbès (Oran). — Blé tendre, tuzelle (grains).   **(ESPLANADE.)**

193. JOMAIN (Vve), à Legrand (Oran). — Céréales.   **(ESPLANADE.)**

194. JORELLE (Augustin), à Attatba (Alger). — Blé dur et blé tendre.   **(ESPLANADE.)**

195. JOURDAN (Jules), à Affreville (Alger). — Blé tendre et blé dur, récolte 1888.   **(ESPLANADE.)**

196. JOURDAN (Séraphin), à Zérizer (Constantine). — Orge du pays.   **(ESPLANADE.)**

197. JUGUE (Paulin), à Mondovi (Constantine). — Blé dur du pays.   **(ESPLANADE.)**

198. KAOUADJI, à Tlemcen (Oran). — Céréales.   **(ESPLANADE.)**

199. KIÉNÉ (Vve), à Mekla (Alger). — Blé dur, bechna (sorgho) 1888 et 1889.   **(ESPLANADE.)**

200. KIPPEURT (Eugène), aux Beni-Urgine (Constantine). — Blé dur 1888.   **(ESPLANADE.)**

201. KOHLER (André), à Saint-Charles (Constantine). — Blé tendre, blé dur, orge, avoine. **(ESPLANADE.)**

202. LACOMBE (Barthélemy de), à Bône (Constantine). — Blé et maïs. **(ESPLANADE.)**

203. LADARRE (François), à Mascara (Oran). — Blés tendre et dur, orge de 1888. **(ESPLANADE.)**

204. LAMASSOURE (Jean), à Bréa, Tlemcen (Oran). — Blés tendre et dur. **(ESPLANADE.)**

205. LAMASSOURE (J. P.), à Bréa, Tlemcen (Oran). — Blé tendre. **(ESPLANADE.)**

206. LANFROY (Joseph), à Bel-Abbès (Oran). — Blé tendre, tuzelle et barbu, orge, avoine. **(ESPLANADE.)**

207. LANTHEAUME (Henri), à Zérizer (Constantine). — Blé dur du pays 1888. **(ESPLANADE.)**

208. LAPERLIER (Vve Marguerite), à Mustapha (Alger). — Blé. avoine, fèves, maïs. **(ESPLANADE.)**

209. LAPLACE (Jean), à Sainte-Léonie (Oran) — Blé tendre en gerbes et en grains de 1889. **(ESPLANADE.)**

210. LARUE (Léon), à Bouïra (Alger). — Blé tendre, blé dur, orge, de la récolte de 1888. **(ESPLANADE.)**

211. LAURE, à Relizane (Oran). — Blé, orge, sorgho, avoine, maïs de 1889 en gerbes et en grains. **(ESPLANADE.)**

212. LAVALLÉE (Victor), à Damiette (Alger). — Blé. **(ESPLANADE.)**

213. LEBIGUE (Florentin), à Bordj-Menaïel (Alger). — Bechna (sorgho). **(ESPLANADE.)**

214. LECAVELIER, à Aïn-Driès (Constantine). — Blé dur et orge en gerbe et en grain, maïs en épis. **(ESPLANADE.)**

215. LEGENDRE (Jules), à Aïn-el-Hadjar (Oran). — Blé dur et orge 1887, 1888 en épis et en grains. **(ESPLANADE.)**

216. LEMOINE (Auguste), à Sainte-Léonie (Oran). — Blé tendre, récolte 1888. **(ESPLANADE.)**

217. LEROUX (S.-C.), à Mustapha (Alger) — Plans d'une ferme algérienne dernier type. **(ESPLANADE.)**

218. LEROY (Charles), à Castiglione (Alger). — Maïs. **(ESPLANADE.)**

219. LESCURE (E.-C.), à Oran, rue de Mostaganem, 54. — Blé dur. **(ESPLANADE.)**

220. LIGNIÈRES (Alphonse), à Aïn-Taya (Alger). — Maïs blanc. **(ESPLANADE.)**

221. LLABADOR (François), à Nemours (Oran). — Blés dur et tendre, orge de 1888. **(ESPLANADE.)**

222. LOPEZ (Diégo), à Thiersville (Oran). — Blé tendre 1888, orge 1888. **(ESPLANADE.)**

223. LUTZ (Philippe), à Bouïra (Alger). — Blé dur et orge de la récolte de 1888. **(ESPLANADE.)**

224. MAAMER ben Halima, à Medjadja (Alger). — Orge. **(ESPLANADE.)**

225. MACHOT, à Trembles (Oran). — Blé, orge et avoine 1889, en grains et en gerbes. **(ESPLANADE.)**

226. MAGRO (Joseph), à Duvivier (Constantine). — Orge et blé dur du pays.
(ESPLANADE.)

227. MAHIDDINE ould Chabane, à Tivenat, Mekerra (Oran). — Blé dur.
(ESPLANADE.)

228. MAHMOUD ou Rabah, à Oued–Amizour (Constantine). — Blé dur.
(ESPLANADE.)

229. MANTOUT, Frères, à Alger, place de Chartres. — Blés.   **(ESPLANADE.)**

230. MARÉCHAL (Félix), à Mondovi (Constantine). — Blé dur du pays.
(ESPLANADE.)

231. MARÉCHAL (Justin), à Bel–Abbès (Oran) — Blé tendre, tuzelle, barbu, orge, avoine.   **(ESPLANADE.)**

232. MARÈS (Paul), à Douéra (Alger). — Blé dur clair, maïs jaune et blanc.
(ESPLANADE.)

232. MARTIN (Auguste), à Tizi–Ouzou (Alger). — Blé dur.   **(ESPLANADE.)**

233. MARTIN-PETIT (Vve Amélie), à Fleurus (Oran). — Blé tendre de 1888.   **(ESPLANADE.)**

234. MARTY (Pierre), à Ben–Chicao (Alger). — Blé dur récolte 1888.
(ESPLANADE.)

235. MARUCCI (Jean), à Saint–Amand (Constantine).— Charrue de culture et vigneronne, par un changement de soc.   **(ESPLANADE.)**

236. MATHIEU (Victor), à Palikao (Oran). — Avoine noire 1888, blé tendre 1888.   **(ESPLANADE.)**

237. MAURICE (Constant), à Carnot (Alger). — Blés tendres en gerbe, blés tendres pour semences.   **(ESPLANADE.)**

238. MAYET (Charles), à Mefessour (Oran). — Blé de 1888.   **(ESPLANADE.)**

239. MEKKIKA el Habib (Caïd), à Sfisef, Mekerra (Oran). — Blé dur.
(ESPLANADE.)

240. MENOIR ben Saïah, aux Medjadja (Alger). — Blé tendre.   **(ESPLANADE.)**

241. MERMET (Eugène), à Barral (Constantine). — Maïs en grains, blé dur d'Afrique.   **(ESPLANADE.)**

242. MERMET (Félix), à Misserghin (Oran). — Céréales 1888.   **(ESPLANADE.)**

243. MILHAVET (J.-M.), à Lourmel (Oran). — Blé tendre et dur, orge et avoine, céréales en gerbes de 1889.   **(ESPLANADE.)**

244. MOHAMED ben Abdalla, aux Oulad-Driss, commune mixte d'Aumale (Alger). — Blé et orge.   **(ESPLANADE.)**

245. MOHAMED ben Saïdan, aux Ouled-Salem, commune mixte d'Aumale. (Alger). — Blé.   **(ESPLANADE.)**

246. MOHAMED ben Siam, à Miliana (Alger). — Blé tendre et dur, orge.
(ESPLANADE.)

247. MOHAMED bou Médiene, à Tlemcen (Oran).— Deux seaux dits Kebibot.
(ESPLANADE.)

248. MOHAMED ou Snaïl, à Beni-Khalifa, commune mixte de Mirabeau, (Alger). — Blé dur.   **(ESPLANADE.)**

249. MOHAMMED ben El arbi, à Oulad-bel-Arbi, Telagh (Oran).— Blé dur et orge 1888.   **(ESPLANADE.)**

250. MOHAMMED ben Kadi, à Telagh (Oran). — Blé dur, orge 1888.
(ESPLANADE.)

251. MOHAMMED ben Zerrouki, à Tlemcen (Oran). — Maïs, maïs blanc, blé dur et tendre, orge.
(ESPLANADE.)

252. MOHAMMED ould Boumédine, à Tifïélès, Mekerra (Oran). — Blé dur.
(ESPLANADE.)

253. MOHAMMED ould Mouley Aïssa, à Tlemcen (Oran). — Maïs en épis.
(ESPLANADE.)

254. MOKTAR M'SIFI, à Sidi-Boumédine, près Tlemcen (Oran). — Céréales.
(ESPLANADE.)

255. MOLLET (Henri), à Guelma (Constantine). — Blé dur.　(ESPLANADE.)

256. MOTELEY (J.), à El-Ançor (Oran). — Céréales, blé tendre, orge, maïs.
(ESPLANADE.)

257. MOUSSARD (Claude), à El-Kseur (Constantine). — Blé dur, blé tendre et avoine en gerbes.
(ESPLANADE.)

258. MURSIN (Antoine), à Bouira (Alger). — Blé tendre de la récolte 1888, blé dur récolte 1888, orge récolte 1888.
(ESPLANADE.)

259. MUS (Clément), à Morris (Constantine). — Blé dur 1888, avoine brune du pays, 1888.
(ESPLANADE.)

260. NAVARRO (Joseph), aux Lauriers-Roses (Oran). — Blé, orge, avoine 1888, en grain 1889, en épis.
(ESPLANADE.)

261. NAVARRO (Pédro), à Muley-Abdelkader, Be-Abbès (Oran).— Blé tendre, tuzelle dur, orge, avoine.
(ESPLANADE.)

262. NAVARRO (Salvador), à Chanzy (Oran). — Blé tendre 1888, blé en épis 1889.
(ESPLANADE.)

263. NOUZILLE (Auguste), à Tessalah (Oran). — Blé dur, orge, avoine, tuzelle, barbu, seigle, orge perlé, maïs.
(ESPLANADE.)

264. NOUZILLE (Jacques), à Oued-Cerno (Oran). — Céréales en grains et en paille, blés tendre, dur, orge, avoine et seigle.
(ESPLANADE.)

265. OBITZ (Georges), à Mirabeau (Alger). — Maïs, avoine et orge.
(ESPLANADE.)

266. OCTAVE (Cyprien), à Mondovi (Constantine). — Blé dur du pays.
(ESPLANADE.)

267. ODILLE (Auguste), à Thiersville (Oran). — Blé tendre de 1888.
(ESPLANADE.)

268. OTT (Gustave), à Mouzaiaville (Alger). — Maïs rouge et blanc.
(ESPLANADE.)

269. PALENC Frères, à Lannoy, commune mixte de Jemmapes (Constantine). — Blé dur récolte 1888.
(ESPLANADE.)

270. PAOLI (J.-L.), à Bouira (Alger). — Blés tendres et durs (en semoule).
(ESPLANADE.)

271. PARAHY (Michel), à Froha (Oran). — Blé tendre barbu.　(ESPLANADE.)

272. PAVET (J.-C.), à Mondovi (Constantine). — Blé dur 1888.　(ESPLANADE.)

273. PAYROUSE (G.-A.), à Hassen-ben-Ali (Alger). — Blé dur indigène 1888.
(ESPLANADE.)

274. PAYROUSE (Paulin), à Hassen-ben-Ali (Alger). — Blé.　(ESPLANADE.)

275. PAYROUSE (Pierre), à Hassen-ben-Ali (Alger). — Blé dur 1888.
                                                                (ESPLANADE.)

276. PÉLISSIÉ (Paul), à Aïn-Sultan, commune mixte de Dra-El-Mizan (Alger).
— Blés provenant du champ d'expériences de l'Ecole arabe.

277. PÉLISSIER (Frédéric), à Thiersville (Oran). — Blé tendre et dur, orge,
avoine.   (ESPLANADE.)

278. PENCIOLELLI (A.-J.), à Bizot (Constantine). — Blé, orge, avoine.
                                                                (ESPLANADE.)

279. PENEL, à Barral (Constantine). — Blé dur.   (ESPLANADE.)

280. PERRIN Frères, à Bel-Abbès (Oran). — Blé tendre.   (ESPLANADE.)

281. PHILIPPON (Auguste), à Saint-Louis (Oran). — Blé tendre de 1887
et 1888.   (ESPLANADE.)

282. PIANETTI (Barthélemy), à Lambesse (Constantine). — Épis, maïs
jaune, maïs en grains.   (ESPLANADE.)

283. PIÉTRA (Emmanuel), à Constantine. — Blés durs, orge, avoine.
                                                                (ESPLANADE.)

284. PINEL (Laurent), à Bou-Tlélis (Oran). — Blés tendre et dur, orge,
avoine.   (ESPLANADE.)

285. PLAETEVOET (Albert), à la Réunion (Constantine). — Blé tendre, blé
dur, avoine, orge, en gerbes.   (ESPLANADE.)

286. PONS (Jacques), à Port-de-l'Eau (Alger). — Blé, récolte 1888.
                                                                (ESPLANADE.)

287. POULET Frères, à Aïn-Sfa, commune mixte de Teniet-el-Hââd (Alger).
— Blé dur, blé tendre et orge en gerbes et en grains.   (ESPLANADE.)

288. PUYRAUD (Pierre), à Mekla (Alger).—Blé dur, sarrasin, bechna (sorgho).
                                                                (ESPLANADE.)

289. RAHBA ben Aïssa, à Bel Abbès (Oran). — Blé dur 1888.   (ESPLANADE.)

290. RAIMBOLT (Louis), à Barral (Constantine). — Blé dur.   (ESPLANADE.)

291. RANCAZ Jeune (François), à Souk-Ahras (Constantine). — Blé dur,
maïs, seigle.   (ESPLANADE.)

292. RAZÈS Jeune, à Médéah (Alger). — Maïs.   (ESPLANADE.)

293. RENAUD (J.-B.), à Chanzy (Oran). — Blé tendre, orge, avoine, maïs 1888,
orge en épis 1889.   (ESPLANADE.)

294. RIBOT (Jean), à Aïn-Farès. — Blé tendre.   (ESPLANADE.)

295. RICCI (Antoine), à Blidah (Alger). — Moulin à farine complet. (ESPLANADE.)

296. RICHEMONT (comte de), à Birtouta (Alger). — Céréales, maïs.
                                                                (ESPLANADE.)

297. RIEUPOUILH, à Médéah (Alger). — Blé dur.   (ESPLANADE.)

298. RIVIÈRE Frères, à Relizane (Oran). — Blé et orge en gerbes et en grains.
                                                                (ESPLANADE.)

299. ROCHETTE (Pierre), à Jemmapes (Constantine). — Blé dur.
                                                                (ESPLANADE.)

300. ROMAIN (Jean), à Barral (Constantine). — Blé en gerbe. (ESPLANADE.)

301. ROTH (Jacob), à Saint-Charles (Constantine). — Blé tendre, orge, avoine,
orge mondé, seigle.   (ESPLANADE.)

302. ROUANET (Émile), à Mondovi (Constantine). — Blé dur et avoine du pays.   **(ESPLANADE.)**

303. ROURE (Frédéric), à Alger, place de Chartres, 1. — Blé.   **(ESPLANADE.)**

304. ROUYER (Paul), à Hammam–Metkoutine (Constantine).— Blé sur tige.
                                                                     (ESPLANADE.)

305. RYCKEWAERT (Louis), à Legrand (Oran). — Blé tendre de 1889 en grains et en gerbes.   **(ESPLANADE.)**

306. SABATIER (Auguste), à Rivoli (Oran). — Blé tendre 1888. **(ESPLANADE.)**

307. SAHUT (Auguste), à Nédroma (Oran). — Blé dur de 1888.   **(ESPLANADE.)**

308. SAINTE-CROIX (René de), à Mondovi (Constantine). — Céréales.
                                                                     (ESPLANADE.)

309. SAINTJEAN (Antoine), à Oran. — Blés tendre et dur, avoine et orge.
                                                                     (ESPLANADE.)

310. SALVAT (Joseph), à Palikao (Oran). — Avoine noire 1888, blé tendre sans barbe 1888, orge de 1888.   **(ESPLANADE.)**

311. SAMSON (Gustave), à Sidi-Mabrouk (Constantine). — Blé dur, blé tendre, avoine, orge et sorgho.   **(ESPLANADE.)**

312. SANTERRE (A.-E.), à Castiglione (Alger). — Maïs, récolte 1888.
                                                                     (ESPLANADE.)

313. SAPOR (Eloi), à Aumale (Alger).— Blé dur.   **(ESPLANADE.)**

314. SAULNIER et COURTIN, à Oued–Cham (Constantine). — Blé dur, récolte 1888.   **(ESPLANADE.)**

315. SAUNIER (Claude), à Palikao (Oran). — Avoine noire 1888, blé tendre sans barbe 1888, orge du pays 1888.   **(ESPLANADE.)**

316. SAUNIER (J.-B.), à Aïn-Farès (Oran).— Blés tendre et dur, avoine et orge.
                                                                     (ESPLANADE.)

317. SAUVAGNAC (A.-J.), à Morris (Constantine) — Blé dur du pays.
                                                                     (ESPLANADE.)

318. SAUVE, à Relizane (Oran). — Blé, orge, avoine, sorgho, maïs de 1889 en gerbes et en grains.   **(ESPLANADE.)**

319. SAUVETON (Amédée), à Marengo (Alger). — Blé tendre, blé dur, avoine, orge (en gerbes et en grains).   **(ESPLANADE.)**

320. SCHNEIDER (Frédérik), à Philippeville (Constantine). — Blé tendre, blé dur et orge.   **(ESPLANADE.)**

321. SERRES (Joseph), à Thiersville (Oran). — Blé tendre et orge 1888.
                                                                     (ESPLANADE.)

322. SI AHMED ou Cheikh, à Dra-el-Mizan, commune mixte (Alger). —Bechna (sorgho). Année 1888.   **(ESPLANADE.)**

323. SI AHMED ould si Mohamed ben Rerass, à Remchi, tribu des Oulhassa (Oran). — Blé dur, orge.   **(ESPLANADE.)**

324. SI EL HADJ KADDOUR ben Ahmed, aux Beni–Hindel, commune mixte de l'Ouarsenis (Alger). — Maïs avec gerbes. Bechna (sorgho).   **(ESPLANADE.)**

325. SI LOUNIS NAIT ou Ameur, à Tamazirt (Alger). — Blé dur, orge et bechna.   **(ESPLANADE.)**

326. SIMIAN (Jules), à Alger, rampe Chasseloup-Laubat, 1. — Appareil réfrigérant pour distillerie et brasserie.   **(ESPLANADE.)**

327. SI MOHAMED CHÉRIF ben Ali Khatri, à Taoughirt Nait Gana (Constantine). — Blé.   **(ESPLANADE.)**

328. SIMONI (Toussaint), à Dra-el-Attach, commune de Bouira (Alger). — Blé et orge récoltés en 1888.   **(ESPLANADE.)**

329. SI MOULA NAIT ou Ameur, à Tamazirt (Alger). — Blé dur, orge et bechna.   **(ESPLANADE.)**

330. SI TOUHAMI ben Mahi Eddine, à Tablat (Alger). — Blé dur, orge.   **(ESPLANADE.)**

331. SLIMAN ben Touhami Cheikh, à Souk-Ahras (Constantine).— Blé dur.   **(ESPLANADE.)**

332. SMAIN ould Djelloul, à Oulad-Ameur, Telagh (Oran). — Blé dur, orge 1888.   **(ESPLANADE.)**

333. Société agricole et industrielle de Batna et du Sud-Algérien, à Paris, rue St-Lazare. — Céréales diverses cultivées dans les oasis.   **(ESPLANADE.)**

334. Société d'Agriculture d'Alger, à Alger. — Céréales diverses.   **(ESPLANADE.)**

335. Société d'Agriculture de Constantine, à Constantine. — Céréales (blé et orge) produits divers agricoles.   **(ESPLANADE.)**

336. Société Viticole d'Adélia, à Adélia (Alger).—Vue d'ensemble de l'exploitation de la Société. Orge, avoine et céréales.   **(ESPLANADE.)**

337. SOLER (Joaquim), à Randon (Constantine). — Maïs en grappe, maïs décortiqué.   **(ESPLANADE.)**

338. SOMMER Père et Fils, à Tlélat (Oran).—Blé, orge, avoine, maïs de 1888.   **(ESPLANADE.)**

339. SOST (Pierre), à Berrouaghia (Alger). — Blé dur semoulier, blé tendre, seigle, orge et bechna (sorgho).   **(ESPLANADE.)**

340. STORA (Nathan), à Bougie (Constantine). — Céréales de Kabylie.   **(ESPLANADE.)**

341. STUDER (François), à l'Arba (Alger). — Blé dur, avoine.   **(ESPLANADE.)**

342. STURN (Oscar), à Chebli (Alger). — Blé tendre, blé dur.   **(ESPLANADE.)**

343. SYLVESTRE (Pierre), à Duvivier (Constantine). — Blé dur du pays 1888.   **(ESPLANADE)**

344. Syndicat Agricole et Viticole de Tlemcen, Oran. — Blés et autres céréales.   **(ESPLANADE.)**

345. TAHAR ben Haoua, à Oulad-ben-Haoua Telagh, (Oran). — Blé dur, orge 1888.   **(ESPLANADE.)**

346. TAYEBOUN ABDELKADER, Caïd, à Oued-Mebtouk, Mekerra (Oran). — Blé dur.   **(ESPLANADE.)**

347. TERRIER (Antoine), à Sidi-Lhassen (Oran).—Blé tendre, tuzelle 1888, 1889.   **(ESPLANADE.)**

348. THIBAUDIER (Joseph), à Bouïra (Alger). — Blé et orge de la récolte de 1888.   **(ESPLANADE.)**

349. THIVAUD (Claude), à Médéah (Alger). — Blé et orge.   **(ESPLANADE.)**

350. THOMANN (Georges), à Misserghin (Oran). — Blé tendre, orge et avoine 1888.   **(ESPLANADE.)**

351. THUILLIER (J.-H.), à Meurad (Alger). — Produits agricoles. **(ESPLANADE.)**

352. TOURNEL (Pierre), à Palikao (Oran). — Blé tendre, sans barbe, 1888.
(ESPLANADE.)

353. TOURNIER (Joseph), à El-Kantour (Constantine). — Échantillons divers de céréales. **(ESPLANADE.)**

354. TUR (Pépé), à Tessalah (Oran). — Blé tuzelle dur 1888, avoine et orge 1888.
(ESPLANADE.)

355. Union Agricole du Sig, à Saint-Denis-du-Sig (Oran). — Céréales.
(ESPLANADE.)

356. UZAC (Vve Jeanne), à Millesimo (Constantine). — Orge et blé.
(ESPLANADE.)

357. VALAT (Félix), à Thiersville (Oran). — Blé tendre de 1888. **(ESPLANADE.)**

358. VALAT (François), à Négrier (Oran). — Maïs. **(ESPLANADE.)**

359. VARLET (Jules), à Boufarik (Alger).— Plans des bâtiments du Haouch-ben Vioula. — Blé dur semoulier, orge de brasserie, maïs. **(ESPLANADE.)**

360. VERDIER (Louis), aux Beni Urgine (Constantine). — Blé dur, blé tendre 1888. Avoine du pays, avoine de France (grise) en gerbe. **(ESPLANADE.)**

361. VERDIER (J.-B.), à Mondovi (Constantine). — Blé dur, orge blanche.
(ESPLANADE.)

362. VERNIER (François), à Chanzy (Oran). — Blé et avoine. **(ESPLANADE.)**

363. VERRIER (Émile), à Combes (Constantine). — Blé dur. **(ESPLANADE.)**

364. VERRIER (Émile), à Zerizer (Constantine). — Grains, blé. **(ESPLANADE.)**

365. VIALA (Louis), à Tizi (Oran). — Orge. **(ESPLANADE.)**

366. VIOLA (Ulisse), à Tizi-Ouzou (Alger). — Bechna (sorgho). **(ESPLANADE.)**

367. VUILLEMIN (F.-C), aux Trembles (Oran). — Blés dur et tendre, orge.
(ESPLANADE.)

368. WEINEST (Balthazar), à Bordj-Ménaïel (Alger). — Bechna (sorgho).
(ESPLANADE.)

369. WILSON (Charles), à Castiglione (Alger). — Blé tendre, blé dur, maïs, caragua (en tiges). **(ESPLANADE.)**

370. WOGLER (Vve), à Barral (Constantine). — Maïs en épis, blé dur.
(ESPLANADE.)

371. ZABERN (Maximilien), à Legrand (Oran). — Céréales diverses.
(ESPLANADE.)

372. ZERMATI(D.-T.-J.), à Sétif (Constantine).— Blé en gerbe et en grains, orge en grains. **(ESPLANADE.)**

373. ZURCHER (Paul), à Zâàtra (Alger). — Blé clair, avoine. **(ESPLANADE.)**

GABON CONGO.

1. PECQUEUR (Léona), au Gabon. — Riz. **(ESPLANADE.)**

GUADELOUPE.

1. BONIN, à la Basse-Terre, habitation Bisdari. — Riz en épis et en parche.
(ESPLANADE.)

INDE FRANÇAISE.

1. Exposition permanente des Colonies, à Paris. — Modèles d'habitations.
(ESPLANADE.)

MAYOTTE ET COMORES.

1. Exposition permanente des Colonies, à Paris. — Modèles d'habitations.
(ESPLANADE.)

NOUVELLE-CALÉDONIE.

1. Exposition permanente des Colonies, à Paris. — Modèles d'habitations.
(ESPLANADE.)

PAYS DE PROTECTORAT.

ANNAM-TONKIN.

1. Exposition permanente des Colonies, à Paris. — Modèles d'habitations.
(ESPLANADE.)

TUNISIE.

1 BERTAINCHAUD, domaine de Bir-Kassa. — Agriculture et viticulture.
(ESPLANADE.)

2. BONTOUX, BROLEMANN & Cie, propriété de Mégrine. — Agriculture et viticulture.
(ESPLANADE.)

3. BOULAKIA (C.). — Agriculture et viticulture.   **(ESPLANADE.)**

4. Compagnie Bône Guelma. — Agriculture et viticulture.   **(ESPLANADE.)**

5. Compagnie Franco-Africaine. — Agriculture et viticulture.   **(ESPLANADE.)**

6. CRÉTE. — Agriculture et viticulture.   **(ESPLANADE.)**

7. DU PATY DE BLANC. — Agriculture et viticulture.   **(ESPLANADE.)**

8. DUVAU. — Agriculture et viticulture.   **(ESPLANADE.)**

9. FERRANDO (H.). — Agriculture et viticulture.   **(ESPLANADE.)**

10. GANDOLPHE. — Agriculture et viticulture.   **(ESPLANADE.)**

11. GUIGNARD. — Agriculture et viticulture.   **(ESPLANADE.)**

12. LUNEL. — Agriculture et viticulture.   **(ESPLANADE.)**

13. MARSOT. — Agriculture et viticulture.   **(ESPLANADE.)**

14. MARTRAY (du). — Agriculture et viticulture.   **(ESPLANADE.)**

15. MILLE LAURANS & Cie, Domaine de M'raissa. — Agriculture et viticulture.
(ESPLANADE.)

16. PILTER (Th.) et Fils. — Agriculture et viticulture.   **(ESPLANADE.)**

17. Sahel Tunisien (Compagnie du). — Agriculture et viticulture. **(ESPLANADE.)**

18. TERRAS. — Agriculture et viticulture.   **(ESPLANADE.)**

PAYS ÉTRANGERS.

RÉPUBLIQUE ARGENTINE.

1. **AGUILAR (R.) & Cie**, à Buenos-Ayres. — Farine, son, semoule, blé.
(PARC.)
2. **AGUIRRE (Benjamin)**, à Tunuyan (Mendoza). — Blé hollandais.   (PARC.)
3. **AYALA (Jean)**, Pampa Centrale. — Blé et tige d'orge.   (PARC.)
4. **ALVEAR (T. de)**, Pampa Centrale. — Maïs et blé.   (PARC.)
5. **ALVIÑA (Michel)**, à Perico-del-Earmen (Jujuy). — Blé.   (PARC.)
6. **ALONZO (A.)**, à Buenos-Ayres. — Collection de blés.   (PARC.)
7. **ANDREU & LABRO**, Buenos-Ayres. — Collections de céréales.   (PARC.)
8. **AQUINO (Marcelin)**, Colonie Jesus-Maria (Santa-Fé). — Blé.   (PARC.)
9. **ARMELA (A.)**, à Pacheco (Buenos-Ayres). — Blé.   (PARC.)
10. **BAGIGALUPO**, à Buenos-Ayres. — Farines, blé et blé de Canarie.   (PARC.)
11. **BALLESTEROS (W.)**, à Buenos-Ayres. — Blé.   (PARC.)
12. **BALLETTO, BIDART & Cie**, à Buenos-Ayres. — Produits agricoles. Blé.   (PARC.)
13. **BANCALARI (M.)**, à Buenos-Ayres. — Farine, son, blé.   (PARC.)
14. **BARAN DE GUI Frères**, à Gualeguay (E.-Rios). — Farine, blés. (PARC.)
15. **BARRIONUEVO (Grégoire)**, à Famatina (Rioja). — Blés.   (PARC.)
16. **BASAVILBASO (R.)**, à Buenos-Ayres. — Blé.   (PARC.)
17. **BATTILANA (E. E.)**, à Pacheco (Buenos-Ayres). — Blé.   (PARC.)
18. **BATTILANA (Henry-Édouard)**, à Buenos-Ayres. — Farine.   (PARC.)
19. **BERNAN (Philipp)**, à Médinas (Tucuman). — Riz.   (PARC.)
20. **BERNARD (Simon)**, Colonie Caseros (Entre-Rios). — Blé.   (PARC.)
21. **BENVENUTO & Cie**, à Buenos-Ayres. — Orge, blé.   (PARC.)
22. **BERRAZ & LABAT**, à Chivilcoy (Buenos-Ayres). — Blé.   (PARC.)
23. **BERTRAM (W.)**, à Chubut. — Blé.   (PARC.)
24. **BOLLETO (L.)**, à Azcuenaga (Buenos-Ayres). — Orge.   (PARC.)
25. **BORDOY (Jean)**, à Buenos-Ayres. — Blé.   (PARC.)
26. **BRUNT (.F-B.)**, à Chubut. — Orge, blé.   (PARC.)
27. **BURELA (S. M.)**, à Salta. — Différentes espèces de céréales.   (PARC.)
28. **CAMBACÉRÈS (A. C.)**, Pampa Centrale. — Tige de sorgho.   (PARC.)
29. **CALVO (N.)**, à Buenos-Ayres. — Blé.   (PARC.)

30. **CANO (Roberto),** à Chivilcoy (Buenos-Ayres). — Avoine.   (PARC.)

31. **CANTARUTTI Frères,** à San-Geromino (Santa-Fé). — Maïs.   (PARC.)

32. **CAPDEVILA (Alphonse),** Pampa Centrale. — Tige d'orge.   (PARC.)

33. **CASANOVA (Paul),** Colonie Caseros (Entre-Rios). — Blé.   (PARC.)

34. **CASANOVA (Antoine),** à Mendoza. — Maïs rouge, blé.   (PARC.)

35. **CASEY (Ed.),** à Vedia (Buenos-Ayres). — Orge.   (PARC.)

36. **CASTRO (Pierre),** à Tunuyan (Mendoza). — Orge.   (PARC.)

37. **CASTRO (Florencie),** à Tunuyan (Mendoza). — Blé.   (PARC.)

38. **CASTRO (S.),** à Mendoza. — Blé blanc.   (PARC.)

39. **CERENA (Michel),** à Santa-Fé. — Blé.   (PARC.)

40. **CERETTI (Angel),** à Mendoza. — Farine.   (PARC.)

41. **CERRO & GONZALEZ,** à Buenos-Ayres. — Maïs, blé.   (PARC.)

42. **Colonie Amistad,** à Santa-Fé. — Maïs.   (PARC.)

43. **Colonie Ataliva,** à Santa-Fé. — Blé.   (PARC.)

44. **Colonie Bella-Italia,** à Santa-Fé. — Blé.

45. **Colonie Caraccioli,** à Santa-Fé. — Blé.   (PARC.)

46. **Colonie Cavour,** à Santa-Fé. — Maïs.   (PARC.)

47. **Colonie Colastine,** à Santa-Fé. — Maïs.   (PARC.)

48. **Colonie Fidela,** à Santa-Fé. — Blé.   (PARC.)

49. **Colonie Franck,** à Santa-Fé.   (PARC.)

50. **Colonie Gessler,** à Santa-Fé. — Maïs.   (PARC.)

51. **Colonie Grutti,** à Santa-Fé. — Blé.   (PARC.)

52. **Colonie Helvetia,** à Santa-Fé. — Blé, maïs.   (PARC.)

53. **Colonie Josephina,** à Santa-Fé. — Blé.   (PARC.)

54. **Colonie La Temas,** à Santa-Fé. — Blé.   (PARC.)

55. **Colonie Lehmann,** à Santa-Fé. — Blé.   (PARC.)

56. **Colonie Nuevo-Torino,** à Santa-Fé. — Blé.   (PARC.)

57. **Colonie Ortiz,** à Santa-Fé. — Blé.   (PARC.)

58. **Colonie Pilar,** à Santa-Fé. — Blé.   (PARC.)

59. **Colonie Progreso,** à Santa-Fé. — Blé.   (PARC.)

60. **Colonie Rafaela,** à Santa-Fé. — Maïs.   (PARC.)

61. **Colonie Rafaela,** à Santa-Fé. — Blé.   (PARC.)

62. **Colonie Roca,** à Santa-Fé. — Blé.   (PARC.)

63. **Colonie San-Carlos,** à Santa-Fé. — Orge.   (PARC.)

64. **Colonie San-Geronimo,** à Santa-Fé. — Maïs.   (PARC.)

65. **Colonie Santa-Maria,** à Santa-Fé. — Maïs.   (PARC.)

66. **Colonie Santa-Teresa,** à Santa-Fé. — Orge, maïs, blé.   (PARC.)

67. Colonie Sastre, à Santa-Fé. — Blé.   **(PARC.)**

68. Colonie Susana, à Santa-Fé. — Maïs.   **(PARC.)**

69. Colonie Tortuga, à Santa-Fé. — Maïs.   **(PARC.)**

70. Colonie Tortugas, à Santa-Fé. — Blé.   **(PARC.)**

71. Colonie Villa, à Santa-Fé. — Blé.   **(PARC.)**

72. Colonie Wheelwright, à Santa-Fé. — Blé.   **(PARC.)**

73. Commission auxiliaire, à Catamarca. — Blés en tiges, maïs, orge, blé, amidon.   **(PARC.)**

74. Commission auxiliaire, à Chubut. — Blés, orge.   **(PARC.)**

75. Commission auxiliaire, à Formosa. — Amidon, maïs.   **(PARC.)**

76. Commission auxiliaire, à Jujuy. — Amidon de blé, amidon de manioc, quinua et blé.   **(PARC.)**

77. Commission auxiliaire, à Mendoza. — Collection de maïs.   **(PARC.)**

78. Commission auxiliaire, Misiones. — Maïs, riz.   **(PARC.)**

79. Commission auxiliaire, à Rosario (Santa-Fé). — Collection de maïs, blé, orge.   **(PARC.)**

80. Commission auxiliaire, à Salta. — Blé, maïs, froment, riz.   **(PARC.)**

81. Commission auxiliaire, à San-Juan. — Blés, maïs, orges.   **(PARC.)**

82. Commission auxiliaire, à San-Luis. — Amidon de blé, collection d'avoine, maïs.   **(PARC.)**

83. Commission auxiliaire, à Santiago-del-Estero. — Lazo (nœud coulant). **(PARC.)**

84. Commission auxiliaire, à Tucuman. — Avoine, maïs, blé.   **(PARC.)**

85. CORDERO (Félix O.), à Santiago-del-Estero. — Blé et maïs, farine de blé et de maïs.   **(PARC.)**

86. CORREA (Armado), à Belgrano (Mendoza). — Farines.   **(PARC.)**

87. CORUÉ, à Vedia (Buenos-Ayres). — Orge.   **(PARC.)**

88. COSSIO (A.), Colonie Caseros (Entre-Rios). — Blés.   **(PARC.)**

89. CRESPO (A.), à Cruz-del-Eje (Cordoba). — Blé.   **(PARC.)**

90. DELABALLE & Cie, à Mendoza. — Farines.   **(PARC.)**

91. DEMESTRI LOVATO & Cie, à Buenos-Ayres. — Pâtes diverses. **(PARC.)**

92. DEVOTO (Antoine), à Buenos-Ayres. — Pâtes.   **(PARC.)**

93. DIZESTI (J. M.), à Tandil (Buenos-Ayres). — Blé.   **(PARC.)**

94. DREZ Frères, Colonie Esperanza (Santa-Fé). — Blé.   **(PARC.)**

95. DREYFUS Frères & Cie, à Buenos-Ayres. — Blé.   **(PARC.)**

96. DREYSDALE (F.), à Bragado (Buenos-Ayres). — Seigle.   **(PARC.)**

97. DUGGAN Frères, à Buenos-Ayres. — Luzerne, herbes diverses. **(PARC.)**

98. ERRAMUSPA, à Buenos-Ayres. — Maïs, blé, orge.   **(PARC.)**

99. ESCHAPP (Émile), à San-Geronimo (Santa-Fé). — Maïs.   **(PARC.)**

100. Établissement Melocoton, à Tunuyan (Mendoza). — Blé.   **(PARC.)**

101. ETCHEPARRE, à Las Heras (Buenos-Ayres). — Blé.   **(PARC.)**

102. ETCHETO (P.), à Buenos-Ayres. — Blé.   (PARC.)

103. ETCHETO Frères (Pierre), à Buenos-Ayres. — Farine, semoule, son.
                                                                           (PARC.)

104. FAUREL Frères & Cie, à Buenos-Ayres. — Blé.   (PARC.)

105. FERNANDEZ (M.), à Buenos-Ayres. — Blé, orge.   (PARC.)

106. FITTE (J. D.), à Tandil (Buenos-Ayres). — Blé.   (PARC.)

107. FRANCO (Jean A.), à San-Pedro (Jujuy). — Riz.   (PARC.)

108. FRITTAN (Ed.), à Moreno (Buenos-Ayres). — Orge.   (PARC.)

109. GHIRALDO SAENZ & Cie, à Buenos-Ayres. — Blé.   (PARC.)

110. GIBBS (S.), à Mendoza. — Blé.   (PARC.)

111. GODOY (Maurice), à Mendoza. — Blé rouge.   (PARC.)

112. GONZALEZ (Meliton), à Guaimallen (Mendoza). — Farine.   (PARC.)

113. GORIA (Pierre), Colonie Jésus-Maria (Santa-Fé). — Blé.   (PARC.)

114. GRAPIOLO (Emile), à Buenos-Ayres. — Blé, orge, seigle, avoine, maïs.
                                                                           (PARC.)

115. HEREDIA (Cruz), à Anejos-Sud (Cordoba). — Maïs, blé.   (PARC.)

116. HOPPER (Jean), à Santa-Fé. — Orge, blé, maïs.   (PARC.)

117. IRUSTA (Calixte), à Maipu (Mendoza). — Maïs.   (PARC.)

118. JACQUET (Claude), Colonie Caseros (Entre-Rios). — Blé.   (PARC.)

119. JOLLY (A.), à Buenos-Ayres. — Maïs.   (PARC.)

120. LAFFEUILLADE (Adolphe), à Général-Acha (Pampa Centrale). —
Maïs blanc.   (PARC.)

121. LAPARTILLA, à Buenos-Ayres. — Blé.   (PARC.)

122. LAVOISIER, à Mendoza. — Orge.   (PARC.)

123. LEDESMA (Y. & F.), Colonie Colastiné (Santa-Fé). — Blé, maïs, orge.
                                                                           (PARC.)

124. LEFLAMEE, à San-Nicolas (Buenos-Ayres). — Maïs.   (PARC.)

125. LEMOS (Emiliano), à Las Heras (Mendoza). — Maïs rouge.   (PARC.)

126. LESCANO (Joseph), à Las Heras (Mendoza). — Maïs.   (PARC.)

127. LOPEZ, à Gorostiaga (Buenos-Ayres). — Blé.   (PARC.)

128. LOWÉ (Nicolas), à Buenos-Ayres (Mercedes). — Herbes diverses.   (PARC.)

129. MENDERNA (A.), à Santa-Fé. — Blé.   (PARC.)

130. MAGRI (Émile), Colonie Caseros (Entre-Rios). — Blé.   (PARC.)

131. MALCHI (Caferino), à Guaimallen (Mendoza). — Farines.   (PARC.)

132. MALDONADO (Antoine), à Rivadavia (Mendoza). — Blé, farine.
                                                                           (PARC.)

133. MALLMAN (Manuel), à Mendoza. — Collection de blé, maïs blanc.
                                                                           (PARC.)

134. MARCHETTI (Félix), à Buenos-Ayres. — Blé.   (PARC.)

135. MARCONE (A.), à Buenos-Ayres. — Blé, maïs, avoine.   (PARC.)

136. **MARTINEZ (Segundo)**, à Las Heras (Mendoza). — Orge. (PARC.)

137. **MAURY Frères**, à Uruguay (Entre-Rios). - Farine. (PARC.)

138. **MIGONI (François)**, à Guaimallen (Mendoza). — Farine. (PARC.)

139. **MIRANDA (Jean)**, à Quilmes (Buenos-Ayres). — Blé. (PARC.)

140. **MOLERES, MARCOARTU & Cie**, à Buenos-Ayres. — Collection de diverses espèces de blé, orge, avoine, maïs, millet. (PARC.)

141. **MOLINA (A.)**, à Manantial (Tucuman). — Riz. (PARC.)

142. **MOLINA (Martin)**, Pampa Centrale. — Blé. (PARC.)

143. **MONILLO**, à Lujan (Buenos-Ayres). — Orge. (PARC.)

144. **MORANDI**, à Varela (Buenos-Ayres. — Blé. (PARC.)

145. **Moulin Merlo**, à Junin (San-Luis. — Farine de blé. (PARC.)

146. **Moulin Saint-Paul**, à Chacabuco (San-Luis). — Farine de blé. (PARC.)

147. **MOYANO (Leandro)**, à Las-Heras (Mendoza). — Maïs jaune. (PARC.)

148. **NOGUES (Alexandre)**, à Mercèdes (Buenos-Ayres). — Farine de semoule. (PARC.)

149. **NOUGUÈS Frères**, à San-Pablo (Tucuman). — Riz. (PARC.)

150. **NOVOA (L.)**, à Buenos-Ayres. — Blé. (PARC.)

151. **OCAMPO (R.)**, à Famatina (Rioja). — Maïs. (PARC.)

152. **OJÉA (Antoine)**, à Zapiola (Buenos-Ayres. — Blé. (PARC.)

153. **ONETO (Michel)**, à Buenos-Ayres. — Blé. (PARC.)

154. **ORCOYEN (P.)**, à Buenos-Ayres. — Blé. (PARC.)

155. **OROÑO (N.)**, Colonie Joaquina (Santa-Fé). — Blé. (PARC.)

156. **ORTIZ**, à Zarate (Buenos-Ayres. — Blé. (PARC.)

157. **ORCOYEN (C.)**, Carlos-Keen (Buenos-Ayres). — Maïs. (PARC.)

158. **OYLVENART (Pierre)**, à Général-Acha (Pampa Centrale).— Maïs blanc. (PARC.)

159. **PAEZ (J. E.)**, à Minas (Cordoba). — Blés. (PARC.)

160. **PALACIO (Ignace)**, Pampa Centrale. — Truite du Rio Colorado. (PARC.)

161. **PALACIOS (Benjamin)**, à Las Heras (Mendoza). — Blé blanc. (PARC.)

162. **PAOLI (Cirile)**, Pampa Centrale. — Maïs blanc. (PARC.)

163. **PEGASANO**, P. de Buenos-Ayres. — Collection d'orges et de blés de Canarie. (PARC.)

164. **PEIRANO (Santiago)**, à Rosario (Santa-Fé). — Pâte d'Italie. (PARC.)

165. **FENANO (Maurice)**, à San-Pedro (Jujuy). — Riz. (PARC.)

166. **PERAZZO (D.)**, à Buenos-Ayres. — Collections de blé et maïs. (PARC.)

167. **PETITH (D.)**, à Carcaraña, (Santa-Fé). — Blé et maïs. (PARC.)

168. **PEYRANTE (Paul)**, à Mendoza. — Orge. (PARC.)

169. **PIAGGIO (E,)**, à Buenos-Ayres. — Blé. (PARC.)

170. **PINTO (Louise E. de)**, à Chamical (Jujuy). — Échantillons de maïs. (PARC.)

171. **PORTHI (E.),** à Buenos-Ayres. — Maïs.   (PARC.)

172. **Quinta Agronomica,** à Mendoza. — Riz, seigle et orge.   (PARC.)

173. **RAFFO (E.),** à Buenos-Ayres. — Maïs.   (PARC.)

174. **RAYO (Isaac),** Perico de San-Antonio (Jujuy). — Maïs et blé.   (PARC.)

175. **RICHARD (Louis),** Colonie Caseros (Entre-Rios). — Blé et orge.
                                                                      (PARC.)

176. **RIGHE (Jean),** Colonie Caseros (Entre-Rios). — Blé.   (PARC.)

177. **RIVERA (Manuel),** à Junin (Mendoza). — Maïs blanc et jaune.   (PARC.)

178. **RIVERO (L.),** à Rio-Cuarto (Cordoba). — Blé.   (PARC.)

179. **RIVIÈRE (J. M.),** à Azul (Buenos-Ayres). — Farines.   (PARC.)

180. **ROCA (A.),** Pampa Centrale. — Tige de blé.   (PARC.)

181. **ROCA (Ferdinand),** à Général-Acha (Pampa Centrale). — Lazo (nœud coulant).   (PARC.)

182. **RODRIGUEZ (C.),** à Buenos-Ayres. — Collections de blés, maïs et avoine.
                                                                      (PARC.)

183. **ROLDAN & FERNANDEZ,** à Santa-Fé. — Blé.   (PARC.)

184. **ROMERO (Jean),** à Victorica (Pampa Centrale). — Tige de blé.   (PARC.)

185. **ROMERO (Valentin),** à Victorica (Pampa Centrale). — Tige de blé, maïs
blanc.   (PARC.)

186. **RUBER (Joseph),** à San-Lorenzo (Santa-Fé). — Maïs.   (PARC.)

187. **SAENZ (Émile) & Cie,** à Buenos-Ayres. — Orge, maïs, blé. (PARC.)

188. **SALCEDO Frères,** à Jamatina (Rioja). — Blés, maïs.   (PARC.)

189. **SAN JUAN (Gabriel),** Colonie Vila (Santa-Fé). — Maïs.   (PARC.)

190. **SAN JUAN (Raphael),** Colonie Rafaela (Santa-Fé). — Orge. (PARC.)

191. **SCARIONI (Pierre),** Colonie Caseros (Entre-Rios). — Blé. (PARC.)

192. **SANTIVAÑEZ (P.),** à San-Carlos (Mendoza). — Blés.   (PARC.)

193. **SOBRADO (B.),** à Roque-Perez (Buenos-Ayres). — Maïs.   (PARC.)

194. **SOMMARIVA (J.),** à Buenos-Ayres. — Collections de maïs, blé.   (PARC.)

195. **SOMOZA (Jean),** à J. Guerrico (Buenos-Ayres). — Blé.   (PARC.)

196. **SOTERAS (Jean),** à Chilecito (Rioja). — Blés, maïs.   (PARC.)

197. **SOTO (H.),** à San-Javier (Cordoba). — Farine de blé, amidon.   (PARC.)

198. **TAQUELA (Antoine),** à Diamante (Entre-Rios). — Blé, maïs et farine.
                                                                      (PARC.)

199. **TAUREL Frères & Cie,** à Chivilcoy (Buenos-Ayres). — Blé. (PARC.)

200. **TERATO (François),** Colonia-Gessler (Santa-Fé). — Blé.   (PARC.)

201. **TENAZOS, PINTO, ALVIÑA & Cie,** à Jujuy. — Farine de blé.
                                                                      (PARC.)

202. **TEWES (A.),** à Hinojo (Buenos-Ayres). — Avoine.   (PARC.)

203. **TORRIONI (Alphonse),** à San-Lorenzo (Santa-Fé). — Blé.   (PARC.)

204. **UNZUÉ (J.) & Fils,** à Buenos-Ayres. — Collections de maïs, orges, blés
et avoine.   (PARC.)

205. **VAQUIÉ (Augustin),** à Maipu (Mendoza). — Maïs blanc. (PARC.)

206. **VEGA (Albin de la),** à Famatina (Rioja). — Maïs, orge. (PARC.)

207. **VERDE (A.),** à Calamuchita (Cordoba). — Maïs. (PARC.)

208. **VIDAL (Charles),** Pampa Centrale. — Tige d'avoine et d'orge. (PARC.)

209. **VILLACIAN (Santiago),** 9 de Julio (Mendoza). — Blés. (PARC.)

210. **WAGNER (Dr),** à Esperanza (Santa-Fé). — Orge. (PARC.)

211. **WENTI (Adolphe),** à S. Geronimo (Santa-Fé). — Orge. (PARC.)

212. **VON WIEL (J.),** à Colonie-Helvecia. — Orge, maïs. (PARC.)

213. **ZAMBRANO (A.),** à Victorica (Pampa Centrale). — Tige de blé. (PARC.)

214. **ZIETYOMANN (F.),** à Cordoba. — Avoine. (PARC.)

215. **ZIMMERMANN & CHIHIGAREN,** à Buenos-Ayres. — Collections de blés, farines. (PARC.)

216. **ZOPPI (F.),** à Buenos-Ayres. — Collections de maïs, blés, avoines. (PARC.)

217. **ZOTELO (Desiderio),** à Tunuyan (Mendoza). — Maïs. (PARC.)

AUTRICHE-HONGRIE.

1. **KAUSER (Joseph),** à Budapest, Zoeldfa utca, 21. — Maison rurale hongroise (cabaret dit « Csarda »). (QUAI.)

BELGIQUE.

1. **DE BRUYNE-SPEELERS (E.),** à Waesmunster, rue de l'Église, 28. — Étreindelles diverses pour huileries. (QUAI.)

2. **DE BRUYNE-VAN PUYVELDE (A.),** à Deynze. — Étreindelles diverses pour huileries. (QUAI.)

3. **GILLAIN (Paul),** à Anvers, rue Veke, 9. — Machines, appareils et instruments pour l'industrie laitière. (QUAI.)

4. **HERWEG (Jean),** à Arlon, rue de la Porte Neuve. — Écrémeuse perfectionnée. (QUAI.)

5. **JACQUEMIN (Émile),** à Nivelles, boulevard des Archers, 28. — Clôtures métalliques. (QUAI.)

6. **LECOMTE (P.-J.),** à Pont-à-Celles. — Charrue à double versoir. (QUAI.)

7. **NIKELMANN Frères,** à Salm-Château. — Machines agricoles. Appareils pour laiteries. (QUAI.)

8. **TIXHON (Joseph),** à Fléron. — Machines agricoles. (QUAI.)

9. **TIXHON-SMAL (Pierre),** à Herstal. — Moulins agricoles. (QUAI.)

10. **VAN HECKE (Gustave),** à Gand, quai du Petit-Dock, 7. — Pompes ; appareils pour laiteries. (QUAI.)

BRÉSIL.

(Voir son Catalogue spécial.)

ESPAGNE.

1. COMAS (Pedro), à Premia-de-Salto (Barcelone). — Machines agricoles. **(QUAI.)**

2. GOMEZ (Luis), à Antaloa. — Échantillons de blé. **(QUAI.)**

ÉTATS-UNIS.

1. SALMON (D. E.), bureau of Animal Industry, à Washington. D. C. — Modèles de laiterie, de silo, de wagons pour le transport de la viande de bœuf et pour le bétail, etc. **(QUAI.)**

2. STOWE (Leroy S.), à Bethel, Maine. — Stalles d'écurie démontables composées de barres de bois et de métal. **(QUAI.)**

GRANDE-BRETAGNE.

1. BIGEX. E. SRINURGUR, à Cashmere et à Londres, E., New street, Bishopsgate street, 15. — Diverses industries de l'Empire Indien. **(QUAI.)**

2. BOBY (Robert), à Bury, Saint-Edmunds.— Machines pour préparer et tamiser le blé et l'orge. **(QUAI.)**

3. BURRELL (Chas) & Sons (Limited), à Thetford, Norfolk. -- Machines locomobiles, batteuses et autres machines agricoles. **(QUAI.)**

4. CARSON & TOONE, à Warminster, Wiltshire.— Machine agricole à vapeur, pressoirs à fromage et matériel de laiterie. **(QUAI.)**

5. CARTER (James) & Co., à Londres, High Holborn, 237. — Spécimens et description d'un système pour l'amélioration des blés par le croisement des espèces. **(QUAI.)**

6. CARTER JAMES HARRISON, à Londres, Mark Lane, 82 et à Paris, rue du Louvre, 3. — Machines agricoles. **(QUAI.)**

7. COCKSEDGE & Co., à Ipswich. — Machines agricoles. **(E. C.) (QUAI.)**

8. CROWLEY (John) & Co., à Sheffield. — Machines agricoles, machines à faucher le gazon. **(QUAI.)**

9. Government of India, Forest Department, représenté par **Ogilvy Gillander & Co.**, à Londres. — Parqueterie, panneaux, portes et meubles en bois de Padouk. **(PARC.)**

10. HARRIS (A.) Son & Co., à Branfort (Canada). -- Machines agricoles. **(QUAI.)**

11. HARRISON MAC GREGOR & Co., à Leigh, Lancashire, et à Paris, rue de Reuilly, 112. — Machines à moissonner, à faucher, à affûter, etc. **(QUAI.)**

12. LISTER (R. A.) & Co., à Dursley, Gloucester. — Machines agricoles. **(E. C.) (QUAI.)**

13. London & Provincial Dairy Co., à Londres, Head offices Halkin street West Belgrave square. — Fromagerie et laiterie. **(ESPLANADE.)**

14. Massey Manufacturing Co., à Toronto, Canada, et à Londres, Queen Victoria street, 171. — Machines à moissonner, à faucher, à mettre en bottes, etc. **(QUAI.)**

15. MUSGRAVE & Co. (Limited), à Paris, rue de Rivoli, 240, et à Londres, New Bond street, 97. — Modèles d'écuries avec accessoires. **(QUAI.)**

16. PIERCE (Philip) & Co,, à Wexford (Irlande), à Paris, rue de Vaugirard, 118. — Moissonneuses et faucheuses, râteaux. **(QUAI.)**

17. PILTER (Th), à Paris, rue Alibert, 24. — Machines agricoles. **(QUAI.)**

18. PILTER (Exposition collective de), à Paris, rue Alibert. — Machines agricoles. **(QUAI.)**

COCKSEDGE & C°.   LISTER (R. A.) & C°.   THOMAS W. SMITH.

19. ROBINSON (Thomas) & Son (Limited), à Rochdale, Railway works. — Mécanique pour nettoyer le blé et machine à vapeur et chaudière. **(QUAI.)**

20. SAMUELSON & Co. (Limited), à Banbury, Oxfordshire. — Moissonneuses, faucheuses, broyeurs, presse à foin, etc. **(QUAI.)**

21. SMYTH (James) & Sons, à Peasenhall et à Paris, rue d'Allemagne, 65. — Semoirs à toutes graines, en lignes et à la volée, semoirs à graines et à betteraves, avec engrais, distributeur d'engrais. **(QUAI.)**

22. STRAWSON (G. F.), à Newbury, Berkshire. — Machine pneumatique pour distribuer. **(QUAI.)**

23. THOMAS W. SMITH, à Newcastle-on-Tyne. — Machines agricoles. **(E. C.) (QUAI.)**

24. WOODS & Co., à Stowmarket, Suffolk. — « Ormonde » Moulin à blé, moulins et broyeurs, etc. **(QUAI.)**

GUATEMALA.

1. ARRIAGA (Docteur Lazo), à Guatemala. — Riz, maïs. **(PARC.)**

2. AJAN (Manuel), à Chimaltenango. — Ramie en fibres. **(PARC.)**

3. BEULER (O.) & Cie, à Pastores. — Blés et farines. **(PARC.)**

4. BIANCHI (Emilio), à Sacatepequez. — Blé, seigle, avoine et lin. **(PARC.)**

5. BLACH (E.), à Sacatepequez. — Haricots blancs et noirs. **(PARC.)**

6. CRUZ (Manuel), à Jutiapa. — Blés. **(PARC.)**

7. DURAN (Antonio Diaz), à Antigua. — Avoine en épi. **(PARC.)**

8. FRANCISCO MARTIN (José de), à Guatemala. — Céréales. **(PARC.)**

9. GONZALES (Dionisio), à Jalapa. — Laine en balles. **(PARC.)**

10. GONZALES (Manuel), à Jalapa. — Blé. **(PARC.)**

11. GRAMATGES (M. A.), à Huehuetenango. — Produits agricoles. **(PARC.)**

12. LOPES (Norberto), à Jalapa. — Blé. **(PARC.)**

13. Moulin de Saint Pierre, à San-Marcos. — Collection complète de céréales. **(PARC.)**

14. MOUZON (Gabriel E.), à Mazatenango. — Légumes farineux. **(PARC.)**

15. Municipalité de Chiquimulilla, Département de Santa Rosa. — Maïs, riz. **(PARC.)**

16. Municipalité de Ciudad Viéja, Département de Guatemala. — Maïs. **(PARC.)**

17. Municipalité de Coxal, à Quiché. — Blé. **(PARC.)**

18. Municipalité de Jocotenango, Département de Sacatepequez. — Orge. **(PARC.)**

19. Municipalité de Lemoa, Département de Quiché. — Blé, maïs. **(PARC.)**

20. Municipalité de San-Antonio-La Paz, Département de Guatemala. — Céréales. **(PARC.)**

21. Municipalité de San-Bartolomé-Milpas-Altas, à Sacatepequez. —
Blés.   **(PARC.)**

22. Municipalité de San-Felipe, Département de Retalhuleu. — Maïs.
                                                                          (PARC.)

23. Municipalité de San-José-Poaquil, Département de Chimaltenango. —
Maïs.   **(PARC.)**

24. Municipalité de San-Juan-Bautista, Département de Solola. — Riz,
maïs.   **(PARC.)**

25. Municipalité de San-Pedro-las-Huertas, Département de Guatemala.
— Canne à sucre.   **(PARC.)**

26. Municipalité de San-Pedro-de-Sacatepequez, Département de San
Marcos. — Céréales.   **(PARC.)**

27. Municipalité de Santa-Ynès-de-Petapa, Département d'Amatitlan.
Apiculture. Maïs.   **(PARC.)**

28. Municipalité de Tecpam-Guatemala, Département de Chimaltenango.
— Blé, maïs.   **(PARC.)**

29. Municipalité de Zapotitan, Département de Jutiapa. — Maïs, riz. **(PARC.)**

30. MUÑOS (Agustin), à Jutiapa. — Oignons.   **(PARC.)**

31. MURGA (Ramon), à Amatitlan. — Haricots noirs.   **(PARC.)**

32. NUYENS (Carlos), à Solola. — Céréales.   **(PARC.)**

33. ORDOÑEZ (Tomas), à Tecpam. — Haricots divers.   **(PARC.)**

34. ORTEGA (Docteur **J. J.**), à Guatemala. — Blés.   **(PARC.)**

35. PEREZ (Crisanto), à Huéhuetenango. — Cucurbitacées.   **(PARC.)**

36. PIMULA (Pedro), à Jalapa. — Haricots divers.   **(PARC.)**

37. Préfet de Alta-Verapaz, à Coban. — Riz.   **(PARC.)**

38. Préfet de Chiquimula, à Chiquimula. — Riz.   **(PARC.)**

39. Préfet de Jalapa, à Jalapa. — Blé.   **(PARC.)**

40. Préfet de Jutiapa, à Jutiapa. — Blé.   **(PARC.)**

41. Préfet de Quezaltenango, à Quezaltenango. — Blé, riz.   **(PARC.)**

42. Préfet de Sacatepequez, à Antigua. — Orge.   **(PARC.)**

43. Préfet de San-Marcos, à San-Marcos. — Blé.   **(PARC.)**

44. Préfet de Totonicapan, à Tonicapan. — Blé.   **(PARC.)**

45. RODRIGUEZ (David), à Chimaltenango. — Avoine en épis.   **(PARC.)**

46. RODRIGUEZ (J.), à Jutiapa. — Haricots noirs et blancs.   **(PARC.)**

47. RUIZ (Manuel), à Intrapa. — Haricots noirs et blancs.   **(PARC.)**

48. SAN-MIGUEL-ACOTAN, à Huéhuetenango. — Blé.   **(PARC.)**

49. SANTOS (Juan), à Guatemala. — Haricots divers.   **(PARC.)**

50. SOLIS (Miguel), à Antigua. — Avoine.   **(PARC.)**

51. THOREL (Señora), à Sacatepequez. — Haricots blancs et noirs.   **(PARC.)**

52. VALDÈS (Pedro), à Jalapa. — Blés.   **(PARC.)**

53. YELA (Joaquin), à Guatemala. — Blés.   **(PARC.)**

HAWAI.

1. Gouvernement Hawaïen, à Hawaï. — Échantillons de riz et de paddy
Cannes à sucres.   **(PARC.)**

ITALIE.

1. MIMBELLI (Luca G.), à Livourne. — Céréales de la ferme de Vergaiolo.
(QUAI.)

2. ZOLLI (Antoine), à Milan. — Appareil pour nettoyer les blés.   **(QUAI.)**

GRAND-DUCHÉ DE LUXEMBOURG.

1. DUCHSCHER (André), à Wecker. — Instruments et machines diverses servant à l'agriculture.   **(QUAI.)**

PARAGUAY.

1. Gouvernement de la République du Paraguay, à Assomption. —
Maïs rouge, maïs jaune, maïs blanc. Riz d'Ipoué. Riz décortiqué d'Ipoué. Mandioca.
(PARC.)

PORTUGAL.

1. MARGIOCHI (Francisco Simoes), à Monte-das-Flores (district d'Évora)
— Types d'écuries, étables, bergeries et parcs à moutons.   **(QUAI.)**

COLONIES PORTUGAISES.

1. Association industrielle portugaise, à Lisbonne. — Maïs jaune (Ile
Brava, Cap-Vert).   **(QUAI.)**

2. Banque coloniale portugaise, à Lourenço-Marques. — Riz.   **(QUAI.)**

3. CARVALHO (R. de), à l'Ile de Santiago. — Maïs.   **(QUAI.)**

4. MENDONÇA (J. J. C. de), à l'Ile de Santiago (Cap-Vert). — Maïs jaune.
(QUAI.)

5. Musée des Colonies, à Lisbonne. — Collection de céréales des provinces de
Cap-Vert, Saint-Thomas et Prince, Guinée portugaise, Angola, Mozambique, Macao
et Timor, et Inde portugaise.   **(QUAI.)**

6. NOGUEIRA (C. S.), à l'Ile de Santiago (Cap-Vert). — Maïs.   **(QUAI.)**

7. ROCHA (J. F. P. da), à l'Ile de Santiago (Cap-Vert). — Maïs jaune. **(QUAI.)**

8. ROSA (F. de P.), à l'Ile de Santiago (Cap-Vert). — Maïs jaune. **(QUAI.)**

9. SERRA (J. C.), à l'Ile de Santiago (Cap-Vert).— Épi de maïs jaune. **(QUAI.)**

ROUMANIE.

1. BUSILA (Dumitru), à Berlad. — Maïs.   **(QUAI.)**

2. CALOIU (Anastase D.), à Berlad. — Blé.   **(QUAI.)**

3. **CHILARGIU (Vasil)**, à Intorsura Balta. Dolju. — Maïs de 1888. Blé de
1888.   (QUAI.)

4. **CRISTEA (Lazar)**, à Bogesti (Berlad). — Avoine.   (QUAI.)

5. **DOBROVICI (Constantin)**, à Berlad. — Maïs.   (QUAI.)

6. **DUMITRESCO (Ion)**, à Ramnicu-Vàlcea. — Maïs.   (QUAI.)

7. **FOCA (D.)**, à Iassy. — Blé et maïs.   (QUAI.)

8. **GOILAV (Ariton)**, à Helesteeni (Roman). — Blé et maïs. (QUAI.)

9. **GRADISTEANU (Costache)**, à Bucharest, strada Romàna. 1. — Maïs.
                                                            (QUAI.)

10. **HARAGA (Costache)**, à Berlad. — Maïs.   (QUAI.)

11. **HARISIADI (N.)**, à Bogdana (Berlad). — Maïs.   (QUAI.)

12. **HARISIADI (Vicau)**, à Bogdane (Berlad). — Maïs.   (QUAI.)

13. **IORDACHI-FURGEA**, à Negrilesti (Berlad). — Blé d'automne. (QUAI.)

14. **NEGREA (Ion)**, à Oresti (District de Vaslui).— Maïs, orge, maïs cinquantaine.
                                                            (QUAI.)

15. **NEGROPONTES (Ulysse J.)**, à Braïla. — Maïs.   (QUAI.)

16. **POPESCO (Joan)**, à Berlad. — Céréales.   (QUAI.)

17. **STALPEANU (Ianco St)**, à Piscani (Muscel). — Blé, orge, maïs.
                                                            (QUAI.)

18. **VARLAM** (Dʳ), à Vaslui. — Céréales.   (QUAI.)

19. **VIDRASCU (Mihain)**, à Berlad. — Seigle.   (QUAI.)

RUSSIE.

GRAND-DUCHÉ DE FINLANDE.

1. **HAMMARÉN (G. W.)**, à Salo. — Froment, seigle, orge, avoine et autres
céréales. Semence de graminées.   (PARC.)

2. **KYROENKOSKI**, à Imatra. — Produits de l'agriculture.   (PARC.)

SALVADOR.

1. **Département de Santa-Ana**. — Maïs blanc en grains, orge perlé. (PARC.)

2. **Département de San-Vicente**. — Farine de yucca.   (PARC.)

3. **MARTIN (José-Maria)**, à Santa-Ana. — Blés.   (PARC.)

SERBIE.

1. **ALEKSITCH (Milentiye)**, à Kourchoumlia (dépᵗ de Toplitza). — Seigle,
avoine, orge d'hiver.   (PALAIS.)

2. **ALEXANDRITCH (Milovan)**, à Vintscha (arrᵗ de Yassenitza, dépᵗ de
Kragouyevatz). — Blé d'hiver.   (PALAIS.)

3. ANDREYEVITCH (Traylo), à Tchechlieva (dép^t de Pojarevatz).— Orges.
(QUAI.)

4. ANDRITCH (Axentié), à Kourchoumlia (dép^t de Toplitza). — Sarrasin.
(PALAIS.)

5. ANGELKOVITCH (Simon), à Vlassina (dép^t de Vragna). — Avoine.
(PALAIS.)

6. ANITCH (Raya), à Vladimirza (dép^t de Schabatz). — Maïs en épis.
(PALAIS.)

7. ANTITCH (Jovantscha), à Souhodol (dép^t de Pirot). — Blé d'hiver.
(PALAIS.)

8. ANTITCH (Sima), à Tobissavatz (arr^t de Ratscha, dép^t de Podrigné). — Blé d'hiver.
(PALAIS.)

9. ANTONOVITCH (Jivan), à Routzka (dép^t de Schabatz). — Maïs en épis.
(PALAIS.)

10. ANTSCHELCOVITCH (Janitschié), à Dragouscha (arr^t de Procouplié, dép^t de Toplitza). — Blé blanc de printemps.
(PALAIS.)

11. ARANTSCHELOVITCH (Jovan), à Maltscha (arr^t et dép^t de Nisch).— Blé d'été. Blé d'hiver.
(PALAIS.)

12. ARANTSCHELOVITCH (Tassa), à Lescovatz (dép^t de Nisch). — Blé blanc de printemps, blé d'hiver.
(PALAIS.)

13. ARCHIMANDRITE (le R. P. Cyrille), au couvent de Mandiya (dép^t de Tchoupria). — Maïs en grains et en épis, avoine.
(PALAIS.)

14. ARSENYEVITCH (Vasa), à Tchitchevatz (dép^t d'Alexinatz). — Maïs en épis.
(PALAIS.)

15. ATHANASKOVITCH (Milé), à Gitoradjé (dép^t de Toplitza). — Orge printanière.
(PALAIS.)

16. ATHANAZKOVITCH (Milovan), à Kroupagne (dép^t de Podrigné). — Maïs en épis.
(PALAIS.)

17. AVAMOVITCH Frères, à Vragna. — Blé d'hiver.
(PALAIS.)

18. BABITCH (Millissave), à Plotcha (dép^t de Krouschevatz). — Avoine.
(PALAIS.)

19. BABITCH (Ourosch), à Badouschevatz (arr^t de Lepenitza, dép^t de Kragouyevatz). — Blé d'hiver.
(PALAIS.)

20. BALZAZANOVITCH (Dantcha), à Négotine. — Maïs en épis. (PALAIS.)

21. BAYLONI (Ignat) & Fils, à Belgrade — Blés.
(QUAI.)

22. BEOTCHANINE (Yevrem), à Stagnévo (dép^t de Krouschevatz). — Orge d'hiver, orge de printemps.
(PALAIS.)

23. BERITCH (Jacob), à Bogatitch (dép^t de Schabatz). — Maïs en épis, blé blanc de printemps.
(PALAIS.)

24. BERITCH (Lazar), à Bogatitch (dép^t de Schabatz). — Millet, maïs en épis, blé d'hiver.
(PALAIS.)

25. BIVALIANOVITCH, à Doubotchina (dép^t de Krayna). — Maïs en grains.
(PALAIS.)

26. BLAGOYEVITCH (Georges), à G. Moschtanitza (arr^t de Possova, dép^t de Belgrade). — Blé d'hiver, avoine.
(PALAIS.)

27. BLAGOYEVITCH (Marinko), à Moschtanitza (dép^t de Belgrade).— Maïs en épis.
(PALAIS.)

28. BLAGOYEVITCH (Toma) & Cie, à Goloubatz (dép¹ de Pojarevatz). —
Blé d'hiver, maïs en épis, orge printanière.   (**PALAIS.**)

29. BOJINOVITCH (Nikola), à Novi-Han (dép¹ de Kgnajevatz). — Avoine.
(**PALAIS.**)

30. BOJITCH (Jivan), à Dragoyevatz (dép¹ de Schabatz). — Maïs en épis.
(**PALAIS**)

31. BOUKITCH (Miloutine), à Bagna (dép¹ de Kragouyévatz). — Orge d'hiver.
(**PALAIS.**)

32. BOUKOGNA (Nedelko), à Vrba (dép¹ de Tchatchak). — Maïs en grains,
orge.   (**PALAIS.**)

33. BOYOVITCH (Maxime), à Ivagnitza (dép¹ d'Oujitze). — Maïs en épis.
(**PALAIS.**)

34. BRANCOVITCH (Georges), à Lalinzi (dép¹ de Kgnajevatz). — Blé blanc
de printemps.   (**PALAIS.**)

35. BROTCHITCH (Damian), à Gontscha (dép¹ de Tchatchak). — Orge printanière.   (**PALAIS.**)

36. CHRISTITCH (Le P. Jean), à Nisch. — Maïs en épis.   (**PALAIS.**)

37. CONSTANTINOVITCH (Milan), à Radaljé (arr¹ de Ratscha, dép¹ de
Podrigné). — Blé d'hiver.   (**PALAIS.**)

38. Couvent (Le), à Saint-Roman (dép¹ d'Alexinatz). — Maïs en grains et en épis
(**PALAIS.**)

39. Couvent (Le), à Tronocha (dép¹ de Podrigné). — Maïs en épis, avoine.
(**PALAIS.**)

40. DABITCH (Vikoslave), à Potak (dép¹ d'Oujitze). — Sarrasin.   (**PALAIS.**)

41. DAMIANOVITCH (Jan), à Routzka (arr¹ de Possava, dép¹ de Vragna). —
Blé d'hiver.   (**PALAIS.**)

42. DJOKITCH (Vasa), à Paratchine. — Maïs en grains et en épis.   (**PALAIS.**)

43. DJOURITCH (Costantin), à Zaovina (dép¹ d'Oujitze). — Maïs en grains et
en épis.   (**PALAIS.**)

44. DJOURITCH (Kosta), à Zaovina (dép¹ d'Oujitze). — Sarrasin, orge printanière.   (**PALAIS.**)

45. DJOURITCH (Milosch), à Zablanitch (dép¹ de Tchatchak). — Sarrasin.
(**PALAIS.**)

46. DJOURITCH (Stevan), à Négotine. — Maïs en épis.   (**PALAIS.**)

47. DJOUSSITCH (Petar M.), à Mrdjelata (dép¹ de Kgnajévatz). — Avoine,
épeautre, maïs en grains.   (**PALAIS.**)

48. DOUGNITCH (Nikifor), à Rokavatz (dép¹ de Krouschevatz). — Sarrasin.
(**PALAIS.**)

49. DOUKITCH (Miloutine), à Banya (dép¹ de Kragouyevatz). — Maïs en
grains et en épis.   (**PALAIS.**)

50. DRACHKOZIYE (Julien), à Svilayenatz. — Seigle.   (**PALAIS.**)

51. DRACHTANOVITCH (Zveya), à Miokos (dép¹ de Schabatz). — Maïs en
grains.   (**PALAIS.**)

52. École d'Agriculture, à Kraliévo. — Blé, seigle, orge, avoine, maïs, chanvre,
lin, colza, houblon. Photographies, plans et ouvrages d'agriculture.   (**PALAIS.**)

53. Établissement d'agriculture, à Toptchider, près de Belgrade. — Seigle
de labour. Seigle de Zborova, maïs en grains et en épis, blé d'hiver. Millet.   (**PALAIS.**)

54. Établissement d'État, à Dobritchevo (dépᵗ de Tchoupria). — Maïs en grains et en épis.   (**PALAIS.**)

55. Ferme Royale (Directeur de la), à Toptschider (dépᵗ de Belgrade). — Orge d'hiver, avoine.   (**PALAIS.**)

56. FIKITCH (Georges H.), à Nisch. — Orge printanière.   (**PALAIS.**)

57. FODOROVITCH (Nicola J.), à Vodize (dépᵗ de Sméderevo). — Blé de printemps.   (**PALAIS.**)

58. FRITCHKOVITCH (Ianko), à Sourdoulika (arrᵗ de Massouritza, dépᵗ de Vragna). — Blé d'hiver.   (**PALAIS.**)

59. GABALJAZ (Gjouka), à Schabatz. — Blé d'hiver.   (**PALAIS.**)

60. GAGUITCH (Pena), à Vragna. — Blé d'hiver.   (**PALAIS.**)

61. GAITCH (Tanasko), à Bojourgna (arrᵗ de Yassenitza, dépᵗ de Kragouyevatz). — Blé d'hiver.   (**PALAIS.**)

62. GAVRILOVITCH (Ostoya), à Otagne (dépᵗ d'Oujitze). — Maïs en épis, avoine, épeautre, orge printanière.   (**PALAIS.**)

63. GAVRILOVITCH (Radovan), à Mala-Vragnsca (arrᵗ de Tamnava, dépᵗ de Schabatz). — Blé d'hiver, maïs en grains.   (**PALAIS.**)

64. GAVRILOVITCH (Savko), à Kalagnevatz (dépᵗ de Roudnik). — Maïs en épis.   (**PALAIS.**)

65. GAYTCH (Siméon), à Vrba (dépᵗ de Tchatchak). — Blé, sarrasin.   (**QUAI.**)

66. GEIGOREYEVITCH (Jovan), à Brestovatz (dépᵗ de Zrna-Reka). — Blé blanc de printemps.   (**PALAIS.**)

67. GEORGEVITCH (Kosta), à Drven (arrᵗ et dépᵗ de Kgnajevatz). — Blé d'hiver.   (**PALAIS.**)

68. GEORGEVITCH (Mita), à Préobrajegné (arrᵗ de Pschigna, dépᵗ de Vragna). — Blé d'hiver.   (**PALAIS.**)

69. GEORGEVITCH (Stavia S.), à Nisch. — Seigle, blé d'hiver.   (**PALAIS.**)

70. GEORGEVITCH (Zvetko), à Trgnane (dépᵗ de Pirot). — Maïs en épis.   (**PALAIS.**)

71. GIKITCH (Mtaden), à Schabatz. — Blé d'hiver.   (**PALAIS.**)

72. GILOVITCH (Vladislav), à Lipovatz (dépᵗ de Roudnik). — Blé d'hiver.   (**PALAIS.**)

73. GIOKITCH (Milosch), à Lipovatz (dépᵗ de Krouschevatz). — Blé blanc de printemps.   (**PALAIS.**)

74. GIVANOVITCH (Loubinco), à Telenak (arrᵗ de Tamnava, dépᵗ de Schabatz). — Blé d'hiver.   (**PALAIS.**)

75. GIVEOVITCH (Kosta), à Vischgnitza (arrᵗ de Vratschar, dépᵗ de Belgrade). — Blé d'hiver.   (**PALAIS.**)

76. GIVEOVITCH (Petar), à Gibitza (arrᵗ de Grouja, dépᵗ de Kragouyevatz). — Blé d'hiver, blé de printemps, orge d'hiver.   (**PALAIS.**)

77. GIVITCH (Mlle Loubitza), à Schapma (dépᵗ de Pojarévatz). — Blé d'hiver.   (**PALAIS.**)

78. GIVKOVITCH (Gavrilo), à Vlassotincz (dépᵗ de Nisch). — Orge printanière.   (**PALAIS.**)

79. GIVKOVITCH (Sava), à Grodelitza (arrᵗ de Vlassotinzc, dépᵗ de Nisch). — Blé d'hiver.   (**PALAIS.**)

80. GJOURITCH (Kosta), à Négotine et à Zaovina (dép¹ d'Oujitze). — Blé d'hiver, avoine.   **(PALAIS.)**

81. GJOURITCH (Milorade), à Tomitch (arr¹ de Koloubara, dép¹ de Vasillevo). — Blé d'hiver.   **(PALAIS.)**

82. GOLOUBOVITCH (Milosch), à Négotine. — Blé d'hiver, maïs en épis, orge printanière.   **(PALAIS.)**

83. GRATCHANATZ (Constantin), à Bogoutovatz (dép¹ de Tchatchak) — Blé, sarrasin.   **(PALAIS.)**

84. GRONITCH (Mladen), à M. Vrbitza (arr¹ de Kosmay, dép¹ de Belgrade). — Blé d'hiver.   **(PALAIS.)**

85. GRONITCH (Steva) et Cie, à Nisch. — Blé blanc.   **(PALAIS.)**

86. GUIGNITCH (Sivan), à Rabrovo (dép¹ de Pojarevatz). — Blé d'hiver.   **(PALAIS.)**

87. Haras royal (Le), à Dobritschevo (dép¹ de Tchoupria). — Orge d'hiver.   **(PALAIS.)**

88. HITCH (Alexa H.), à Kgnajevatz. — Blé d'hiver.   **(PALAIS.)**

89. HITCH (Stoïan), à M. Mocrilong (arr¹ de Vratschar, dép¹ de Belgrade). — Blé d'hiver.   **(PALAIS.)**

90. IBRAYMOVITCH (Osman), à Nisch. — Maïs en épis, blé blanc. **(PALAIS.)**

91. IKITCH (Pierre), à Blatze (dép¹ de Toplitze). — Blés.   **(PALAIS.)**

92. ILITCH (Marinko), à Tvornik (arr¹ d'Azboucovitz, dép¹ de Podrigné). — Blé de printemps.   **(PALAIS.)**

93. ILITCH (Petar), à Blatze (dép¹ de Toplitza). — Seigle, blé d'hiver.   **(PALAIS.)**

94. ILITCH (Radovan), à Ripagne (dép¹ de Belgrade). — Maïs en épis.   **(PALAIS.**

95. IOVANOVITCH (Sevta), à Baraïcko (arr¹ de Possava, dép¹ de Belgrade). - Blé d'hiver.   **(PALAIS.**

96. IVITCH (Milosav), à Bojévatz (dép¹ de Pojerevatz). — Maïs en épis.   **(PALAIS.**

97. JANOVITCH (Homolja), à Baritsch (arr¹ de Possava, dép¹ de Belgrade). — Blé d'hiver.   **(PALAIS.**

98. JIVANOVITCH (Panta), à Melyaka (dép¹ de Belgrade). — Maïs en épis   **(PALAIS.)**

99. JIVKOVITCH (Costantin), à Vichgnitza (dép¹ de Belgrade). — Maïs en épis.   **(PALAIS.)**

100. JIVKOVITCH (Pétar), à Vrbitza (dép¹ de Kragouyevatz). — Maïs en épis.   **(PALAIS.)**

101. KGEJEVITCH (Sreta), à Tomisavatz (dép¹ de Podrigné). — Seigle.   **(PALAIS.)**

102. KNEJEVITCH (Aksentyé), à Machle (dép¹ de Schabatz). — Maïs en épis.   **(PALAIS.)**

103. KNÉJÉVITCH (Tanassié), à Tobissavatz. — Blé d'hiver.   **(PALAIS.)**

104. KONJCILLE (D. Yaroslav), à Tchatchak. — Orge printanière, avoine, maïs en épis.   **(PALAIS.)**

105. KOSITCH (Spassoyé), à Kroupatz (dép¹ de Pirot). — Blé de printemps   **(PALAIS.**

106. KOSTITCH (Demeter), à Négotine. — Maïs en épis, blé d'hiver.
(PALAIS.)

107. KOSTITCH (Radvic), à Stoublié (dép^t de Krouschevatz). — Blé d'hiver, maïs.
(PALAIS.)

108. KOUZMANOVITCH (Mihaïlo), à Teschiza (dép^t d'Alexinatz). — Blé blanc de printemps.
(PALAIS.)

109. KOUZMANOVITCH (Peter), à Négotine. — Blé de printemps.
(PALAIS.)

110. KOUSMITCH (Yanitchyé), à Koratchitza (dép^t de Belgrade). — Maïs en épis, blé d'hiver.
(PALAIS.)

111. KOZAKOVITCH (Antonie), à Grad (arr^t de Grouja, dép^t de Kragouyevatz). — Blé d'hiver.
(PALAIS.)

112. KRAYINTCHANINE (Christo S.), à Vlasotincz (dép^t de Nisch). — Seigle.
(PALAIS.)

113. KRPITCH (Milosch), à Grdelitza (arr^t de Vlasotincz, dép^t de Nisch). — Blé d'automne.
(PALAIS.)

114. KRSMANOVITCH (Sreta), à Rachitchi (dép^t d'Oujitze). —Maïs en épis.
(PALAIS.)

115. KRSTITCH (Milan), à Alexandrovatz (dép^t de Toplitza). — Orge d'hiver.
(PALAIS.)

116. KRSTITCH (Mileta), à Teschitza (dép^t d'Alexinatz). — Blé de printemps.
(PALAIS.)

117. KRSTITCH (Milosch), à Alexandrovatz (dép^t de Toplitza) et à Kgnajévatz. — Orge printanière, avoine, maïs en grains et en épis.
(PALAIS.)

118. KRSTITCH (Pota), à Babouschinitza (dép^t de Pirot). — Avoine, orge printanière, épeautre.
(PALAIS.)

119. KRSTITCH (Radovan), à Rabrovo (dép^t de Pojarevatz). — Blés, orges.
(PALAIS.)

120. KRSTONOCHITCH (Lazare), à Oub (dép^t de Valyevo). — Maïs en épis, avoine.
(PALAIS.)

121. LALOVITCH (Nicolas), à Zayetchar. — Maïs en épis.
(PALAIS.)

122. LASOVITCH (Nikola), à Lonka (dép^t de Tchatchak). — Millet. (PALAIS.)

123. LAZITCH (Thoma), à Rakare (dép^t de Valyevo). — Maïs en grains.
(PALAIS.)

124. LAZOVITCH (Pavle), à Lipnitza. — Épeautre.
(PALAIS.)

125. LECHTARITCH (Blagoyé), à Vrelo (dép^t de Valievo).— Maïs. (PALAIS.)

126. LILKITCH (Tassa), à Nisch. — Blé d'hiver.
(PALAIS.)

127. LITCH (Rista), à Belischevo (arr^t de Poljanski, dép^t de Vragna). — Blé d'hiver.
(PALAIS.)

128. LOUKITCH (Radovan), à Pilize (arr^t de Ratscha, dép^t d'Oujitze). — Blé d'hiver, blé de printemps.
(PALAIS.)

129. LOUKOVITCH (Michel), à Bédina (dép^t d'Oujitze). — Maïs en épis.
(PALAIS.)

130. LOUTCHITCH (Stevan), à Satchareka (dép^t d'Oujitze).— Millet. (PALAIS.)

131. MAHITCH (Randjel), à Yovanovatz (dép^t de Pirot). — Blé de printemps.
(PALAIS.)

132. MAKSIMOVITCH (Djoura), à Vrbitcha (dép^t de Podrigné). — Maïs en épis. **(PALAIS.)**

133. MAKSIMOVITCH (Gjoura), à Vibitch (arr^t de Ratscha, dép^t de Podrigné). — Blé d'hiver. **(PALAIS.)**

134. MAKSIMOVITCH (Ranisav), à Koséritch (dép^t d'Oujitze). — Maïs épis. **(PALAIS.)**

135. MAKSIMOVITCH (Rista), à Novihan (dép^t de Kgnajevatz). — Seigle. **(PALAIS.)**

136. MAKSIMOVITCH (Stevan), à Grutschare (arr^t de Yadjan, dép^t de Podrigné). — Blé blanc. **(PALAIS.)**

137. MALITCH (Spasoyé), à Belgrade. — Tonneaux. **(PALAIS.)**

138. MANDITCH (Givko), à Négotine (dép^t de Krayna). — Blé d'hiver, orge d'hiver, orge printanière. **(PALAIS.)**

139. MANOYLOVITCH (Pétar), à Schtina (dép^t de Kgnajevatz). — Blé d'hiver. **(PALAIS.)**

140. MANTSCHITCH (Stoyan), à Kroupatz (dép^t de Pirot). — Blé de printemps. **(PALAIS.)**

141. MARCOVITCH (Djona), à Vlassotinez (dép^t de Nisch). — Avoine. **(PALAIS.)**

142. MARCOVITCH (Givogine), à Resnik (dép^t de Kragouyevatz). — Blé d'hiver. **(PALAIS.)**

143. MARCOVITCH (Jean), à Négotine. — Maïs en épis. **(PALAIS.)**

144. MARCOVITCH (Marco O.) et Cie, à Kragouyevatz. — Blés d'hiver. **(PALAIS.)**

145. MARINKOVITCH (Anta), à Dragousché (dép^t de Toplitza). — Millet. **(PALAIS.)**

146. MARINKOVITCH (Arandjel), à Grodelitza (dép^t de Nisch). — Orge d'hiver. **(PALAIS.)**

147. MARINKOVITCH (Dimitrié), à Grodelitza (arr^t de Vlassotinez, dép^t de Nisch). — Blé d'hiver. **(PALAIS.)**

148. MARINOVITCH (Yovan), à Négotine. — Blé de printemps, orge printanière. **(PALAIS.)**

149. MARKOVITCH (Atanasse), à Voutchitch (dép^t de Kragouyevatz). — Maïs en grains et en épis. **(PALAIS.)**

150. MARKOVITCH (Djouro), à Vrbitch (dép^t de Podrigné). — Orge d'hiver. **(PALAIS.)**

151. MARKOVITCH (Georges), à Krivaïa (arr^t de Procouplié, dép^t de Toplitza). — Blé de printemps. **(PALAIS.)**

152. MARKOVITCH (Jivan), à Lescovatz. — Maïs en épis. **(PALAIS.)**

153. MARKOVITCH (Milosch), à Goutcha (dép^t de Tchatchak). — Millet. **(PALAIS.)**

154. MARKOVITCH (Vladimir), à Sinochevitchi (dép^t de Schabatz). — Maïs en grains. **(PALAIS.)**

155. MARKOVITCH (Yanko), à V. Moschtanitza (dép^t de Belgrade). — Epeautre. **(PALAIS.)**

156. MARKOVITCH (Yovan), à Négotine. — Blé d'hiver, orge, printanière. **(PALAIS.)**

157. MASCHOUTKO (Stoya), à Vragna. — Blé blanc d'hiver.   (PALAIS.)

158. MATEICH (Ilia), à Resnik (arr* de Groujv, dép* de Kragouyevatz). — Blé d'hiver.   (PALAIS.)

159. MATEITCH (Mitritch), à Négotine (dép* de Krayina). — Blé d'hiver.   (PALAIS.)

160. MATEYEVITCH (Mitritch), à Négotine. — Maïs en épis.   (PALAIS.)

161. MATITCH (Jivota), à Petchanitza (dép* de Pojarevatz). — Blés.   (PALAIS.)

162. MATYEVITCH (Vitchentyé), à Kalagnevatz (dép* de Roudnik). — Maïs en grains.   (PALAIS.)

163. MAYSTOROVITCH (Petar), à Katschoulitza (dép* de Tchatchak). — Orge.   (PALAIS.)

164. MAYSTOROVITCH (Tchedomyl), à Karoulitza (dép* de Tchatchak). — Maïs en grains.   (PALAIS.)

165. MAYSTOROVITCH (Teheda), à Katchoulitza (dép* de Tchatchak). — Maïs.   (PALAIS.)

166. MICHITCH (Paul), à Zayetchar. — Maïs en épis.   (PALAIS.)

167. MICHITCH (Pecha), à Welika Baia (dép* de Nisch). — Seigles.   (PALAIS.)

168. MIGAYLOVITCH (Milia), à Alexinatz. — Blé d'hiver.   (PALAIS.)

169. MIHAILOVITCH (Louka), à Popaditch (dép* de Vasillevo). — Blé blanc de printemps.   (PALAIS.)

170. MIHAYLOVITCH (Borisav), à Moravatz (dép* de Roudnik). — Maïs en épis.   (PALAIS.)

171. MILANOVITCH (Mathias), à Borka (dép* de Belgrade). — Maïs en épis.   (PALAIS.)

172. MILANOVITCH (Mihailo), à Zarnovatz (dép* de Kgnajevatz). — Blé de printemps.   (PALAIS.)

173. MILENKOVITCH (Givoïne), à Bojévatz (dép* de Pojarevatz). — Blé d'hiver.   (PALAIS.)

174. MILENKOVITCH (Vassa), à Milontinovatz (arr* de Temnitch, dép* d'Yagondina). — Blé d'hiver, orge d'hiver.   (PALAIS.)

175. MILETITCH (Nicolas), à Vasilyé (dép* de Kgnajevatz). — Maïs en épis, avoine.   (PALAIS.)

176. MILINKOVITCH (Bogoslav), à Orunka (arr* de Possava, dép* de Belgrade). — Blé d'automne.   (PALAIS.)

177. MILINKOVITCH (Radivoy), à Ounika (dép* de Belgrade). — Maïs en épis.   (PALAIS.)

178. MILKOVITCH (Stoyadine R.), à Vladinnize (dép* de Schabatz). — Blé d'hiver.   (PALAIS.)

179. MILOSCHEVITCH (Dimitrio), à Testeline (arr* de Pschina, dép* de Vragna). — Blé de printemps.   (PALAIS.)

180. MILOSCHEVITCH (Iliya), à Dragouscha (dép* de Toplitze). — Seigle.   (PALAIS.)

181. MILOSCHEVITCH (Panta), à Dragouscha (dép* de Toplitza). — Avoine.   (PALAIS.)

182. MILOSCHEVITCH (Pavle), à Vrbitza (dép* de Kragouyevatz). — Avoine, blé d'hiver.   (PALAIS.)

183. MILOSCHEVITCH (Vladimir), à Arillé (dép^t d'Oujitze). — Avoine, millet, seigle, maïs en grains et en épis, blés d'hiver et de printemps. **(PALAIS.)**

184. MILOSSAVLÉVITH (Givota), à Vlaschka (dép^t de Belgrade). — Orge d'hiver, blé d'hiver. **(PALAIS.)**

185. MILOSSAVLEVITH (Petar), à Boutchitch (arr^t de Lepenitza, dép^t de Kragouyevatz). — Blé d'hiver. **(PALAIS.)**

186. MILOSSAVLIÉVITCH (Radenko), à Bolievatz (dép^t de Zrna-Reka). — Orge printanière, maïs, blé d'hiver. **(PALAIS.)**

187. MILOUTINOVITCH (Jean), à Belgrade — Maïs en épis. **(PALAIS.)**

188. MILOYEVITCH (Tanissié), à Vischgnitza (arr^t de Vratschar, dép^t de Belgrade). — Blé d'hiver russe. **(PALAIS.)**

189. MILOYKOVITCH (Pera), à Koratchitza (dép^t de Belgrade). — Maïs en épis. **(PALAIS.)**

190. MILOYKOVITCH (Petar), à Koraytch (arr^t de Kosmay, dép^t de Belgrade). — Blé d'hiver. **(PALAIS.)**

191. MISCHOVITCH (Ivko), à Shougnik (dép^t de Vasillevo). — Blé blanc de printemps. **(PALAIS.)**

192. MITITCH (Stoïon), à Nisch. — Blé blanc. **(PALAIS.)**

193. MITROVITCH (Arsa), à Youmélischté (dép^t de Vragna). — Orge printanière. **(PALAIS.)**

194. MITROVITCH (Stoyan), à Schopina (dép^t de Pojarévatz). — Épeautre. **(PALAIS.)**

195. MITZITCH (Givko), à Négotine. — Orge d'hiver, maïs en épis. **(PALAIS.)**

196. MOMTSCHILOVITCH (Stoïan), à Tchoupria. — Blé d'hiver. **(PALAIS.)**

197. Monastère (Le), à Lipovatz (dép^t d'Alexinatz). — Blé d'hiver, orge d'hiver. **(PALAIS.)**

198. MONTLITCH (Dragistch), à Komiritch (arr^t de Ratscha, dép^t de Podrigné). — Blé d'hiver rouge. **(PALAIS.)**

199. MYATOVITCH (Arsa), à Belgrade. — Tonneaux. **(PALAIS.)**

200. MYLKOVITCH (Milan), à Ratay (dép^t de Krouschevatz). — Maïs en épis. **(PALAIS.)**

201. MYLKOVITCH (Stoyadine), à Vladimiratz (dép^t de Schabatz). — Maïs en épis. **(PALAIS.)**

202. NECHITCH (Jean), à Lescovatz. — Seigle. **(PALAIS.)**

203. NEGOVANOVITCH (Anton), à Schapina (dép^t de Pojarévatz). — Maïs en épis. **(PALAIS.)**

204. NESCHITCH (Vlayko), à Lopnschitzé (dép^t de Pirot). — Blé d'hiver. **(PALAIS.)**

205. NICOLITCH (Jean), à Kovatch (dép^t de Tchatchak). — Maïs en épis. **(PALAIS.)**

206. NICOLITCH (Milan B.), à Novi-Han (dép^t de Kgnajévatz). — Blé de printemps. **(PALAIS)**

207. NICOLITCH (Pétar), à Banivina (arr^t de Yassenitza, dép^t de Smederevo). — Blé d'hiver. **(PALAIS.)**

208. NICOLITCH (Vesilinc), à Belikamen (dép^t de Tchatchak). — Blé de printemps. **(PALAIS.)**

209. NIKOLITCH (Aleksa), à Retchize (dép^t de Toplitza). — Maïs en épis.
(**PALAIS.**)

210. NIKOLITCH (Georges), à Bougarinovatz (arr^t de Procouplié, dép^t de Toplitza). — Blé de printemps.
(**PALAIS.**)

211. NIKOLITCH (Ivan), à Kgnajevatz. — Seigle.
(**PALAIS.**)

212. NIKOLITCH (Lazar), à Yelentscha (dép^t de Schabatz). — Orge d'hiver.
(**PALAIS.**)

213. NIKOLITCH (Marko), à Glogovatz (dép^t de Kgnajovatz). — Épeautre.
(**PALAIS.**)

214. NIKOLITCH (Nastas), à Banitschina (dép^t de Sméderevo). — Orge printanière.
(**PALAIS.**)

215. NIKOLITCH (Pétar), à Saranovo (dép^t de Kragouyevatz) — Maïs en grains.
(**PALAIS.**)

216. NOVAKOVITCH (Boja), à Kraliévo (dép^t de Tchatchak). — Avoine, blé de printemps, orge.
(**PALAIS.**)

217. NOVAKOVITCH (Iliya), à Botouritch (dép^t de Krouschevatz).— Seigles.
(**PALAIS.**)

218. NOVAKOVITCH (Louka), à Kostoïévitch (arr^t de Ratza, dép^t d'Oujitze). — Blé d'hiver.
(**PALAIS.**)

219. OCANOVITCH (Georges), à Sméderévo.— Blé d'hiver, blé de printemps, millet, avoine, orge d'hiver.
(**PALAIS.**)

220. OKANOVITCH (Georges), à Semendria. — Maïs en grains et en épis, seigle.
(**PALAIS.**)

221. OUROSCHEVITCH (Milan R.), à Brestovatz (arr^t de Grouja, dép^t de Kragouyevatz). — Blé d'hiver, orge d'hiver.
(**PALAIS.**)

222. OUROCHEVITCH (Nicolas), à Yelentche (dép^t de Schabatz). — Maïs en grains.
(**PALAIS.**)

223. PANITCH (Mita), à Négotine. — Orge d'hiver.
(**PALAIS.**)

224. PANTITCH (Laubomir), à Procouplié (dép^t de Toplitza). — Orge d'hiver.
(**PALAIS.**)

225. PANTITCH (Lyoubomir), à Ounika (dép^t de Belgrade). — Maïs en épis.
(**PALAIS.**)

226. PANTOVITCH (Lyoubomir), à Knitch (arr^t de Grouja, dép^t de Kragouyevatz). — Blé d'hiver.
(**PALAIS.**)

227. PANTOVITCH (Pierre), à Progorelitza (dép^t de Tchatchak). — Orges.
(**PALAIS.**)

228. PAONNOVITCH (Mita), à Novoselo (arr^t de Procouplié, dép^t de Toplitza). — Blé blanc de printemps, orge d'hiver.
(**PALAIS.**)

229. PAUTELITCH (Dmitar), à Progorelzi (dép^t de Tchatchak). — Blé d'hiver.
(**PALAIS.**)

230. PAUTELITCH (Loubomir), à Prokouplié (dép^t de Toplitza). — Avoine.
(**PALAIS.**)

231. PAVITCH (Givko), à Rogatza (arr^t de Cosmaïe, dép^t de Belgrade). — Blé blanc de printemps.
(**PALAIS.**)

232. PAVLOVITCH (Marko), à Leptschintzé (dép^t de Vragna). — Orge printanière.
(**PALAIS.**)

233. PAVLOVITCH (Mathias), à Krouchevitza (dép^t de Tchatchak). — Maïs en épis. (PALAIS.)

234. PAVLOVITCH (Paul), à Takovo (dép^t de Valievo). — Maïs. (PALAIS.)

235. PAVLOVITCH (Stoyan), à Pojarevatz. — Maïs divers en épis. (PALAIS.)

236. PECHITCH (Théodore M.), à Nisch. — Maïs en épis. (PALAIS.)

237. PERITCH (André), à Konarevo (dép^t de Tchatchak).— Maïs en épis. (PALAIS.)

238. PERONNOVITCH (Geigorie), à Vlassotincz (dép^t de Nisch). — Blé de printemps. (PALAIS.)

239. PETCOVITCH (Ilia), à Vasillé (arr^t et dép^t de Kgnajevatz). — Blé d'hiver. (PALAIS.)

240. PETKOVITCH (Aleksa), à Svilaynatz. — Maïs en grains et en épis. (PALAIS.)

241. PETRONIEVITCH (Matia), à Vissibaba (dép^t d'Oujitze). — Orge printanière, maïs en épis. (PALAIS.)

242. PETROVITCH (André), à Borina (arr^t de Ratscha, dép^t de Podrigné). — Blé d'été. (PALAIS.)

243. PETROVITCH (Ilia), à Novi-han (dép^t de Kgnajévatz). — Orge d'hiver. (PALAIS.)

244. PETROVITCH (Louka), à Vrschtia (dép^t de Podrigné). — Avoine. (PALAIS.)

245. PETROVITCH (Milossave), à Bagna (dép^t de Kragouyévatz). — Orge printanière. (PALAIS.)

246. PETROVITCH (Mladen), à Rakatz (dép^t d'Oujitze). — Millet et sarrasin. (PALAIS.)

247. PETROVITCH (Pavle), à Radoschevatz (dép^t d'Alexinatz). — Blé d'hiver. Orge d'hiver. (PALAIS.)

248. PETROVITCH (Stoyan), à Svilaynatz. — Maïs en grains et en épis. (PALAIS.)

249. PEYTCHITCH (Michel), à Grotzka (dép^t de Belgrade). — Maïs en épis. (PALAIS.)

250. PHILIPOVITCH (Rade), à Logninc (arr^t d'Azboukove, dép^t de Podrigné). — Blé d'hiver. (PALAIS.)

251. PILETITCH (Blaja), à Nisch. — Blé d'hiver. (PALAIS.)

252. PIROTCHANATZ (Lyouba), à Kgnajevatz. — Maïs en épis. (PALAIS.)

253. POGATCHARÉVITCH (Vassilié), à Vragna. — Orge d'hiver. (PALAIS.)

254. POPOVITCH (Boïc), à Vibitch (dép^t de Podrigné). — Blé d'hiver. (PALAIS.)

255. POPOVITCH (Lazar), à Loyanitze (dép^t de Schabatz). — Maïs en grains. (PALAIS.)

256. POPOVITCH (Lyoubomir), à Bela Zrkva (dép^t de Podrigné). — Maïs en épis. (PALAIS.)

257. POPOVITCH (Mathias), à Vranitch (dép^t de Belgrade). — Maïs en épis. (PALAIS.)

258. POPOVITCH (Paoun), à Koutchané (dép^t d'Oujitze). — Sarrasin. (PALAIS.)

259. POPOVITCH (Vitcha), à Yagnevitza (dépᵗ de Tchatchak). — Avoine, maïs en grains.   **(PALAIS.)**

260. POPOVITCH (Vouitza), à Trnavtzi (dépᵗ de Krouschevatz). — Orge d'hiver.   **(PALAIS.)**

261. POPROVITCH (Mika), à Schouma (dépᵗ d'Oujitze). — Millet.   **(PALAIS.)**

262. POUHMAYER (Adam), à Schabatz. — Maïs.   **(PALAIS.)**

263. POUSITCH (Milan), à Bogatitch (dépᵗ de Schabatz). — Maïs en grains.
                                                                                                                                                                           (PALAIS.)

264. PRIBAKOVITCH (Nescha), à Velia-Glava (arrᵗ de Koznitza, dépᵗ de Krouschevatz). — Blé d'hiver.   **(PALAIS.)**

265. PRODANOVITCH (Proca), à Tschoumitch (arrᵗ de Grouja, dépᵗ de Kragouyevatz). — Blé d'hiver, maïs en épis.   **(PALAIS.)**

266. RACHITCH (Atanasse), à Vichgnitza (dépᵗ de Belgrade). — Maïs en grains et en épis.   **(PALAIS.)**

267. RADENKOVITCH (Mariau), à Zarnovatz (dépᵗ de Kgnajevatz). — Blé de printemps.   **(PALAIS.)**

268. RADITCH (Mita), à Schabatz. — Blé d'hiver.   **(PALAIS.)**

269. RADOSSAVLIÉVITCH (Dimitrié), à Dragousha (arrᵗ de Procouplié, dépᵗ de Toplitza). — Blé d'hiver.   **(PALAIS.)**

270. RADOSSAVLIÉVITCH (Gaïa), à Mladenovatz (dépᵗ de Belgrade). — Orge d'hiver, avoine.   **(PALAIS.)**

271. RADOSSAVLIÉVITCH (Milia), à Négotine. — Orge printanière
                                                                                                                                                                           (PALAIS.)

272. RADSSAVLIÉVITCH (Pave), à Medvedjé (dépᵗ de Tchoupria). — Orge printanière, maïs en épis.   **(PALAIS.)**

273. RADOSAVLIÉVITCH (Paul), à Négotine. — Maïs en épis.   **(PALAIS.)**

274. RADOULOVITCH (Vikosav), à Barayevo (dépᵗ de Belgrade). — Maïs en épis.   **(PALAIS.)**

275. RADOVANOVITCH (Anton), à Slatina (dépᵗ de Podrigné). — Maïs en épis.   **(PALAIS.)**

276. RADOVANOVITCH (Glischa), à Goutcha (dépᵗ de Tchatchak). — Avoine.   **(PALAIS.)**

277. RADOVANOVITCH (Stanko), à Tchiboukovatz (dépᵗ de Tchatchak). — Maïs en épis.   **(PALAIS.)**

278. RADOYTCHITCH (Milinko), à Mrschnitza (dépᵗ de Tchatchak). — Avoine.   **(PALAIS.)**

279. RADOYTCHITCH (Ouroche), à Divostina (dépᵗ de Kragouyevatz). — Maïs en épis, maïs.   **(PALAIS.)**

280. RAITCH (Toma), à Schabatz. — Blé blanc.   **(PALAIS.)**

281. RAKITCH (Georges), à Plotscha (dépᵗ de Krouschevatz). — Épeautre.
                                                                                                                                                                           (PALAIS.)

282. RANCOVITCH (Iovan), à Grodanitza (arrᵗ de Possava, dépᵗ de Schabatz). — Blé blanc.   **(PALAIS.)**

283. RANDJEBOVITCH (Givoul), à Schlivovik (dépᵗ de Kgnajévatz). — Orge printanière.   **(PALAIS.)**

284. RASCHITCH (Tanassié), à Vischgnitza (arrᵗ de Vratscha, dépᵗ de Belgrade). — Blé blanc de printemps.   **(PALAIS.)**

285. RAYTCHITCH (Yevrem), à Tchouschitch (dép[t] de Kragouyevatz). — Avoine. **(PALAIS.)**

286. RISTITCH (Mita), à Kopagnane (dép[t] de Vragna). — Seigle. **(PALAIS.)**

287. RISTITCH (Vasa), à Grozka (dép[t] de Belgrade). — Maïs en épis. **(PALAIS.)**

288. ROINOVITCH (Vasilyé), à Samayla (dép[t] de Tchatchak). — Maïs en épis. **(PALAIS.)**

289. ROUJITCH (Pétar), à Négotine. — Maïs en épis, blé de printemps, orge d'hiver. **(PALAIS.)**

290. ROUJITCH (Stan), à Négotine. — Maïs en épis, blé d'hiver. **(PALAIS.)**

291. ROUJITCH (Stevan P.), à Négotine (dép[t] de Krayna). — Blé d'hiver, blé de printemps, maïs en épis, orge d'hiver. **(PALAIS.)**

292. SANDOULOVITCH (Troutza), à Négotine. — Orge d'hiver, blé d'hiver. **(PALAIS.)**

293. SARITCH (Miloutine), à Gouéza (arr[t] de Grouja, dép[t] de Kragouyevatz). — Blé d'hiver. **(PALAIS.)**

294. SAVITCH (Loubissave), à B. Baschta (dép[t] d'Oujitze). — Orge printanière. **(PALAIS.)**

295. SAVITCH (Miloutine) à Banitschina (arr[t] de Gassenitza, dép[t] de Smederevo). — Blé de printemps. **(PALAIS.)**

296. SCHERTCHOVITCH (Mitcha), à Bagna (dép[t] de Kragouyevatz). — Blé d'hiver. **(PALAIS.)**

297. SCHILITCH (Miloche), à Tchitchevatz (dép[t] d'Alexinatz). — Maïs en épis. **(PALAIS.)**

298. SCHVABITCH (Miladine), à Raiatz (dép[t] de Tchatchak). — Sarrasin. **(PALAIS.)**

299. SEKOULOVITCH (Michel), à Vasilye (dép[t] de Kgnajevatz). — Seigle. **(PALAIS.)**

300. SELAKOVITCH (Paoun), à Kremani (dép[t] d'Oujitze). — Maïs en épis. **(PALAIS.)**

301. SIBINOVITCH (Gioko), à Bolievatz (dép[t] de Zrna-Reka). — Maïs en épis, avoine, blé de printemps. **(PALAIS.)**

302. SIMDJELITCH (Vladimir), à Adrani (dép[t] de Tchatchak). — Maïs en grains. **(PALAIS.)**

303. SIMITCH (Miloyko), à Seberevatz (dép[t] de Krouschevatz). — Tonneaux. **(PALAIS.)**

304. SIMITCH (Nastasse), à Yagodina. — Blé blanc d'été, blé d'hiver, orge d'hiver, maïs en grains et en épis. **(PALAIS.)**

305. SIMITCH (Radoié), à Tchoumitch (dép[t] de Kragouyevatz). — Orge d'hiver, maïs en épis, blé d'hiver, avoine. **(PALAIS.)**

306. Société de la Croix Rouge, à Nisch. — Orge printanière. **(PALAIS.)**

307. SOKOVITCH (Théodor), à Drenovatz (dép[t] de Kragouyevatz). — Maïs en grains, blé d'hiver, orge d'hiver, avoine. **(PALAIS.)**

308. Sous-Comité (Le) de Bela-Palanca (dép[t] de Pirot). — Blé rouge d'hiver, blé blanc de printemps. **(PALAIS.)**

309. SPASSOIÉVITCH (Ilia), à Schabatz. — Blé d'hiver, avoine. **(PALAIS.)**

310. SPASSOYEVITCH (Mika), à Mougoulan (arr[t] de Tamnava), et à Moussouline (dép[t] de Schabatz). — Millet. Blé d'hiver de Pozerié. **(PALAIS.)**

311. SRETENOVITCH (Stevan), à Kalagnevatz (dép¹ de Roudnik). — Maïs en épis.   (**PALAIS.**)

312. STAMBOLITCH (Dragoutin), à Techitze (dép¹ d'Alexinatz). — Maïs en épis.   (**PALAIS.**)

313. STAMENCOVITCH (Stanoïco), à Llatocope (arr¹ de Ptschigna, dép¹ de Vragna). — Blé d'hiver.   (**PALAIS.**)

314. STANCOVITCH (Milovan), à Dragoïevatz (arr¹ de Tamava, dép¹ de Schabatz).— Blé d'hiver.   (**PALAIS.**)

315. STANCOVITCH (Spassoié H.), à Négotine. — Blé de printemps. Blé d'hiver.   (**PALAIS.**)

316. STANIMIROVITCH (Avram), à Maltscha (dép¹ de Nisch). — Orge d'hiver.   (**PALAIS.**)

317. STANISAVLIEVITCH (Stoylko), à Grodelitza (dép¹ de Nisch). — Maïs en épis.   (**PALAIS.**)

318. STANITCH (Toma), à Bouschitza (dép¹ de Podrigné). — Millet.
                                                                                                                                                      (**PALAIS.**)

319. STANKOVITCH (Costantin), à Beli Potok (dép¹ de Belgrade). — Maïs.
                                                                                                                                                      (**PALAIS.**)

320. STANKOVITCH (Dimitrié), à Sonkovo (dép¹ de Pirot). — Avoine.
                                                                                                                                                      (**PALAIS.**)

321. STANKOVITCH (Milovan), à Vragnevatz (dép¹ de Schabatz). — Maïs en grains.   (**PALAIS.**)

322. STANKOVITCH (Petar), à Négotine. — Seigle.   (**PALAIS.**)

323. STANKOVITCH (Stanoyé), à Négotine. — Maïs en grains, blé de printemps.   (**PALAIS.**)

324. STANKOVITCH (Stoian), à Négotine. — Orge d'hiver.   (**PALAIS.**)

325. STANKOVITCH (Voukadine), à Kischevo (arr¹ de Vlassotinze, dép¹ de Nisch). — Blé d'hiver.   (**PALAIS.**)

326. STANKOVITCH (Yovan), à Négotine. — Orge d'hiver.   (**PALAIS.**)

327. STANOSCHEVITCH (Mischel), à Yonneovatz (arr¹ de Lepenitza, dép¹ de Kragouyevatz). — Blé d'hiver.   (**PALAIS.**)

328. STANOYEVITCH (Georges), à Natalinze (arr¹ de Lepenitza, dép¹ de Kragouyevatz). — Blé d'hiver.   (**PALAIS.**)

329. STANOYEVITCH (Ilia), à Négotine. — Blé de printemps, blé d'hiver, orge d'hiver.   (**PALAIS.**)

330. STANOYEVITCH (Louba M.), à Kgnajevatz. — Blé d'hiver.
                                                                                                                                                      (**PALAIS.**)

331. STANOYEVITCH (Nikola), à Négotine. — Blé d'hiver, orge d'hiver.
                                                                                                                                                      (**PALAIS.**)

332. STANOYEVITCH (Yon), à Doubotschina (dép¹ de Krayna). — Orge printanière.   (**PALAIS.**)

333. STANTCHITCH (Vladislav), à Setcherska (dép¹ d'Oujitze). — Sarrasin.
                                                                                                                                                      (**PALAIS.**)

334. STEFANOVITCH (Crsta), à Loukomir (arr¹ de Procouplié, dép¹ de Toplitza). — Blé d'hiver.   (**PALAIS.**)

335. STÉFANOVITCH (Gavra), à Kourschoumia (arr¹ de Cosnitza). — Blé d'hiver.   (**PALAIS.**)

336. STEFANOVITCH (Milisav), à Grotzka (dép^t de Belgrade). — Maïs en épis. **(PALAIS.)**

337. STOLAROVITCH (Nicola), à Négotine. — Orge d'hiver **(PALAIS.)**

338. STOYANOVITCH (Anda), à Négotine. — Blé d'hiver. **(PALAIS.)**

339. STOYANOVITCH (Antonié), à Teschitzé (dép^t d'Alexinatz). — Orge printanière **(PALAIS.)**

340. STOYANOVITCH (Jivko), à Solakovatz (dép^t de Pojarevatz). — Maïs en épis. **(PALAIS.)**

341. STOYANOVITCH (Louka), à Grdelitza (dép^t de Nisch). — Avoine. **(PALAIS.)**

342. STOYANOVITCH (Marko), à Vlassotincz (dép^t de Nisch). — Blé blanc **(PALAIS.)**

343. STOYANOVITCH (Milan), à Belanitza (dép. de Nisch). — Épeautre. **(PALAIS.)**

344. STOYANOVITCH (Miloch), à Loujane (dép^t d'Alexinatz). — Seigle. **(PALAIS.)**

345. STOYANOVITCH (Mita), à Négotine (dép^t de Krayna). — Blé d'hiver. **(PALAIS.)**

346. STOYKOVITCH (Thomas), à Brestovatz (dép^t de Nisch).— Tonneaux. **(PALAIS.)**

347. STROUGAROVITCH (Mladen), à Lonka (dép^t de Tchatchak). — Sarrasin. **(PALAIS.)**

348. SVANOVITCH (Milovan), à Gitnipotve (arr^t de Procouplié, dép^t de Toplitza). — Blé d'hiver. **(PALAIS.)**

349. TADITCH (Jivoyin), à Alecsandrovatz (arr^t de Procouplié). — Blé d'hiver **(PALAIS.)**

350. TADITCH (Milorad), à Loubovia (dép^t de Podrigné). — Millet, maïs en épis et en grain. **(PALAIS.)**

351. TCHAKITCH (Costantin), à Procouplié. — Seigle. **(PALAIS.)**

352. TCHIRITCH (Stoyan), à V. Souhodol (dép^t de Pirot). — Blé d'hiver. **(PALAIS.)**

353. TCHOKITCH (Iliya), à Konarevo (dép^t de Tchatchak) — Maïs en grains. **(PALAIS.)**

354. TCHOKITCH (Miloch), à Konopnitza (dép^t de Nisch). — Seigle. **(PALAIS.)**

355. TCHOLAKOVITCH (Radoiza), à Yassenka (dép^t de Belgrade). — Avoine. **(PALAIS.)**

356. TCHOSSITCH (Alexa), à Pakovratchaï (dép^t de Tchatchak). — Blé d'hiver. **(PALAIS.)**

357. TCHOUKITCH (Vassa), à Paratchine (dép^t de Tchoupria). — Blé d'automne. **(PALAIS.)**

358. TCHOUMITCH (Simo), à Tchayetina (dép^t d'Oujitze). — Blé d'hiver, orge. **(PALAIS.)**

359. TCHOUPITCH (Stevan), à Adrani (dép^t de Tchatchak). — Maïs en épis. **(PALAIS.)**

360. TCHOURITCHITCH (Milko), à Belikamen (dép^t de Tchatchak). — Seigle. **(PALAIS)**

361. TCHOUSITCH (Petar), à Mertchelata (dép^t de Kgnajevatz). — Seigle.
(**PALAIS.**)

362. TCHVORITCH (Jean), à Liznitza. — Maïs en grains et en épis. (**PALAIS.**)

363. THEODOROVITCH (Mata), à Palanka (dép^t de Semendria). — Seigle, avoine, orge d'hiver.
(**PALAIS.**)

364. THODOROVITCH (Nicolas), à Voditze (dép^t de Semendria). — Maïs en grains et en épis.
(**PALAIS.**)

365. THONITCH (Yesta), à Balyevza (dép^t de Toplitza). — Maïs en épis.
(**PALAIS.**)

366. THOUZA (Petar), à Négotine. — Maïs en épis. (**PALAIS.**)

367. TOCHITCH (Stevan), à Négotine. — Maïs en épis. (**PALAIS.**)

368. TOGNITCH Fréres, à Nisch. — Maïs en épis. (**PALAIS.**)

369. TOMITCH (Dintscha), à Nisch. — Blé d'hiver. (**PALAIS.**)

370. TSCHOLITCH (Philippe), à Dobrotil (arr^t de Ratscha, dép^t d'Oujitze). — — Blé d'hiver.
(**PALAIS.**)

371. VASILIEVITCH (Giuko), à Gounzâte (arr^t de Possava, dép^t de Belgrade). Blé d'hiver.
(**PALAIS.**)

372. VASILIEVITCH (Iliya), à Goubatz (dép^t de Belgrade). — Maïs en épis.
(**PALAIS.**)

373. VASILIEVITCH (Joran), à Vigné (dép^t de Kgnajevatz). — Blé de printemps.
(**PALAIS.**)

374. VASILIEVITCH (Miltche), à Négotine. — Maïs en épis. (**PALAIS.**)

375. VEILLKOVITCH (Kosta), à Vasillé (dép^t de Kgnajevatz). — Orge d'hiver.
(**PALAIS.**)

376. VELISLAILLEVITCH (Damian), à Belikamen (dép^t de Tchatchak) — Blé d'hiver.
(**PALAIS.**)

377. VELITCH Fréres, à Procouplié (dép^t de Toplitza). — Blé d'hiver. (**PALAIS.**)

378. VESSÉLINOVITCH (Mita), à Marganatz (arr^t de Pschigna, dép^t de Vragna). — Blé d'hiver.
(**PALAIS.**)

379. VESSELINOVITCH (Mladen), à Marganatz (dép^t de Vragna). — Avoine.
(**PALAIS.**)

380. VICHGNITCH (Lyoubomir), à Smrdlyakovatz (dép^t de Belgrade). — Maïs en épis.
(**PALAIS.**)

381. VILD (Hinsk), à Grotzka (arr^t et dép^t de Belgrade). — Blé d'hiver, orge printanière.
(**PALAIS.**)

382. VILZITCH (Gabriel), à Vlasotinzi (dép^t de Nisch). — Maïs en épis.
(**PALAIS.**)

383. VITCHENTIEVITCH (Mladen), à Kosmaynik (dép^t de Podrigné). — Avoine.
(**PALAIS.**)

384. VLADITCH (Bogosav), à Brasina (dép^t de Podrigné). — Maïs en épis.
(**PALAIS.**)

385. VONYANOVITCH (Plave), à Breyovitch (dép^t de Kragonyevatz). — Avoine.
(**PALAIS.**)

386. VOUITCH (Radovan), à Kosseritchi (dép^t d'Oujitze). — Blé d'hiver.
(**PALAIS.**)

387. VOUKOSAVLYEVITCH (Vitchentyé), à Vrba (dép¹ de Tchatchak).
— Maïs en épis.   **(PALAIS.)**

388. VOUKOVITCH (Agaton), à Kobillé (arr¹ de Kosnitza, dép¹ de Krouschevatz). — Blé de printemps.   **(PALAIS.)**

389. VOUKOVITCH (Milan), à Oreschatz (dép¹ de Schabatz). — Orge d'hiver.
                                                                   (PALAIS.)

390. VOUKOVITCH (Stanko), à Bogatitch (dép¹ de Schabatz). — Orge d'hiver.
                                                                   (PALAIS.)

391. VOUYTCH (Radovan), à Kosaritch (dép¹ d'Oujitze). — Maïs en épis.
                                                                   (PALAIS.)

392. YANITCHYEVITH (Rayko), à V. Mochtanitza (dép¹ de Belgrade). —
Maïs en épis.   **(PALAIS.)**

393. YANKOVITCH, à Doubotchina (dép¹ de Krayna).— Maïs en grains.
                                                                   (PALAIS.)

394. YANKOVITCH (Ivan), à Barayevo (dép¹ de Belgrade). — Maïs en grains
et en épis.   **(PALAIS.)**

395. YATAKOVITCH (Miloyé P.), à Gvozdenovitchi (dép¹ de Valievo). —
Blés.   **(QUAI.)**

396. YEREMITCH (Voube), à Azagna (arr¹ de Yassenitza, dép¹ de Smede-
zevo). — Blé lourd d'hiver.   **(PALAIS.)**

397. YEVREMOVITCH (Mihaïlo), à Tchayetina (dép¹ d'Oujitze). — Blé de
printemps, épeautre.   **(PALAIS.)**

398. YEVTITCH (Dobrosav), à Brdaritza (dép¹ de Schabatz).— Maïs en grains.
                                                                   (PALAIS.)

399. YEVTITCH (Mila), à Yelenka (dép¹ de Schabatz). — Avoine.   **(PALAIS.)**

400. YEVTOVITCH (Mladen), à Setcharska (dép¹ d'Oujitze). — Millet.
                                                                   (PALAIS.)

401. YORGOVITCH (Yovan T.), à Doupillé (dép¹ de Schabatz). — Orge
d'hiver.   **(PALAIS.)**

402. YOTZITCH (Georges), à Lopaschitzé (dép¹ de Pirot). — Orge d'hiver.
                                                                   (PALAIS.)

403. YOURICHITCH (Costantin), à Zrna-Bara (dép¹ de Schabatz). — Maïs
en épis, blé d'hiver.   **(PALAIS.)**

404. YOURISCHITCH (Kosta), à Zrna-Bara (dép¹ de Schabatz). — Orge
d'hiver, avoine.   **(PALAIS.)**

405. YOVANOVITCH (Alexa), à Alexandrovatz (dép¹ de Toplitza). — Blé
d'hiver.   **(PALAIS.)**

406. YOVANOVITCH (Kosta), à Kischeva (arr¹ de Vlassotincz, dép¹ de
Nisch). — Blé d'hiver, orge d'hiver.   **(PALAIS.)**

407. YOVANOVITCH (Lazar), à Gountzate (dép¹ de Belgrade). — Orge
printanière.   **(PALAIS.)**

408. YOVANOVITCH (Mileta), à Teschitza (dép¹ d'Alexinatz).— Avoine.
                                                                   (PALAIS.)

409. YOVANOVITCH (Milosch), à Radoschevatz (dép¹ d'Alexinatz). — Blé.
                                                                   (PALAIS.)

410. YOVANOVITCH (Tanassié), à Svoidrong (arr¹ de Ratscha, dép¹ d'Oujitze). — Blé d'hiver.   **(PALAIS.)**

411. YOVANOVITCH (Vassa), à Radoschevatz (dép[t] d'Alexinatz). — Orge printanière, maïs en épis.   (PALAIS.)

412. YOVITCH (Nikola), à Nisch. — Blé blanc.   (PALAIS.)

413. YOVITCH (Stamenko), à Dedbara (dép[t] de Nisch). — Millet.   (PALAIS.)

414. YOVITCH (Stevan), à Mali-Mocréloug (arr[t] de Vratschar, dép[t] de Belgrade). — Blé blanc.   (PALAIS.)

415. ZARITCH (Zaharie), à Kremaui (dép[t] d'Oujitze). — Maïs en épis. (PALAIS.)

416. ZERANKE (Vlavislav), à Belgrade. — Tonneaux.   (PALAIS.)

417. ZIRINITCH (Mila), à Pogega. — Blé blanc de printemps.   (PALAIS.)

418. ZLATITCH (Timotié), à Grabovatz (dép[t] de Kragouyevatz). — Blé de printemps.   (PALAIS.)

419. ZVETANOVITCH (Tassa), à Oraschic (arr[t] de Vlassotincz, dép[t] de Nisch). — Blé blanc de printemps.   (PALAIS.)

420. ZVETANOVITCH (Vasijlko), à Leskovatz. — Maïs en épis.   (PALAIS.)

421. ZVETCOVITCH (Mirco), à Schabatz. — Blé de printemps.   (PALAIS.)

422. ZVETCOVITCH (Siméon), à G. Loubovitch (arr[t] d'Azboubovatz, dép[t] de Podrignè). — Blé blanc d'hiver, seigle.   (PALAIS.)

423. ZVETITCH (Tasa), à Srachyé (dép[t] de Nisch) — Maïs en grains. (PALAIS.)

424. ZVETKOVITCH (Tchirko), à Krivay (dép[t] de Toplitza). — Maïs en grains et en épis.   (PALAIS.)

SUISSE.

1. BIAGGI Frères, à Zollikofen (Berne). — Cloches et clochettes.   (QUAI.)

2. CANDAUX Fils (P. Alexis), à Premier (Vaud). — Toiles à fromages.   (QUAI.)

3. CHRISTEN (Paul), à Berthoud (Berne). — Plans pour laiteries et fromageries, nouveaux systèmes.   (QUAI.)

4. DENNLER (Frédéric), à Langenthal (Berne). — Balances pour peser le lait, balances avec chaudron.   (QUAI.)

5. GABEREL (Arnold), à Berne. — Balance romaine pour peser le lait. (QUAI.)

6. MOSER (F.) & Cie, à Biglen (Berne). — Toiles à fromages.   (QUAI.)

7. RUEF (Jacques), à Berne. — Installations pour fromagerie, etc.   (QUAI.)

VÉNÉZUÉLA.

1. Commission de l'État Zulia et de la ville de Maracaïbo. — Canne à sucre.   (PARC.)

GROUPE VIII.

AGRICULTURE, VITICULTURE ET PISCICULTURE.

Classe 75.

Viticulture.

FRANCE.

1. AUDIBERT (J.-F.), à Paris, rue des Minimes, 53. — Plans d'appareils pour la fabrication des vins de raisins secs; ouvrages : « L'Art de faire les vins de raisins secs », « La Vigne sauvée ». « Les Vins d'imitation », journal « L'Echo Universel ».

(QUAI.)

Raisins secs à boisson. Maison fondée en 1876.

2. Avenir viticole (L'), Société anonyme pour la reconstitution du vignoble, **Appareils Gastine,** à Marseille (Bouches-du-Rhône). — Pals injecteurs et injecteurs à traction, pulvérisateurs, hotte à soufrer. **(QUAI.)**

3. BARBENTANE (Marquis de), à Saint-Jean-le-Priche, près Mâcon (Saône-et-Loire). — Plans de vignobles, statistiques et vins de 1888. **(QUAI.)**

4. BARBOU Fils, à Paris, rue Montmartre, 52. — Égouttoirs, machines à boucher, porte-bouteilles, articles de cave. **(QUAI.)**

Porte-bouteilles en fer, brevetés S. G. D. G.
Égouttoirs de tous systèmes, modèle spécial pour distillateurs.
Anvers 1885, Médaille d'or.
Exposition universelle, Paris 1878, Médaille d'or.

5. BARRÈRE (Jean), à Espira-de-la-Gly (Pyrénées-Orientales). — Appareil pour obtenir la fermentation de la vendange à l'abri de l'air avec submersion des marcs.

(QUAI.)

6. BARROIS-LECURIOT (M.-Amaranthe-A.), à Noé-les-Mallets (Aube). — Appareil économique pour paisselage en fer. **(QUAI.)**

7. BASSAGET (Louis), à Paris, rue de Flandre, 175. — Porte-bouteilles, égouttoirs, porte-fûts, paniers à bouteilles, machines à boucher. **(QUAI.)**

8. BASTIDE (Scévola), au Château d'Agnac, par Montpellier (Hérault). — Plan du vignoble, du cellier, échantillons vin de 1888, photographies, notes et statistique de la production. **(QUAI.)**

9. BAZILLE (Gaston), à Montpellier (Hérault) — Vin 1888, raisins, plants. **(QUAI.)**

10. BEAUME (Léon), à Boulogne (Seine), avenue de la Reine, 66.— Pressoirs, égrainoirs, conduites économiques pour les caves, robinetterie de caves, pompes à transvaser.
(QUAI.)

11. BÉNÉVOLO (Jean-Baptiste), à Lyon (Rhône), rue de la République, 48. — Ébullioscope à bouilleur mobile servant à déterminer la richesse alcoolique des vins.
(QUAI.)

Constructeur d'instruments pour les sciences ; grand magasin d'optique en tous genres, à Lyon ; Ex-préparateur et chef des travaux pratiques de physique aux Facultés des sciences de Lyon ; Inventeur de l'Ébullioscope à bouilleur mobile ; appareil adopté par les laboratoires municipaux de Lyon, Toulouse, Barcelone (Espagne), des hospices et octroi de Lyon.
Grande Médaille à Barcelone 1888.

12. BESNARD (F.), à Paris, rue Geoffroy-Lasnier, 28. — Pulvérisateurs à air comprimé, système Ducos, pour combattre le mildiou et autres maladies de la vigne.
(QUAI.)

Médaille d'argent, Exposition universelle 1878.

13. BLOUCTET (F.-Joseph-F.), à Beaune (Côte-d'Or), faubourg Bretonnière, 12. — Pulvérisateurs économiques, dits « Balai Bourguignon ».
(QUAI.)

14. BONARD, à Beaune (Côte-d'Or), avenue de la Gare. — Pressoirs, pompes.
(QUAI.)

15. BONHOMME (E.), à Charenton (Seine), quai de Bercy, 17. — Pompes, brocs et outillage de tonnellerie.
(QUAI.)

16. BOURDIL (Fernand-F.), à Paris, avenue d'Iéna, 56. — Appareils d'aspersion contre le mildew.
(QUAI.)

17. BRETON-GRELIER, à Meung-sur-Loire (Loiret). — Instruments viticoles.
(QUAI.)

18. BROUHOT et Cie. (Société de construction mécanique), à Vierzon (Cher). — Pompes à grands débits.
(QUAI.)

Installation de pompes pour submersions et irrigations. Machines à vapeur de toutes forces, à détente fixe et à détente variable par le régulateur, pour tous usages. Chaudières et générateurs de tous systèmes. Chaudières inexplosibles, système Terme et Deharbe. Machines à battre. Batteuses à trèfle. Moulins. Pressoirs.
Deux Médailles d'or et une d'argent, Exposition universelle de Paris 1878.
Médaille d'or, Exposition universelle de Barcelone 1888.

19. BRUCKMANN (J.-M.), à Châlons-sur-Marne (Marne). — Fûts ovales.
(QUAI.)

20. CALLIET (Victor), à Paris, rue des Chantiers, 6. — Bondes, faussets, ferblanterie, taillanderie, tonnellerie.
(QUAI.)

21. CAPLAT (V.), à Damigni, près Alençon (Orne). — Plants de vigne. (QUAI.)

22. CASSAN (Louis) Fils, à Bourgoin (Isère). — Pressoirs à vin à solette hydraulique, pressoirs à vin à bielles articulées.
(QUAI.)

23. CÉALIS (Claude-A.), à Paris, rue Dugommier, 26. — Enveloppes en paille pour bouteilles. Paillons pour pots, flacons, bocaux, enveloppes pour le transport des obus.
(QUAI.)

Mention honorable à l'Exposition universelle de 1878.

24. CHAMPEAUD (Edmond-J.-F.), au Grand-Montrouge (Seine), rue Gossin, 20. — Installation de charpente spéciale pour chais.
(QUAI.)

25. CHAPUIS (François), à Paris, rue de Lourmel, 10. — Robinets électriques, rince-bouteilles, pompes à cidre et à eaux minérales, bouchons mécaniques. (QUAI.)

26. CHASSELOUP-LAUBAT (A.-Henri de), à la Grange (commune de Coulouniex, Dordogne). — Œnophile et pulvérisateurs.
(QUAI.)

27. CHASSIGMOLE (Ludovic), à Roanne (Loire), rue Gambetta, 16.— Bandes hermétiques pour fûts et foudres, l'antiphylloxerique, destructeur du phylloxera. (QUAI.)

28. CHATELAINE (Eugène-G.), à Paris, rue de Lafayette, 67. — Porte-bouteilles, égouttoirs. Machines à boucher, soutirer, capsuler, rincer les bouteilles, à arracher les bouchons. Étiquettes de caves. Paniers à bouteilles. Porte-fûts, etc.

(QUAI.)

Maison fondée en 1865, spéciale pour la fabrication des appareils de caves. Usine au Pré-Saint-Gervais (près Paris). Porte-bouteilles en fer rigide (breveté s. g. d. g.). Hérissons fixes et tournants. Égouttoirs plats à traîneaux et à roulettes pour distillateurs. Inventeur et seul fabricant des machines à boucher « la Perle » et « la Française » du capsulateur « l'Express ». Acquéreur du brevet et fabricant de la machine à rincer les bouteilles « le Véloce. » Machines à soutirer, à arracher les bouchons. Mention honorable à l'Exposition universelle de 1878.

29. CHAUVIN & MARIN DARBEL, (anciens Établissements), **M. Roudet** successeur, à Paris, rue du Banquier, 25. — Bascule spéciale pour négociants en vins, monte-charges pour fûts. (ESPLANADE.)

30. CHOLLET, à Montbrison (Loire). — Raisins de vignes américaines. (QUAI.)

31. COLLAS (L.-E.), gendre de **Guérin**, à Argenteuil (Seine-et-Oise), rue Centrale, 19. — Cuve, feuillette, système d'appareils pour le cuvage des vins. (QUAI.)

32. Comice agricole et viticole de Cadillac (Exposition collective du), à Cadillac (Gironde). — Photographies de vignobles, bâtiments et outils. Graphiques. Produits viticoles. Brochures. Cépages. Raisins. Greffes. (QUAI.)

ANDRIEU (Vve), à Sainte-Croix-du-Mont.
BALLAN, à Sainte-Croix-du-Mont.
BALLAN, à Omet.
BERTIN, à Bonnes-Sauterne.
BONNEFOUS & LARDET, à Cardan.
CARCAUT & TIZA, à Omet.
CAZEAUX-CAZALET, à Loupiac.
CHEMIN, à Rious.
DESPUJOLS (Moïse), à Gabarnac.
DESPUJOLS (Jules), à Loupiac.
DEZEIMERIS (Reinhold), à Loupiac.
FOL-LATOUR, à Cadillac.
GRASSET, à Sainte-Croix-du-Mont.
GROSSEROL, à Gabarnac.
MERVEILLEAU, à Saint-Romain.
PINSAN (L.-E.), à Preignac.
ROY, à Sainte-Croix-du-Mont.

33. Compagnie du Ciment Tachéolambe & produits similaires, directeur : **COLLIN (V.)**, à Paris, rue du Faubourg-Saint-Martin, 152. — Ciment Tachéolambe et enduit obturateur. (QUAI.)

Ciment anti-fuites et enduit obturateur, rendant étanches les fûts destinés aux transports des huiles végétales, minérales et animales.

34. COSSET (P.-A.-Marcel), au Boupère (Vendée). — Machines à rincer, à boucher et à déboucher les bouteilles, lève-fûts, porte-fûts, moulin à broyer les pommes à cidre, lève-roues. (QUAI.)

35. COUVREUX (Eugène), à Paris, rue Quincampoix, 37. — Étiquettes en tous genres pour la cave, désignation des vins. (QUAI.)

36. Crédit agricole, Union des Syndicats agricoles de France, Société anonyme (Directeur : **du Fay)**, à Paris, rue Marsollier, 9. — Matériel pour la culture de la vigne et pour la fabrication du vin. (QUAI.)

37. CRUZEL et MOURAILLE, à Toulouse (Haute-Garonne), rue Saint-Nicolas, 44. — Siphon merveilleux sans aspiration et sans pompe pour transvaser les liquides. (QUAI.)

Siphon « le Merveilleux », sans aspiration, sans pompe, soutirant tous les liquides. — Méchoir, sans crochet, évitant la projection de la mèche carbonisée dans la barrique.

Robinet mèche perçant instantanément les fûts, évitant le flux et le reflux du vin, le troublage et la succion des lies.

L. P. Mouraille, tonnelier, sommelier, maître de chais, chez MM. Spiers et Pond, à Londres (Angl.); auteur de « The Cellarman », membre du Jury des vins à l'Exposition de Londres, 1888.

38. DARD (Louis), à Paris, rue Pérignon, 34. — Machine à cintrer les cercles en bois pour tonneaux, machine à cintrer et gironner les cercles en fer pour tonneaux, enfonçoir échalas. (QUAI.)

39. DARRACQ (Alexandre-P.), au Pré-Saint-Gervais (Seine), Grand'Rue, 58. — Machines à boucher les bouteilles, à capsuler, à soutirer, à rincer. (QUAI.)

40. DECOSSE (Vve), à la Bruyère-de-Grézille (Maine-et-Loire). — Plans de vignobles, de matériel vinaire et de caves. (QUAI.)

41. DEPIN (A.-A.), à Montluçon (Allier). — Préparation et appareils insecticides, antiphylloxerique pour vignes, arbustes, plantes, etc., récipients contenant la préparation, dessins des appareils. **(QUAI.)**

42. DESBOIS (Joseph), à Lyon (Rhône), rue de l'Hôtel-de-ville, 50. — Brochure sur le nouveau mode de culture de la vigne. **(QUAI.)**

43. DIEN (Ernest), à Paris, rue de Chabrol, 34. — Bouchons mécaniques pour bouteilles et canettes à bière, à cidre, etc. **(QUAI.)**

44. DUPRAT (Théodore), à Plaisance (Gers). — Pulvériseur T. Duprat. **(QUAI.)**

Cet appareil a pour but de combattre les maladies de la vigne : mildew, black-rot, etc, etc.

45. EGROT & SIMONETON, à Paris, rue d'Alsace, 41. — Chais modèle. **(QUAI.)**

Collaborateurs : MM. Champeaud, charpentier ; Egrot, appareils à pasteuriser ; Houdart, méthode d'essais des vins ; Leblanc-Hallot, accessoires de chais ; Lejeune, foudres ; Prudon et Dubost, pompes ; Rondet, appareils de levage et de pesage ; Rouart Frères et Cie, moteurs à gaz ; Sappey, travaux en ciment ; Simoneton et Fils, appareils et tissus à filtrer.

46. EGROT, à Paris, rue Mathis, 23. — Appareil pour le chauffage des vins. **(QUAI)**

47. FAFEUR Frères (Xavier et Jean), à Carcassonne (Aude). — Appareils de dissolution du sulfure de carbone dans l'eau et matériel de traitement des vignes phylloxérées. Pompes à vin et accessoires. **(QUAI.)**

Deux premiers prix. Médaille d'or à l'Exposition universelle internationale de Barcelone 1888 pour appareils de dissolution et pompes à vin.

48. FALK (Édouard), à Paris, rue Bélidor. 11. — Microscopes. **(QUAI.)**

49. FERRAGNE (J.-M.), à Terrasson (Dordogne). — Cuve à fermentation, charrues vigneronnes, dessins, plans et cartes de propriété et d'instruments pour viticulture. **(QUAI.)**

50. FIGUS (Ulysse), à Paris, rue de Charonne, 121. — Tonnellerie en tous genres à l'usage des vins, eaux-de-vie, bières et vinaigres, brocs en bois, cercles fer ou cuivre. **(QUAI.)**

Tonnellerie de fantaisie. Barils pour servir sur la table. Entonnoirs tout en bois pour vinaigre (nouveau système). Outillage pour tonneliers, marchands de vins, distillateurs. Robinetterie en bois, cuivre et métal. — Brocs cerclés cuivre ou maillechort avec nouveau couvercle à charnière.

51. FOUCARD Ainé, à Dormans (Marne). — Procédé antiphylloxerique, poudre insecticide, notices. **(QUAI.)**

52. FRUHINSHOLZ Frères, à Nancy (Meurthe-et-Moselle), rue du Faubourg-Saint-George, 44. — Foudres, cuves, fûts. **(QUAI.)**

53. GALLAND-BÉLET, à Tournus (Saône-et-Loire). — Porte-bouteilles divers, égouttoirs divers, pompe à vin, pressoirs, machine à boucher et ustensiles de caves. **(QUAI.)**

54. GAY (Augustin), au Château de Vauriac, par Coulaures (Dordogne). — Appareils pour la conservation des boissons en vendange. **(QUAI.)**

55. GAYDOU (Pierre), à Paris, rue Mogador, 3. — Produit antiphylloxerique. **(QUAI.)**

56. GÉRAUD Fils (J.) & Cie, à Bordeaux (Gironde), rue Bino, 29. — Appareils de filtrage et d'enfûtage. **(QUAI.)**

57. GILBEY (A. & W.), au Château-Loudenne, par Saint-Yzans (Gironde). — Plans en relief du vignoble, des chais et du port d'embarquement. **(QUAI.)**

58. GRAF (J.-J.-Lucien), à Bar-le-Duc (Meuse). — Fausset universel. **(QUAI.)**

59. GRIVOT (Adolphe-E.), à Dijon (Côted'Or), avenue Victor Hugo.— Raisins de cuves sur pieds et raisins coupés, outillage pour la culture, accessoires de caves, petites cuves, pressoirs.   **(QUAI.)**

60. GUILLEBEAUD (Théodore), à Angoulême (Charente). — Pompes pour vins et spiritueux, robinetterie générale pour chais.   **(QUAI.)**

61. GUY (Gaston), à Bergerac (Dordogne). — Composition antiphylloxerique.
                                                                                         (QUAI.)

62. HARDON (Alphonse), à Paris, avenue des Champs-Elysées, 122. — Échantillons des terrains salés de la Camargue, de sel, de plantes poussant spontanément, de riz, de cépages, de vins et de produits divers.   **(QUAI.)**

63. HÉLOUIS & CHEVALIER, à Paris, rue d'Aboukir, 56. — Procéde antiphylloxerique.   **(QUAI.)**

64. HERLIN (Alexandre-P.), à Paris, rue Réaumur, 36. — Machines à rincer, emplir, boucher et capsuler les bouteilles, à marquer et mâcher les bouchons.
                                                                                         (QUAI.)

65. HIM (J.-Jules) & Cie, à Paris, passage Jouffroy, 39. — Robinets, bouchages des bouteilles, tire-bouchons, cannes dites Bercy pour la dégustation, machine à boucher, pompes à vin.   **(QUAI.)**

66. HOUDART (Auguste), à Thorigny (Seine-et-Marne), rue de Claye, 35. — Spécimen de vignes échalassées en lignes et fil de fer, labourables avec instrument et attelage.   **(QUAI.)**

67. HOUDART (Eugène-M.-A.), à Paris, avenue de la République, 7. — Œnobaromètre, nécessaire Houdart, pasteurisateurs, plan en relief, tableaux. **(QUAI.)**
> Breveté s. g. d. g.
> Œnobaromètre E. Houdart, pour le dosage de l'extrait sec des vins.
> Nécessaire E. Houdart, pour le dosage du plâtre contenu dans les vins.
> Pasteurisateur E. Houdart, pour le chauffage automatique des vins.
> Fausset à coton grillé E. Houdart, p¹ le tir. et la mise en bout. des vins et liquides fermentescibles.
> Plan en relief de l'Entrepôt modèle de la Maison Houdart aux Lilas (Seine).
> Officier d'Académie. Médaille d'or à l'Exposition universelle de 1878, à Paris.

68. HOUPIN (Fulgence), à Paris, boulevard Voltaire, 288. — Goupillon-tube-coulissant, rince-bouteilles, rince-carafes, etc.   **(QUAI.)**

69. JOURDAN (Eugène-P.), à Paris, rue des Marais, 46. — Colles, poudres, gélatines pour clarifier et améliorer les vins. Filtres à vins.   **(QUAI.)**

70. LAMBERT (S.) & Fils, à Paris, rue Volta, 33. — Machine à fixer les capsules et les feuilles d'étain sur les bouteilles.   **(QUAI.)**
> Usine à vapeur, rue de Saint-Maur, 16 et 18. — Étain pur en feuilles brillantes, dorées, sablées, coloriées, pailletées d'or, etc., etc., pour surbouchage de bouteilles.
> Récompenses : Paris 1855, 1867, 1878, Médailles de bronze ; Londres, 1851, 1862 ;
> Vienne, 1873, Médaille de mérite.

71. LAVAL (P.-S.), à Mouleydier (Dordogne). — Échalas en châtaigniers, feuillards pour cercles.   **(QUAI.)**

72. LEBLANC-HALLOT, à Paris, boulevard Saint-Germain, 9. — Outillage en fer blanc pour négociants en vins et distillateurs.   **(QUAI.)**

73. LECLÈRE (Vve), à Paris, rue de Lyon, 47. — Machines à capsuler, à marquer au feu les bouchons.   **(QUAI.)**

74. LEJEUNE (Ad.), à Pantin (Seine), rue de Paris, 48. — Foudres et fûts neufs.
                                                                                         (QUAI.)

75. LETOURNEAU (Émile), à Bordeaux (Gironde), rue Ste-Catherine, 64. — Bouchages et scellements universels par le cachet en plomb.   **(QUAI.)**

76. LÉVY (Michel), à Épernay (Marne). — Étiquettes de luxe et tableaux-annonces en couleurs.   **(QUAI.)**

77. LHERAULT (Louis), à Argenteuil (Seine-et-Oise), rue des Ouches, 29. — Semences de raisin, variétés de raisins en corbeilles, cépages de vigne. **(QUAI.)**

78. LONGEOT Ainé (Ch.), à Paris, avenue de Versaille., 53. — Machines à rincer les bouteilles, moteur à gaz, égouttoirs articulés, machines à dégoudronner et étiqueter, etc. **(QUAI.)**

79. LOUET (J.-B.-F.-Casimir), à Issoudun (Indre). — Pallissages en fer à pose sans scellement pour vignes et pour abris contre les gelées. Raidisseurs, fils câblés. **(QUAI.)**

80. MABILLE (E.) Frères, à Amboise (Indre-et-Loire). — Pressoirs à main et au moteur, fouloirs à vendange, fouloirs-égrappoirs, broyeurs, grues, gerbeuses et presses à huile. **(QUAI.)**

81. MAIGNEN, à Paris, place de l'Opéra, 4. — Filtres à vin. **(QUAI.)**

82. MARLIN (Alexandre et Edmond), à Paris, rue Marbeuf, 28. — Monte-charges mobiles de toutes hauteurs et forces pour gerber et monter les fûts et gros fardeaux sur voiture, cuve, wagon, bateau, etc. **(QUAI.)**

> Romaines en l'air et romaines bascules au 100ᵉ pour fûts et autres, force 1,000 kilog. et au-dessus. Ponts à gerber.

83. MARMONIER Fils, à Lyon (Rhône), rue du Château, 63. — Presse à vin et à cidre, fouloir à vendanges, fouloir-égrappoir. **(QUAI.)**

84. MARTIN Frères, à Angers (Maine-et-Loire), rue de la Roë, 17. — Pompes horizontales (dites Soleil) sur brouettes, pour le transvasement des liquides. Machines à boucher les bouteilles. Entonnoir de sûreté, fouets à coller à engrenage. **(QUAI.)**

> Maison fondée en 1873, pour la fabrication spéciale de tous articles de caves ou chais. Pompes à vins, cidres, alcools, etc., débit 2,000 à 7,000 litres à l'heure, pouvant servir au décuvage et à l'arrosage. Nouvelles boucheuses à triple compression, pouvant boucher plein, sans casse, ras ou avec tête, sans déchirure du bouchon, « La Merveilleuse », « l'Incomparable », etc. Vingt modèles différents. Plaques de bondes, fer-blanc et tôle.

85. MENOUD (François), à Yenne (Savoie). — Griffe à greffer la vigne et toutes sortes d'arbres et arbrisseaux par le bouchon. Bouche-bouteilles à engrenage, système Menoud. **(QUAI.)**

86. MERCIER Frères, à Épernay (Marne). — Plans de vignes, chais, etc. **(QUAI.)**

87. MICOLON (Henri), à Firminy (Loire). — Échalas et cordons pour vignes et barrières hélicoïdales, en acier fondu. **(QUAI.)**

88. MONIER (Joseph) & Fils, à la Plaine-Saint-Denis (Seine), avenue de Paris, 126. — Réservoirs et cuves en ciment, types de chais. **(QUAI.)**

89. MOPIN (Victor), à Eu (Seine-Inférieure). — Foudres, cuves, fûts. **(QUAI.)**

90. NICLOZ (J.), à Paris, rue des Francs-Bourgeois, 22. — Articles de chais, produits œnologiques, machines à capsuler, boucher, étiqueter, rincer et à marquer les bouchons au feu. **(QUAI.)**

91. NOEL (Nicolas), à Paris, avenue Parmentier, 104. — Pompes, pulvérisateurs. **(QUAI.)**

92. OGER-BASCHER, au Château de la Fresnaye, commune de Saint-Aubin-de-Luigné (Maine-et-Loire). — Plans de chais, pressoirs, vins de 1888. **(QUAI.)**

93. PAIN (Frédéric), à Paris, rue de Rivoli, 46. — Ficelage de bouchons pour bouteilles. **(QUAI.)**

94. PANIS (Gustave), à Paris, passage Saulnier, 25. — Alambic, porte, verres, boîtes postales. **(QUAI.)**

95. PÉPIN Fils ainé (Guillaume), à Bordeaux (Gironde), rue Notre-Dame, 110. — Pasteurisateur, pompes, filtres à vins, machines à boucher les bouteilles, soufflets, siphons, outils et fournitures de chais et caves. **(QUAI.)**

96. PERDOUX (G.), à Bergerac (Dordogne).—Variétés de raisins de cuve. (**QUAI.**)

97. PETIT (Édouard), à Paris, rue Domat, 12. — Appareils anti-insectivores contre la vigne et les arbres fruitiers.   (**QUAI.**)

98. PETIT (Jules), à Paris, rue Pierre-Levée, 12. — Pompes pour tous usages et spéciales pour dépotage des vins, alcools et de tous les liquides.   (**QUAI.**)

99. PIC (Vve Hippolyte), à Paris, boulevard de Bercy, 13 — Pompes à piston horizontal «Bercy-Rapide» pour le transvasement des liquides. Articles de caves. (**QUAI.**)

100. PIQUET (H.-E.), à Sartrouville (Seine-et-Oise). — Pressoirs, fouloirs, égrappoirs.   (**QUAI.**)

101. POIROT, à Paris, boulevard Richard-Lenoir, 92. — Grue locomobile pour le gerbage des fûts, chariot monte-charges.   (**QUAI.**)

102. POMMIER, à Marseille (Bouches-du-Rhône), rue Sainte, 29. — Appareil pour le chauffage des vins.   (**QUAI.**)

103. PRÉAUD (J.-M.), à la Croix-Blanche, par Saint-Sorlin (Saône-et-Loire).— Plâtre noir sulfocarboné, engrais insecticide.   (**QUAI.**)

104. PREIGNAN, à Agen (Lot-et-Garonne), rue Maillé, 11. — Greffoir. (**QUAI.**)

105. PRUDON & DUBOST, à Paris, boulevard Voltaire, 210.— Pompes à vin.
(**QUAI.**)

106. PULLIAT (V.), à Chiroubles (Rhône). — Raisins, travaux viticoles. (**QUAI.**)

107. PUZENAT (Émile), à Bourbon-Lancy (Saône-et-Loire), route de Moulins, 18. — Pressoirs, fouloirs, houes vigneronnes, scarificateurs, charrues vigneronnes. (**QUAI.**)
   Maison à Paris, avenue Parmentier, 177, près la rue Alibert.
   Manufacture centrale de machines agricoles et viticoles de tous genres, spécialité de râteaux à cheval, faneuses, herses articulées, herse « Couleuvre », démousseuses, extirpateurs, scarificateurs, déchaumeuses ; instruments spéciaux pour culture de la vigne en général, pressoirs à vin. Outils d'horticulture et d'entretien d'allées de parc, etc. Catalogue f° sur demande.
   Médailles de 1re classe aux Expositions universelles de Paris 1878, Amsterdam 1883.

108. RAOULX (Émile), à Saujeon (Charente-Inférieure). — Modèles de foudre pour eaux-de-vie de Cognac et autres.   (**QUAI.**)

109. RENOU (A.), à Paris, rue du Texel, 9. — Agrafes pour le ficelage des bouteilles.   (**QUAI.**)

110. RÉTIF (Jules), à Lyon (Rhône), rue des Culottes, 56. — Filtres pour les lies, les vins, les liqueurs, sirops, etc.   (**QUAI.**)

111. RETTERER (Émile), à Paris, rue de Choiseul, 19. — Fûts, tonneaux et citernes blindés, intérieur tout en bois comprimé, enveloppe extérieure en fer. (**QUAI.**)
   Ces appareils, brevetés en France et à l'Etranger, sont destinés à loger, transporter et conserver les vins, bières, alcools et tous autres liquides, conserves, etc. ; ils résistent à de très fortes pressions intérieures sans déperdition de gaz ni évaporation.

112. RIVET Jeune (Vve M.-S.), à Paris, boulevard Poissonnière, 8. — Poudres à clarifier les vins. Poudre A. Jullien. Ducray. Mège.   (**QUAI.**)
   Fournisseur des hospices de Paris. — Les seuls produits de ce genre ayant obtenu des récompenses aux Expositions universelles.

113. ROUART Frères & Cie, à Paris, boulevard Voltaire, 137. — Moteurs à gaz nécessaires dans les établissements vinicoles.   (**QUAI.**)

114. ROUDET, à Paris, rue du Banquier, 25. — Bascules spéciales pour négociants en vins, appareils à gerber les fûts.   (**QUAI.**)

115. ROUHETTE, à Paris, quai de la Rapée, 30. — Appareils et tissus à filtrer.
(**QUAI.**)
   Constructeur, appareils et tissus à filtrer applicables à tous les liquides.
   Mention honorable, Exposition universelle de Paris 1878. — Médaille d'argent et médaille de bronze, Exposition universelle de Barcelone 1888.

116. ROUSSEAU Fils (V.-Paul), à Bordeaux (Gironde), quai Ste-Croix, 7. — Tasses jumelles comparatives. Sondes à vins extensibles.   **(QUAI.)**

117. ROUSSEAU (Paul) & Cie, à Paris, rue Soufflot, 17. — Appareils et produits contre le phylloxera, le mildew, l'oïdium etc. Alambic d'essai. (P. Rousseau et A. Lelièvre).   **(QUAI.)**

118. ROY (Gustave), au château d'Issan, par Margaux (Gironde). — Entonnoir compteur, chariot. Pulvérisateur, échantillons vins récolte 1888. Plan en relief du château d'Issan.   **(QUAI.)**

    Adresse à Paris, 1 bis, avenue Hoche. — Membre du Jury et de la Commission supérieure aux Expositions de 1867 et 1878. Hors concours.

119. SAINTE-MARIE-DUPRÉ Fils (R.), à Arcueil (Seine). — Capsules métalliques pour le bouchage des bouteilles, machines à capsuler.   **(QUAI.)**

120. SALOMON (Étienne), à Thomery (Seine-et-Marne). — Raisins de cuve, matériel de conservation du raisin, collection de vignes.   **(TROCADERO & QUAI.)**

121. SAPPEY (Alexandre-C.), à Paris, boulevard Richard-Lenoir, 32. — Citernes en ciment pour la réception et le travail des vins.   **(QUAI.)**

122. SCEPVAL & SORT, à Bordeaux (Gironde), rue Barreyres, 20. — Caisses à bouteilles pour l'exportation, bouchons, capsules, étiquettes.   **(QUAI.)**

123. SÉGUIN (Camille), à Paris, rue de Bercy, 137. — Articles de cave, outils de tonnellerie.   **(QUAI.)**

124. SIMONETON & Fils, à Paris, rue d'Alsace, 41. — Appareils et tissus à filtrer pour la filtration des lies et des vins. Filtres coniques.   **(QUAI.)**

    Paris, 1878, bronze; Amsterdam, 1883, argent; Barcelone, 1888, Médaille or, 2 Médailles argent.

125. SINGLY (de) & Cie, à Paris, rue d'Allemagne, 196. — Tuyaux en tôle galvanisée pour la submersion des vignes.   **(QUAI.)**

126. Société agricole, littéraire et scientifique des Pyrénées-Orientales, à Perpignan. — Echantillons de vins; plants de vigne; plans et photographies de vignobles.   **(QUAI.)**

127. SOCIÉTÉ D'AGRICULTURE DU GARD (Exposition collective de la), à Nîmes (Gard). — Statistique viticole du Gard. Cartes agronomiques. Plans de chais. Echantillons de vins de la récolte de 1888.   **(QUAI)**

Amphoux, à Beauvoisin.	Fabre (Paul), à Gaujac.
Audemard, à Vergèze.	Fontanès Aîné, à Beauvoisin.
Barre (Louis), à Alais.	Gleizes, à Ledenon.
Beaume (Clément), à Orsan.	Guérin (S.), à Nîmes.
Blanc (Ferdinand), à Bagnols.	Guigne-Baldy, à Vauvert.
Boissier (Albert), à Nîmes.	Guiraud, à Nîmes.
Boissier (Jules), à Nîmes.	Hérisson, à Nîmes.
Bonnaud Frères, à Bernis.	Huguet Frères, à Bernis.
Bourry (A.), à Vergèze.	Im-Thurn, à Bellegarde.
Bruneton, à Nîmes.	Lugol (E.), à Manduel.
Cazelles, à Paris.	Lombard-Dumas, à Sommières.
Chanzit, à Nîmes.	Martin, à Comps.
Clauzel de Coussergues, à Beaucaire.	Molines, à Nîmes.
	Mourier, à Paris.
Colomb de Daumant, à Nîmes.	Pagès, à Nîmes.
Comy Fils, à Garons.	Pascal (A.), à Nîmes.
Cosse, à Bouillargues.	Périé & Méjean, à Vergèze.
Crouzet, à Saint-Laurent d'Aigouze.	Piéchegut, à Cornillon.
Dejardin, à Nîmes.	Privat, à Massillargues.
Dide (Isidore), à Uchaud.	Reboul, à Calvisson.
Doumergue, à Nîmes.	Rouvière, à Nîmes.
Dupin, à Bagnols.	Thérond, à Saint-Jean-de-Crieulon.
Fabre (G.), à Nîmes.	

128. Société d'agriculture de la Gironde et Comice agricole et viticole de Libourne, à Bordeaux (Gironde), cours du XXX Juillet, 9. — Plans, dessins, photographies, brochures. Outillage viticole. Cépages. Echantillons de vins 1887 et 1888.   **(QUAI.)**

ARNAUD, à Pomerol.
BARTHEROTTE, à Abzac.
BÉGAUD, à Galgon.
BERTRAND, à Libourne.
BOUCHU, à Pomerol.
BUSSIER (I.), à St-Michel-la-Rivière.
BUSSIER-GOUPIL, à Saint-Michel-la-Rivière.
CORBIÈRE (Pierre), à St-Émilion.
CORBIÈRE, à Lussac.
COURTEAUD, à Libourne.

DARBEAU, à Pomerol.
DECASSE, à St-Emilion.
DUCOURT, à Fronsac.
FONTAINE, à Libourne.
GALLOT, à Pomerol.
HERVÉ, à Fronsac.
LAFUGIE, à St-Hippolyte.
LAVAU, à Libourne.
POITOU, à Puisseguin.
RABOT et ROCHEROL, à Vayres.
RAY-GAUSSEN, à Libourne.

129. Société centrale d'agriculture de l'Aude, à Carcassonne (Aude). — Vins, plans de vignobles, cartes, statistiques, etc.   **(QUAI.)**

130. Société centrale d'agriculture de l'Hérault (Exposition collective de la), à Montpellier (Hérault). — Plans de vignobles. Mémoire sur la reconstitution. Photographies Raisins. Echantillons de vins de la récolte de 1888.   **(QUAI.)**

AVEROUS, à Pézenas.
AVINENS, à Clapiers.
BARRAL DE BARET, à Florensac.
BASTIDE, à Clapiers
BASTIDE-CANQUIL, à Saint-André-de-Sangouin.
BAZILLE (G.), à Montpellier.
BÉDARD, à Beaufort.
BEDOS, à Clapiers.
BELUGNON, à Montpellier.
BENEZECH, à Roquessels.
BERGAGNON, à Villeneuve-lez-Maguelonne.
BERGASSE, à Cessenon.
BIGOT (J.), à Bouzigues.
BONNEFOI, à Clapiers.
BONNET, à Montpellier.
BONNET (Louis), à Clapiers.
BONNIER (F.), à Clapiers.
BORREL, à Montmajoi.
BOURDIER, à Beaufort.
BOUSCAREN (A.), à Montpellier.
BOUSCAREN, à Gigean.
BOISSIER, à Montpellier.
BRU, Ainé, à Montpellier.
CAIZERGUES, à Clapiers.
CALVET (J.), à Montpellier.
CAMBON, à Antignac.
CAUSSEL, à Clapiers.
CHALIER, à Clapiers.
CHAPEL, à Saint-Jean-de-Védas.
CHASSEFIÈRE, à Clapiers.
CIFFRE, à Lanas.
COMPAGNIE DES SALINS DU MIDI, à Montpellier.
COUDERC, à Poussan.
COULON, à Clapiers.
COURAL Fils, à Schinian.
D'ALBIS, à Montpellier.
DALICHON (H.), à Lunel.
DEJEAN, à Popian.

DESPETIS, à Mèze.
D'ESPOUS (A.), à Montpellier.
D. DU LAC, à la Gauphine.
DOMERGUE (A.), à Montpellier.
DUSSOL, à Jacou.
ESTEVE, à Montpellier.
FARGUES, à Grabels.
FERRIÈRE, à Clapiers,
FIGUIER-SERRE, à Cette.
FORTON (Marquise de), à Montpellier.
GALOFRE, à Montpellier.
GÉLY (Pierre), à Clapiers.
GENDRE & RIBEN, à Montpellier.
GERVAIS, à Montpellier.
GIRAUD (L.), à Montpellier.
GONDANGE, à Puissaguier.
HÉRAIL, à Montpellier.
HOURS (des), à Mezouls, par Mangino.
HUE (Baron), à Montpellier.
HUGOUNENQ, aux Hemies.
HUGUET (Léon), à Montpellier.
JAMME (CHARLES), à Montpellier.
JEANJEAN, à Montpellier.
JULIAN (A.) Fils, à Villeneuve-lez-Maguelonne.
JULLIAN (J.), à Villeneuve-lez-Maguelonne.
LANSADE, au Château de Jonquières.
LAU (Félix), à Caussiniojouls.
LAURENT (A.), à Montpellier.
LES HÉRITIERS MION, à Montpellier.
LEENHARD, à Clapiers.
LONJON (Ch.), à Montpeyroux.
MARÈS, à Montpellier.
MARQUÉS, à Clapiers.
MARTEL (Omer), à Cazouls.
MARTIN ARNOUD, à Thezan.
MARTINIER (J.), à Montarnaud.
Mᵉ DE CABRIÈRES, évêque de Montpellier.
PAGÈS, à Vendargues.

PERRIER, à Clapiers.
PETIT, à Thezan.
PEYSSON, Villeveyrac.
PIERRE (Vve), au Rochet pres Mont-
　pellier.
PIÉTRI (Thomas), à Villeveyrac.
PIEYRE–MÉDARD, à Loupian.
PLANTIER, à Montpellier.
PORTE, à Clapiers.
PORTES, à Clapiers.
POULAUD, à Montpeyroux.
PUJO, à Montpellier.
RADIER, à Lansargues.
REBOUL, à Poussan.
REY (A.), à Marseilhan.
REYNES (F.), à Montpellier.
RIBEN, à Montpellier.
RIEFFEL, à Agde.

ROBERT, à Clapiers.
ROBINET, à Montpellier.
ROUVIÈRE HUC, à Montpellier.
ROUX (Ernest), à Agde.
RUSQUE, à Villeveyrac.
SABATIER, à Vendargues.
SABATIER (P.), à Clapiers.
SELY (Jean), à Clapiers.
SOULAIROL, à Montpellier.
STOESSEL (Mme), à Montpellier.
TABERNE (Frank), à Clapiers.
TEULON, à Clapiers.
TINDEL AZAM, à Maraussan.
TINEL Fils, à Olonzac.
TOUSSAINT (A.), à Clapiers.
VIÉLA, à Clapiers.
VINCENT-LAUROUROUX (Mᵐᵉ), à Cour-
　nousec.

131. Société du Filtre bordelais (Directeur : **Rivarès),** à Bordeaux (Gironde), cours Tourny, 55. — Appareil de filtrage.　**(QUAI.)**

　Filtre de Gaulne. — Procédé nouveau pour le filtrage des vins, en présence de l'acide carbonique liquide. — Filtres spéciaux pour eaux-de-vie, cognacs, lies et malts.
　Filtre Gasquet et de Gaulne, filtrage à l'abri de l'air ou en présence de l'acide carbonique liquide.

132. Société française de protection contre le phylloxera, à Paris, rue Marsollier, 9. — Phylloxericide Maîche.　**(QUAI.)**

133. Société française des Vignobles de Corse, de Provence et d'Afrique, à Marseille (Bouches-du-Rhône), boulevard de la Corderie, 9. — Raisins.
　　　　　　　　　　　　　　　　　　　　　　　　　　　(QUAI.)

134. Société régionale de viticulture de Lyon (Exposition collective de la) à Lyon (Rhône), rue de l'Arbre-Sec, 27. — Plans de vignobles. Mémoires sur la viticulture, raisins. Echantillons de vins de la récolte de 1888. **(QUAI.)**

BENDER, à Odenas (Rhône).
BERT, à Tournon (Ardèche).
BOZZINI, à Taine (Isère).
CHAMONARD, à Romanèche-Thorins
　(Saône-et-Loire).
CHANRION, à Vaux (Rhône).
CHERROLAT , à Saint-Cyr-sur-Rhône
　(Isère).
CONDEMINAL, à Balleverne (Saône-et-
　Loire).
DAVID, à Ampuis (Rhône).
DEMEURE, à Lucenay (Rhône).
GAILLARD, à Brignais (Rhône).
GENÉTIER-LAPIERRE, à Loyse (Saône-
　et-Loire).
GENIN, à Lyon (Rhône).

GOMOT, à Ampuis (Rhône).
GUILLARD, à Chazais d'Azergues (Rhône)
FILI–VERNAY, à Francheville (Rhône).
JOURDAN, à Fleurie (Rhône).
MICHAUD, à Beaujeu (Rhône).
MILLE, à Fleurie (Rhône).
MONIOTTI – DESSALLE , à Villefranche
　(Rhône).
MURAT , à Saint-Jean – des – Vignes
　(Rhône).
RICHARD, à Tournon (Ardèche).
ROBIN, à Lapeyrouse-Mornay (Rhône).
SILVESTRE, à Bois-d'Oingt (Rhône).
SILVESTRE, à Chenas (Rhône).
VAUTHIER, à Lyon (Rhône).

135. Société Union agricole et viticole de Châlon-sur-Saône, à Châlon-sur-Saône (Saône-et-Loire). — Plans, statistiques, échantillons de vins 1888.
　　　　　　　　　　　　　　　　　　　　　　　　　　　(QUAI.)

136. Société de Viticulture de l'arrondissement de Vassy (Exposition collective de la) Président : **Capitain Genry,** à Bussy, Ecart de Vecqueville (Haute-Marne). — Instruments de viticulture, cartes, plans. Vins, eaux-de-vie, liqueurs.　**(QUAI.)**

CAILLET (Hippolyte), à Joinville-sur-
　Marne.
CAPITAIN-GENRY, à Joinville-sur-Marne
DELIGNON (Charles), à Saint-Urbain.
DROUIN, à Fronville.
GOEB BARBE, à Donjeux

LIÉBAULT (Jacquin), à Saint-Urbain.
MATHIERS (Charles), à Curel.
MOROT-FÉRON, à Antigny-le-Petit,
PRIGNOT PAULAIN, Maire, à Antigny-le
　Petit.

137. SOUCHU-PINET (Henri-J.), à Langeais (Indre-et-Loire). — Collection d'instruments de culture de vignes, applicables à d'autres cultures en lignes.   (QUAI.)

Croix du mérite agricole, Exposition universelle de Barcelone 1888, 1er prix, méd. d'or.

138. SOYEZ (H.), à Paris, rue du Cardinal-Lemoine, 37.—Articles de cave. (QUAI.)

139. Syndicat de Saint-Vincent d'Issoudun (Exposition collective du), à Issoudun (Indre). — Instruments de viticulture, plans de champs d'expérience et de pépinières, échantillons de plants américains producteurs et de plants greffés (racines nues).

BONNEVAL (Vicomte de), président.	GIRODEAU-GEOFFROY, à Issoudun.
AUPETIT-CHAUVEAU, à Issoudun.	GODART-DARNAULT, à Issoudun.
BLANCHARD-DUPUY, à Issoudun.	LAUGÉ, à Issoudun.
BONDOIRE-PERRIN, à Issoudun.	LEGROS-BONDOIRE, à Issoudun.
BONNIVUI (Paul), à Issoudun.	MARTINET-MASSON, à Issoudun.
BORGET (Alfred), à Issoudun.	MERCIER-SAULE, à Issoudun.
FABRE-PERRIN, à Issoudun.	PENEAU-BUISSON, à Issoudun.
GAIGNAULT-PIGELET, à Issoudun.	TAUPIN-MERCIER, à Issoudun.

140. TASCHER Frères, à Bordeaux, cours Saint-Médard, 52. — Cachets ou scellés de sûreté pour caisses à vins.   (QUAI.)

141. THEMAR (Thomas), Successeur de son père, à Paris, rue Morand, 14. — Machines à boucher les bouteilles. Nouvelle machine à capsuler. Machine marchant automatiquement.   (QUAI.)

142. THIRION (Antoine-R.), à Paris, rue de Vaugirard, 160.—Pompe à vapeur locomobile pour le traitement des vignes. Pompes fixe, à manège et à bras. Appareil à dissoudre le sulfure de carbone.   (QUAI.)

Paris, 1867, Médaille d'argent; Paris, 1878, Médaille d'or.

143. THIRION (Henri), à Paris, rue de la Roquette, 51. — Porte-bouteilles et égouttoirs en fer. Machines à boucher les bouteilles, bouchons mécaniques. (QUAI.)

Maison fondée en 1868. Porte-fûts et lève-fûts. Médaille de bronze, Paris 1878. Médaille d'argent, Barcelone 1888.

144. TIFFONNET Frères, à la Rochefoucauld (Charente). — Couronnes de cercles.   (QUAI.)

145. TIXIER (Joseph) & Cie, à Paris, rue de Bondy, 74. — Étuis postaux à fermeture étanche pour envois d'échantillons de liquides et corps gras.   (QUAI.)

146. TRÉMAUX (Pierre), à Paris, rue Vernier, 23.—Destruction du phylloxera et des virus. Montre, cadres, photographies, indications du traitement.   (QUAI.)

Phylloxera et virus détruits par corps avides d'oxygène ; le bas du cep huilé avant la sève donne grande reprise; 1 à 2 grammes huile-pétrole bue dans un verre d'eau, avec frictions-grasses tuent les virus. — Exposition universelle, grand diplôme d'honneur à Londres.

147. Union des Syndicats de l'Armagnac (Exposition collective de l') à Nogaro (Gers). — Eaux-de-vie de 1888.   (QUAI.)

BOUSSIGON à Eauze.	DRUILHET (E.), à Cazaubon.	LAUDET (Paul), à Parlebosc (Landes).
CAILLEBAR (E.), à Estang.	DRUILHET (G.), à Cazaubon.	LOUMAIGNE (Ed.), à Sion.
CAPPIN (L.), à Cazaubon.	DUCOM (D.), à Montlezun.	MARSAN, au Capblanc.
CASTAGNET, à Cazeneuves.	DUCOM (E.), à Manciet.	MATIGNON, à Cravenières.
CASTAGNOU, à Toujouse.	DUPUY DE GUILLEMEN, à Cazaubon.	PUSTIENNE, à Bretagne.
CAZENAVE, à Nogaro.	JAYLES, à Douriou.	RENAUD, à Gondrin.
DAREAU-LAUBADÈRE, à Saint-Martin.	LABADIE (J.), à Cazaubon.	SABBATHIER (M. DE), à Eauze.
DARTIGALONGUE, (J.) à Nogaro.	LABADIE-MOULIÈS, à Cazaubon.	SAINT-AUBIN, au Cerillo.
DASSIOU, à Sion.	LAJUS (F.), à Paujas.	SAMARAN (V.), à Cravenières.
DESBARATS, à Eauze.	LARROQUE (F.), à Eauze.	SEMPÉ, à Baurouillan.
DESBANS à Saint-Martin.		SENAT, à Campagne.
DESPARSAC (J.), à Cazaubon.		SEUTEX (T.), à Tastet.

148. VARIN (Paul), à Jeand'heurs (Meuse). — Appareils à filtrer les bières et es vins, garnis de papier à filtrer. Papiers à filtrer les bières et les vins. **(QUAI.)**

149. VAUTIER (Émile), à l'Armeillière-en-Camargue, par Arles (Bouches-du-Rhône). — Plan d'un vignoble submergé. **(QUAI.)**

150. VERMOREL (B.-Victor), à Villefranche (Rhône). — Pulvérisateurs contre le mildew, pals injecteurs contre le phylloxera, chaudières à pyrale, charrues vigneronnes. **(QUAI.)**

Soufreuses à hottes. Houes vigneronnes. Pressoirs à levier. Fouloirs à vendanges. Égrappoirs. Pulvérisateurs à cheval, Matériel de greffage. Matériel viticole et vinicole complet. Pompes à vin. Vastes champs d'expérience et de culture pour les vignes américaines dans le Rhône et dans le Cher. — Médaille d'or, Barcelone, 1888.

151. VIDAL (J.), à Bordeaux (Gironde), rue Montgolfier, 89. — Cachets de sûreté pour caisses et plaques de barriques. **(QUAI.)**

152. VIER (Albert), à Narbonne (Aude), rue de Belfort, 18. — Fûts sur socle en chêne pouvant contenir 36 liquides différents. **(QUAI.)**

153. VIGNEAU (P.-Henri), à Aiguillon (Lot-et-Garonne) — « Le Clésibius », pulvérisateur pour le traitement des vignes contre le mildew et le black-rot et pour l'échenillage des arbres. **(QUAI.)**

154. WEITZ (Jules), à Lyon (Rhône), cours du Midi, 17. — Voie portative et wagonnets. **(QUAI.)**

Matériel pour la viticulture, pour l'agriculture, pour plantations et exploitations de forêts, etc., etc. Constructeur du porteur Jules Weitz, breveté pour son assemblage et pour son système de plaques tournantes. Fournisseur des manufactures nationales, des Arsenaux et des Poudreries de l'État.

155. WERLÉ & Cie, à Paris, rue de Lafayette, 196. — Système de bouchage hermétique pour bouteilles. **(QUAI.)**

Fabrique établie à Paris en 1878. — Médailles et récompenses obtenues aux Expositions universelles et internationales de Melbourne 1881 et Amsterdam 1883.

156. WINKELMANN & Cie, à Paris, rue du Faubourg-Poissonnière, 70. — Machine automatique à rincer les bouteilles, machine à remplir les bouteilles. **(QUAI.)**

157. YVERT (A.), à Mareil-Marly (Seine-et-Oise). — Sécateur, inciseleur, échalassement, pulvérisateur, charrue vigneronne, etc., fouloirs, égrappoirs, pressoirs, pompe à vin, filtre à vin, alambic, etc. **(QUAI.)**

COLONIES.

ALGÉRIE.

1. AURELLES DE PALADINE (Léonce d'), à Boufarik (Alger). — Cépages de vigne obtenus par semis. **(ESPLANADE.)**

2. BARDOUX-KELLER, à Oran, boulevard Marceau. — Foudres ronds et ovales. **(ESPLANADE.)**

3. BARROT (Raymond), à Philippeville (Constantine). — Systèmes de boîtes à vendange destinées à rafraîchir le raisin. **(ESPLANADE.)**

4. BERGOUGNOUX (Antoine), à Bel-Abbès (Oran). — Charrue vigneronne déchausseuse montée sur fer, montée sur bois, charrue chausseuse montée sur bois.
(ESPLANADE.)

5. BONIFFAY (Aristide), à Alger, rue Joinville, 6. — Photographies représentant divers détails du vignoble de Ben-Negro (Birkaden).
(ESPLANADE.)

6. COMBIER (Adolphe), à Aïn-bou-Dib, commune mixte d'Aïn-Bessem (Alger). — Vin rouge, vin blanc, eau-de-vie de marc.
(ESPLANADE.)

Clos Combier, vignoble de 50 hectares, côteaux des Vieux-Aribs et du Grand-Hamza. Médaille or, Bruxelles 1888.

7. Comice agricole des Aribs, à Aïn Bessem (Alger).— Cuve à vin, système nouveau.
(ESPLANADE.)

8. Comice agricole de Médéah, à Médéah (Alger). — Collection de plants de vigne et sarments.
(ESPLANADE.)

9. DUCHÉ (Marius), à Bône (Constantine). — Charrues vigneronnes fortes et légères spéciales pour l'Algérie.
(ESPLANADE.)

10. DUMAS (Antoine), à Bône (Constantine). — Collection de pieds de vigne.
(ESPLANADE.)

11. DUTET (George), à Chébli (Alger). — Tuteurs circulaires pour la vigne préservant de la gelée et de la casse résultant des grands vents.
(ESPLANADE.)

12. ELLUL Frères, à Mustapha (Alger). — Filtre à vin et à bière avec accessoires.
(ESPLANADE.)

13. FALLET (U.-H.), à Médéah (Alger). — Plans en relief au 1/1000 du clos Fallet et du modèle de Takhabit Merdjaskir, près Médéah, des bâtiments d'exploitation magasins.
(ESPLANADE.)

14. GAY (Xavier), à Saint-Eugène (Alger). — Foudres de formes diverses.
(ESPLANADE.)

15. GAYON (Paul), à Mostaganem (Oran). — Pressoir continu.
(ESPLANADE.)

16. GROSPERRIN (Vve et Fils), à Boufarik (Alger.) — Charrue vigneronne.
(ESPLANADE.)

17. HOFFMANN (Eugène), à Béni-Méred (Alger). — Charrue vigneronne.
(ESPLANADE.)

18. JAVAL (Ernest), à Bouïnan (Alger). — Plan des constructions du clos Amroussa.
(ESPLANADE.)

19. LANGLOIS (Alfred), à Alger, place Bresson. — Soufflets insufflateurs pour le soufrage et l'épandage des matières pulvérulentes, pulvérisateurs s'y adaptant.
(ESPLANADE.)

20. LÉPORI (Joseph), à Aïn-Bessem (Alger). — Spécimen de cuve à vin en maçonnerie.
(ESPLANADE.)

21. LEROUX (S.-C.), à Mustapha (Alger). — Ouilleur automatique Fausset hydraulique, ventilateur à vendange, amphore moderne pour conservation des vins, plan d'un chais.
(ESPLANADE.)

22. LESUEUR (George), à Philippeville (Constantine). — Vues photographiques de la station viticole d'El Mahader.
(ESPLANADE.)

23. LORCET (Émile), à Bougie (Constantine). — Charrues vigneronnes.
(ESPLANADE.)

24. MÉRIEUL et DISS, à Oran, rue Schneider. — Pressoir monté sur roues.
(ESPLANADE.)

25. MICHEL (Joseph), à Philippeville (Constantine). — Foudres ronds et ovales, cuves rondes et ovales. **(ESPLANADE.)**

26. PELLIZZARI (Paul), à Birtouta (Alger). — Foudres amphores en briques. **(ESPLANADE.)**

27. PHILIPPON (Eugène), à Oran. — Pompe à vin. **(ESPLANADE.)**

28. POUJOULAT (Édouard), à Oran, rue Diéga. — Appareils pour la conservation du vin dans les caves. **(ESPLANADE.)**

29. PROTAIS (Jean), à Oran. — Foudres ronds et ovales. **(ESPLANADE.)**

30. RICHOU (Réné), à Oued-Amizour (Constantine). — Appareil pour détruire les parasites de la vigne à l'exception du phylloxera, pour le soufrage et le pinçage de la vigne. **(ESPLANADE.)**

31. RIEUMES (H. de), à Bône (Constantine). — Plans, coupes et détails d'un système de cuve pour vendanges et à usage de citerne. **(ESPLANADE.)**

32. ROYER (Jules), à Bône (Constantine). — Publications concernant la viticulture algérienne, revue périodique et ouvrages divers. **(ESPLANADE.)**

33. SALINIÉ (L.-R.), à Boufarik (Alger). — Charrues et herses en fer pour la culture de la vigne. **(ESPLANADE.)**

34. SAUNIER (Marius), à Oran, boulevard Charlemagne. — Appareils pour la destruction de l'altise. **(ESPLANADE.)**

35. VARLET (Jules), à Boufarik (Alger). — Sarment de vigne de six mois, pieds de vigne à la 4ᵐᵉ feuille. **(ESPLANADE.)**

36. VÉRAX (M.-V.-A), à El-Hadjar (Constantine). — Pieds de vigne. **(ESPLANADE.)**

37. ZURCHER (Paul), à Courbet (Alger). — Claies pour fermentation dans les foudres, claies portières pour foudres. **(ESPLANADE.)**

PAYS ÉTRANGERS.

AUTRICHE-HONGRIE.

1. **PETERKA (Johann)**, à Vienne, Tuchlauben, 5. — Articles de ménage en métal.
(QUAI.)

BELGIQUE.

1. **MOREAU (Joseph)**, à Louvain. — Mémoire manuscrit : Destruction du phyl-loxera, amélioration de la culture et de la production viticole.
(QUAI.)

BRÉSIL.

(Voir son Catalogue spécial.)

ÉTATS-UNIS.

1. **Viticulture (Exposition collective de)**, sous la direction de **B. I. Clayton**, à New-York. — Collections botaniques de cépages.
(QUAI.)

MUNSON (F. U.), à Denison, Texas.   PEARSON (Alex. W.), à Vineland, New-Jersey.

ITALIE.

1. **ANGLADE (Aimé)**, à Barletta. — Tonneau de la capacité de 70,000 litres.
(QUAI.)

2. **MESCHINI (Eugène)**, à Gallarate. — Presses à raisin.
(QUAI.)

3. **NOTARI (A.) & Cie**, à Bologne. — Pompe pour arroser les vignes d'eau antiphylloxérique.
(QUAI.)

GRAND-DUCHÉ DE LUXEMBOURG.

1. **Administration des prisons du Grand-Duché de Luxembourg**, à Luxembourg. — Plans, spécimens des travaux, exécutés par les prisonniers.
(QUAI.)

2. **DUCHSCHER (André)**, à Wecker. — Presses et instruments divers servant à la fabrication du vin et du cidre.
(QUAI.)

3. **SERVAIS (Émile)**, à Luxembourg. — Pressoirs rotatifs continus, sans vis.
(QUAI.)

SUISSE.

1. **OTZ Fils (H.-L.) et Cie**, à Cortaillod (Neuchâtel). — Semences et semis de plants du pays, pinau fendant gris, fendant vert.
(QUAI.)

GROUPE VIII.

AGRICULTURE, VITICULTURE ET PISCICULTURE.

Classe 76.

Insectes utiles et insectes nuisibles.

FRANCE.

1. **ASSET (Eugène)**, à Sèvres (Seine-et-Oise).— Cadres miel en rayon et coulé.
(E. C.) **(QUAI.)**

2. **AYME (Louis)**, à Roussas, canton de Grignan (Drôme). — Cocons sur la bruyère. **(QUAI.)**

3. **BAZIRE**, à Paris, rue Poissonnière, 8. — Poudre insecticide, appareil Desille. Insectes. **(QUAI.)**

4. **BEAUREGARD (Henri)**, à Paris, boulevard St-Marcel, 49. — Collection d'insectes vésicants, à leur divers états de développement. **(QUAI.)**

5. **BÉGUIN (Victor)**, à Paris, rue Oberkampf, 87. — Insectes vésicants et produits. **(QUAI.)**

6. **BERENGUIER (Émile)**, à Vidauban (Var). — Produits séricicoles. **(QUAI.)**

7. **BERTHET et Cie**, aux Arcs (Var). — Bruyères avec cocons types. Boîtes de cocons et graines de vers à soie. **(QUAI.)**

8. **BERTRAND (Auguste)**, à Buffon (Côte-d'Or). — Miel en rayon et coulé, cire. Ruches et métier à les fabriquer. Collections : ennemis des abeilles. **(QUAI.)**

9. **BIÉ (Victor)**, à Paris, pourtour du Théâtre de Grenelle, 5. — Cadre de lépidoptères séricigènes. **(QUAI.)**

10. **BUREAU (Émile)**, à Bessy (Yonne). — 24 pots de miel pur. Sainfoin obtenu sans extracteur. **(QUAI.)**

11. **CAILLAS (Émile-P.)**, à Paris, rue de l'Yvette, 34. — Magnanerie scolaire et expérimentale, claies cormières économiques remplaçant les boisements et facilitant la montée des vers. **(QUAI.)**

12. **CHAUT (Ernest)**, à Guillonville (Eure-et-Loir).— Miel en rayon, coulé, cire en briques. **(QUAI.)**

13. **CHAUVET (Félix)**, à Buis (Drôme). — Cocons de diverses races. **(QUAI.)**

Classe 76.

2

14. CHÉRON, à Magny-en-Vexin (Seine-et-Oise). — Miel, cire. Instruments apicoles. **(QUAI.)**

15. CHEVALLER (Louis), à Paris, rue Vieille-du-Temple, 81. — 3 ruches à hausses et cadres mobiles. **(QUAI.)**

16. CHRÉTIEN, à Paris, rue de l'Étoile, 32. — Chenilles soufflées. **(E. C.) (QUAI.)**

17. Commission départementale de sériciculture des Pyrénées-Orientales, à Perpignan (Pyrénées-Orientales). — Produits séricicoles. **(QUAI.)**

18. DEYROLLE (Émile), à Paris, rue du Bac, 46. — Insectes grossis pour l'anatomie. Meubles et instruments pour collections d'insectes. **(QUAI.)**

19. DIETRICH (Albert, baron de), à Paris, boulevard de Magenta, 37. — Ruches à cadres mobiles non peuplées. **(QUAI.)**

20. DUBOIS (Arthur), à Argenteuil (Seine-et-Oise), Grande-Rue, 39. — Collections de coléoptères et de lépidoptères. **(QUAI.)**

21. DUBOUCHÉ (Charles), à Limoges (Haute-Vienne). — Flacons désinfecteurs. **(QUAI.)**

22. DURIER, à Aubenas (Ardèche). — Produits séricicoles. **(QUAI.)**

23. EYMAR (C.-A.), à Paris, rue Royer-Collard, 12. — Poudre insecticide et appareils pour son emploi. **(QUAI.)**

24. FALLOU (Jules), à Paris, rue des Poitevins, 10. — Sériciculture. **(QUAI)**

25. FOIN (Théodule), à Michery (Yonne). — Miels en rayons et coulés. **(QUAI.)**

26. FORNÉ (Michel), à Céret (Pyrénées-Orientales). — Produits séricicoles. **(QUAI.)**

27. FOURNIER (Achille), à Angerville (Seine-et-Oise). — Produits apicoles. **(QUAI.)**

28. FRAIX (Louis), à Boulogne-sur-Seine (Seine), rue du Château, 16. — Miels en rayons et coulés. **(QUAI.)**

29. GARIEL (Raymond), à Paris, quai de la Mégisserie, 54. — Ruches. **(QUAI.)**

30. GONSALVO (P.-B.-Ange de), à Estagel (Pyrénées-Orientales). — Graine de vers à soie, papillons, cocons, soies. **(QUAI.)**

31. GONTARD (Louis-Eugène), à Paris, rue du Faubourg-Saint-Martin, 266. — Insecticide Burnichon. **(QUAI.)**

32. GRAND (Eugène), à Paris, rue du Cardinal-Lemoine, 42. — Une ruche franc-comtoise. **(QUAI.)**

33. GRÉGOIRE (A.), à Paris, rue de la Harpe, 45. — Liége pour l'insectologie. **(QUAI.)**

34. GRÉMY Fils (Louis), à la Houssaye (Seine-et-Marne). — Instruments apicoles. **(QUAI.)**

35. GUÉROULT (Théodore), à Paris, rue Rhumkorff, 17. — Matériel de destruction des insectes. **(QUAI.)**

36. GUILLOT (Alfred), à Paris, place Saint-Michel, 4. — Collections d'insectes utiles et nuisibles. **(QUAI.)**

37. GUYON (Henri), à Paris, rue Chapon, 54. — Matériel pour l'élevage et la chasse des insectes utiles. **(QUAI.)**

38. HAMET, à Paris, rue Monge, 67. — Modèles de ruches à chapiteaux, photographies apicoles. **(E. C.) (QUAI.)**

39. JAMAIN (Nemrod), à Dijon (Côte-d'Or), rue des Roses, 19. — Capsules insecticides.   **(QUAI.)**

40. JANIN, à Paris, rue de Turenne, 64. — Engrais insecticide désinfectant.
                                                                  (QUAI.)

41. JOLAIN (Ferdinand), à Paris, boulevard Gouvion-Saint-Cyr, 5.— Collection d'insectes utiles et nuisibles.   **(QUAI.)**

42. JOURNET (Alfred), à Sumène (Gard). — Cocons.   **(QUAI.)**

43. KIRSCH, à Poiseul-la-Ville (Côte-d'Or). — Miel coulé et en rayons, cire.
                                                          (E. C.) (QUAI.)

44. KUHN, à Paris, rue de Belzunce, 13. — Insecticide universel.   **(QUAI.)**

45. LAMAUVE, à Maison-Lafitte (Seine-et-Oise), rue Croix-Castel, 7. — Collection d'insectes.   **(QUAI.)**

46. LE BAILLY (Mme), à Paris, rue de Tournon, 15. — Insectologie (publications).   **(QUAI.)**

47. LEGRAND (Léon), à Paris, rue des Belles-Feuilles, 19. — Coléoptères et lépidoptères.   **(QUAI.)**

48. LELONG du DRENEUC, à Paris, rue Blomet, 121. — Coupes transversales de soie sauvage et domestiquée.   **(QUAI.)**

49. LEROUX (N.-F.), à Marines (Seine-et-Oise). — Miel, cire, eau-de-vie de miel, hydromel.   **(QUAI.)**

50. LEROY (Alexandre), à Amiens (Somme), rue Blin-de-Bourdon, 22. — Miel en pots et sections américaines.   **(QUAI.)**

51. LEYDET (Victor), à Aix-en-Provence (Bouches-du-Rhône).— Miel et cire.
                                                                  (QUAI.)

52. LHERMEY (Ernest), à Châtenay-sur-Seine (Seine-et-Marne). — Miel en rayons et coulé, hydromel ; ruches à deux étages couvertes.   **(QUAI.)**

53. LORAILLE, à la Ferrière-Réchet (Orne). — Miel en rayons et coulé, cire jaune d'abeilles. Ruches en paille et autres.   **(QUAI.)**

54. MAILLOT, directeur de la Station séricicole de Montpellier (Hérault). — Carte séricicole de la France.   **(QUAI.)**

55. MARCY (Albin), à Grasse (Alpes-Maritimes). — Papillons, graines, cocons et soie grège de différentes races de vers à soie.   **(QUAI.)**

56. MARTEL, DELONCAT et ROCHEBLAVE, à l'Ille-sur-la Tet (Pyrénées-Orientales). — Graines de vers à soie, cocons, papillons.   **(QUAI.)**

57. MASSON, au Meux (Oise). — Insectes ravageurs des bois.   **(QUAI.)**

58. MATHIEU (Augustin), à Saint-Rémy-sur-Passy (Marne). — Miel, cire, ruche.   **(QUAI.)**

59. MEUNIER, à Paris, rue Lakanal, 22. — Sériciculture, insectologie. **(QUAI.)**

60. MONCOMBLE (George) et Fils, à Paris, rue du-Moulin-des-Prés, 22. — Coléoptères et lépidoptères des environs de Paris.   **(QUAI.)**

61. MOREAU (Félix), à Escrennes (Loiret). — Miel en pots et en sections. Cire en briques.   **(QUAI.)**

62. NAGEL (J.-B.), à Lourmarin (Vaucluse). — Soies, graines diverses. **(QUAI.)**

63. PÉRILLE, à Messigny (Côte-d'Or). — Cire en briques.   **(QUAI.)**

64. PHILIPPAU (J.-J.), à Duras (Lot-et-Garonne). — Ruches d'observation habitées. Mélo-extracteur, chaudière, produits, miel, cire, hydromel.
                                                    (QUAI & TROCADERO.)

65. PLATEAU (J.-L.), à Chézy-sur-Marne (Aisne).— Miel coulé et en rayons, cire jaune, appareils d'apiculture.   **(QUAI.)**

66. POLI (Choiseul-Gouffier, Vicomtesse de), à Paris, rue Décamps, 46. — Ruches habitées.   **(TROCADERO.)**

> Poli (vicomtesse de), née Choiseul-Gouffier. — Ruches habitées, brevetées en France et à l'étranger, fonctionnant par le système fixiste et mobiliste C. G. P.

67. PRIOLET, à Gouillons (Eure-et-Loir). — Miel, cire.   **(QUAI.)**

68. RAMÉ (Achille), à Paris, rue Berlioz, 19. — Insectes utiles et nuisibles, vers à soie, vésicants, tinctoriaux, dévastateurs des arbres fruitiers et forestiers, des potagers, des fleurs.   **(QUAI.)**

69. REMILLY (Eugène-François), à Versailles (Seine-et-Oise), rue des Chantiers, 75. — Capsules insecticides pour l'agriculture et l'horticulture.   **(QUAI.)**

70. RENAULT (Émile), à Chaumont, rue de la Préfecture (Haute-Marne). — Iconographie des lépidoptères et de leurs chenilles sur les plantes, nonnières peintes sur nature à l'aquarelle.   **(QUAI.)**

71. ROBERT, à Valpuiseaux (Seine-et-Oise). — Miel, cire, hydromel.   **(QUAI.)**

72. RULLIER (Anastase), à Bellentre (Savoie). — Miel en rayons et coulé.   **(QUAI.)**

73. SAINT PÉE (Paul), à Paris, rue Vieille-du-Temple, 64. — Une ruche à hausse à porte-rayons mobiles peuplées d'abeilles. Une ruche à feuillets peuplée d'abeilles italiennes et carnioliennes.   **(TROCADERO.)**

74. SALINS (George), à Montreuil-sous-Bois (Seine). — Baume insecticide.   **(QUAI.)**

> Préservatif et curatif, anti-oïdium, anti-mildew, anti-black-rot, anti-phylloxérique, fait disparaître vers, limaces, pucerons verts, noirs, lanigères, sauterelles, etc.

75. SAVART (Ernest), à Paris, rue Juge, 35 bis. — Insectes utiles et leurs produits. Insectes nuisibles et leurs dégâts.   **(QUAI.)**

76. SEVALLE (Édouard-V.), à Paris, rue Leconte, 167. — Miel, cire, chaudière, marmite, lessiveuse, « Sevalle » à fondre la cire à la vapeur.   **(QUAI.)**

77. SIMON (Épiphane), à Jonchery-sur-Vesle (Marne). — Miel coulé et en rayons.   **(QUAI.)**

78. Société Centrale d'Apiculture et d'Insectologie (Exposition collective de la), à Paris, rue Monge, 67. — Président : **S. de Heredia.**
(QUAI.)

ASSET.	MAYEUL-GRISOL.	SAVART.
CHRÉTIEN.	MEUNIER.	SAINT-PEÉ.
HAMET.	PERILLE.	SURBLED.
KIRSCH.	RAMÉ.	

79. SURBLED (J.-Frédéric), à Truttemer-le-Grand (Calvados). — Cire jaune.   **(QUAI.)**

80. THIBOUVILLE (Henri), à Paris, rue du Théâtre, 150. — Tableaux d'apiculture.   **(QUAI.)**

81. TIAFFAY, à Bisseuil (Marne). — Produits apicoles et insectes nuisibles à l'abeille. Ruches inhabitées et habitées.   **(QUAI & TROCADERO.)**

82. TROUESSART (E.-L.), à Paris, avenue Victor Hugo, 118. — Préparations microscopiques d'acariens.   **(QUAI.)**

83. VERMOREL (V.), à Villefranche (Rhône). — Collection d'insectes nuisibles à la vigne ; matériel de destruction des insectes.   **(QUAI.)**

> Pulvérisateurs à hotte et à cheval. Pals-injecteurs, chaudières à pyrale
> Soufreuses à hotte. Soufflets à vignes, etc.
> Médaille d'or, Barcelone, 1888.

84. VICAT (J.-H.), à Paris, rue Jules César, 9. — Poudre insecticide.   **(QUAI.)**

85. WADELEUX & MÉTROZ, à Paris, rue de la Verrerie, 99. — Miel et cire.   **(QUAI.)**

86. WARQUIN (Anatole), à Crépy-en-Laonnois (Aisne). — Produits et instruments apicoles.   **(QUAI.)**

COLONIES.

ALGÉRIE.

1. BURE (Adrien), à l'Ouider-Bône (Constantine). — Insectes utiles et insectes nuisibles à l'Algérie.   **(ESPLANADE.)**

2. CAZAUBON (J.-B), à Bougie (Constantine). — Collection des insectes nuisibles aux arbres et notamment aux chênes-liéges.   **(ESPLANADE.)**

3. Constantine (Le département de). — Sauterelles : modèle des divers engins de destruction. Photographies représentant les insectes, les chantiers de destruction, le ramassage des œufs, etc.   **(ESPLANADE.)**

4. CORDIER (J.-F.), à Relizane (Oran). — Vers à soie de 1889.   **(ESPLANADE.)**

5. DAUDÉ, à Relizane (Oran). — Vers à soie de 1889.   **(ESPLANADE.)**

6. GASQ et LABIT, à Béni-Méred (Alger). — Appareils pour la captation des altises.   **(ESPLANADE.)**

7. GAUBERT (Philippe), à Relizane (Oran).— Vers à soie de 1889. **(ESPLANADE.)**

8. HERMITTE (Antonin), à Castiglione (Alger). — Manuscrits sur les oiseaux utiles et nuisibles à l'agriculture.   **(ESPLANADE.)**

9. PASTUREL, TURC et SALÈNE, à l'Oued-Athménia (Constantine). — Installation pour éducation de vers à soie, œufs de vers à soie.   **(ESPLANADE.)**

10. RODIER (Jules), à Relizane (Oran). — Vers à soie de 1889.   **(ESPLANADE.)**

PAYS DE PROTECTORAT.

ANNAM - TONKIN.

1. JANET, à Guérigny (Nièvre). — Collections d'insectes du Tonkin.   **(ESPLANADE.)**

PAYS ÉTRANGERS.

RÉPUBLIQUE ARGENTINE.

1. Commission auxiliaire, à Catamarca. — Cochenille. (PARC.)

2. Commission auxiliaire, à Chacabuco (San-Luis). — Cochenille. (PARC.)

3. Commission auxiliaire, à Junin (San-Luis). — Cochenille. (PARC.)

4. Commission auxiliaire, à Salta. — Fleurs de la région. (PARC.)

AUTRICHE-HONGRIE.

1. AMBROZIC (Michael), à Moistrana (Carniole). — Ruches mobiles et ustensiles pour agriculture. (QUAI.)

BELGIQUE.

1. FUISSEAU (Vve Simon de) et Fils, à Bruxelles, rue de l'Ascension, 13. — Ouvrages sur la sériciculture. Cocons. Matériel d'enseignement et d'élevage. Produits obtenus. (QUAI.)

2. SOIGNIE (Jules de), à Mons. — Ruches et accessoires. QUAI.)

3. STILMANT (Alfred), à Bovigny. — Ruches. (QUAI.)

4. TONNEAU (Ch.), à Godinne. — Ruches. Extracteur et désoperculeur. (QUAI.)

BRÉSIL.

(Voir son Catalogue spécial.)

ESPAGNE.

1. AUDREN (Francisco F.), à Mahon (Baléares). — Ruches à l'anglaise. (QUAI.)

2. MYR Y MYR (Pedro), à Mahon (Baléares). — Ruches à l'anglaise. (QUAI.)

ÉTATS-UNIS.

1. APICULTURE (Exposition collective d'), sous la direction de **C. V. Riley,** Ph. D., à Washington, D. C., et de **N. W. Mac Lean,** à Hinsdale, Illinois. — Ruches et systèmes employés pour l'éducation des abeilles. (QUAI.)

ARMSTRONG (E. S.), à Jerseyville, Illinois.

BARNES (The W. F. & John), MANUF. Co., à Rockford, Illinois.

BITTENBENDER (J. W., à Knoxville, Iowa.

DADANT (Charles) & Son, à Hamilton, Illinois.

Demaree (G. W.), à Christiansburg, Kentucky.
Eaton (Franck A.), à Bluffton, Ohio.
Falconer (W. F.), à Jamestown, N. Y.
Heddon (James), à Dowagiac, Mich.
Hubbard (J. K.), à Fort-Wayne, Indiana.
Knickerbocker (George H.), à Pine Plains, N. Y.
Lewis (G. B.) & Co., à Watertown, Wisconsin.

Muth (C. F.) & Son, à Cincinnati, Ohio.
Reese (C. H.), à Winchester, N. Y.
Root (A. J.), à Medina, Ohio.
Tinker (G. L.) M. D., à New-Philadelphia, Ohio.
Van Deusen (Jas. H.) & Sons, à Sprout-Brook, N. Y.
Wakeman & Crocker, à Lockport, N. Y.

2. DADANT (Chas.) & Son., à Hamilton, Illinois. — Échantillons des premiers rayons de miel.   (QUAI.)

3. KEMP (W. C. R.), à Orléans, Illinois. — Appareils pour enfumer les abeilles.   (QUAI.)

4. Ministère de l'agriculture, (Exposition de sériciculture, sous la direction de **C. V. Riley** ; assistant : **Ph. Walker**, à Washington, D. C. — Cocons élevés aux Etats-Unis.
Echantillons d'une race spéciale élevée par le docteur Riley, pendant dix-huit ans sans croisement, sur le mûrier et le *maclura aurantiaca*.
Soie grège, filée dans la filature expérimentale du ministère.
Filature automatique de la soie, système Serrell ; modification imaginée par M. Philip Walker, agent séricicole, près le ministère.
Objets employés dans la distribution des vers à soie.
Collection de 1,200 dessins originaux, par C. V. Riley, planches et gravures des insectes utiles et des insectes nuisibles à l'agriculture.   (QUAI.)

5. Ministère de l'agriculture, (représentant officiel : **C. V. Riley**), à Washington, D. C. — Insectes nuisibles aux arbres, fruits, légumes, riz, maïs, céréales, coton, tabac, graminées et aux animaux domestiques. Appareils, méthodes et matériaux employés pour la destruction des insectes nuisibles à l'agriculture, aux Etats-Unis.   (QUAI.)

6. NEWCOMB (Edward R.), à Pleasant-Valley, New-York. — Appareils pour l'extraction du miel.   (QUAI.)

GRANDE-BRETAGNE.

1. BIGEX (E.) SRINURGUR, à Cashmere et à Londres, New Street, 15, Bishopgate street. — Cocons de soie.   (QUAI.)

2. BLOW (T. B.), à Welwyn. — Articles d'apiculture, ruches mobiles, cire gaufrée, extracteurs, enfumoirs, miel extrait, miel en rayons, cire d'abeilles.   (QUAI.)

GRÈCE.

1. Andros (Commune d'), à Andros (Cyclades). — Miel.   (PALAIS.)

2. BOURTSOURIDS (V.), à Mégare (Attique et Béotie). — Miel.   (PALAIS.)

3. Couvent de Caracala, à Nauplie (Argolide et Corinthie). — Miel. (PALAIS.)

4. Couvent Prophète Élie, à Hydra (Argolide et Corinthie). — Miel. (PALAIS.)

5. Cythère (Commune de), à Cythère (Argolide et Corinthie).— Miel. (PALAIS.)

6. Eleusis (Commune d'), à Eleusis (Attique et Béotie).— Miel. (PALAIS.)

7. EUTHYMIATOS, à Argostoli (Céphalonie). — Miel.   (PALAIS.)

8. Gavrio (Commune de), à Gavrio-Andros (Cyclades). — Miel.   (PALAIS.)

9. **GEORGIOU (D.)**, à Athènes. — Miel. **(PALAIS.)**

10. **JOANNIDÈS (E.)**, à Amorgos (Cyclades). — Miel. **(PALAIS.)**

11. **MATHESIS (Cosmas)**, à Salamis (Attique et Béotie). — Miel. **(PALAIS.)**

12. **ŒCONOMOPOULOS (D.)**, à Nauplie (Argolide et Corinthie). — Miel. **(PALAIS.)**

13. **Orchoménos (Commune d')**, à Orchoménos (Arcadie). — Miel. **(PALAIS.)**

14. **PEPPAS (A.)**, à Égine (Attique et Béotie). — Miel. **(PALAIS.)**

15. **PETRITIS (C.)**, à Égine (Attique et Béotie).— Miel. **(PALAIS.)**

16. **Pharcadon (Commune de)**, à Pharcadon (Triccala). — Miel. **(PALAIS.)**

17. **PROTOPAPADAKIS (G.)**, à Naxos (Cyclades). — Miel. **(PALAIS.)**

18. **PSOMAS (Christos)**, à Leucas (Corfou). — Miel. **(PALAIS.)**

19. **RAOUZAIOS (George)**, à Syra (Cyclades). — Miel. **(PALAIS.)**

20. **SPILIOTOPOULOS (J.)**, à Nauplie (Argolide et Corinthie). — Miel. **(PALAIS.)**

GUATEMALA.

1. **CABRERE (Nutolin)**, à Jalapa. — Miel. **(PARC.)**

2. **LEMUS (Manuel)**, à Guatemala. — Insectes et leurs matières colorantes. **(PARC.)**

3. **REYES (Eulogio)**, à Jalapa. — Miels. **(PARC.)**

ITALIE.

1. **FERRARI (Pierre)**, à Asola (Mantoue). — Charrues et herses. **(QUAI.)**

2. **MARCONI (Henry)**, à Crémone. — Appareils pour la confection de la graine de vers à soie. **(QUAI.)**

3. **PAGLIA (Lucius)**, à Castel-San-Pietro (Emilia). — Miel condensé. **(QUAI.)**

JAPON.

1. **Ministère de l'Agriculture et du Commerce**, (École agricole et forestière de Kamaba), à Tokio. — Collections d'insectes de diverses sortes ; cocons et fils de soie ; maladies des vers à soie et phases des maladies, insectes parasites des animaux domestiques. **(PALAIS.)**

GRAND-DUCHÉ DE LUXEMBOURG.

1. **Société d'Apiculture du Grand-Duché**, à Luxembourg. — Rucher luxembourgeois ; divers systèmes de ruches, ustensiles d'apiculture, miel et cire. **(TROCADERO.)**

PARAGUAY.

1. **Gouvernement de la République du Paraguay**, à Assomption. — Insectes, pains de cire abondant dans les bois et forêts. **(PARC.)**

PAYS-BAS.

1. FOLKERSMA (J. R.), à Drageham. — Modèles de ruches, en paille et en bois, ustensiles pour le traitement des abeilles. **(QUAI.)**

ROUMANIE.

1. BURBURE DE WESEMBECK (H. de), à Dersca (Mihaileni). — Ruche nouveau système. **(QUAI.)**

2. STRIKIDI (C.-H.), à Comesti (Vaslui). — Miel et cire. **(QUAI.)**

3. VATASESCU (Joan-J.), à Vamaesci (Muscel). — Ruche d'abeilles vitrée. **(QUAI.)**

SUISSE.

1. BAUMELER (J.), à Hasle (Lucerne). — Ruche, extracteur, miel suisse **(QUAI.)**

2. HUBER & Fils, à Mettmenstetten (Zurich).— Outils pour l'agriculture. **(QUAI.)**

3. NOVERRAZ (Louis), à Puidoux (Vaud). — Ruches à cadres mobiles. **(QUAI.)**

4. ZIMMERMANN (K.), à Lucerne. — Ruche et miel d'abeilles. **(QUAI.)**

GROUPE VIII.

AGRICULTURE, VITICULTURE ET PISCICULTURE.

Classe 77.

Poissons, crustacés et mollusques.

FRANCE.

1. ANDRIEU (Bernard), à Paris, rue Pache, 15. — Nouvel appareil pour ouvrir les huîtres, dit « coupe-huîtres ». **(QUAI.)**

2. ARCOUET (E.), à Arvert (Charente-Inférieure). — Huîtres vivantes et plates. **(QUAI.)**

3. BALESTE (Émile), à Gujan-Mestras (Gironde). — Huîtres vivantes. **(QUAI.)**

4. BAUDET (J.-V.), à Baden (Morbihan). — Huîtres vivantes et naissain détroqué. Collecteurs garnis de naissain. **(QUAI.)**

5. BEAUME (Léon), à Boulogne (Seine), avenue de la Reine, 66. — Moteurs à vent et pompes pour renouveler l'eau des parcs. Pompes pour nettoyer les huîtres avant l'expédition. **(QUAI.)**

6. BERNETTES et DESCLAUX, à Tarnos (Landes). — Huîtres vivantes. Matériel d'exploitation. Table à trier les huîtres. Écluses de bassins. Supports de collecteurs. **(QUAI.)**

7. BERTHOULE (Amédée), à Paris, rue de Seine, 87. — Plans de laboratoire de pisciculture et pavillon de pêche. Vues photographiques de lacs. Poissons de collections. **(QUAI.)**

8. BLANCHO (A.-M,), à Locmariaquer (Morbihan). — Huîtres vivantes, naissain détroqué. Appareil pour compter les huîtres. Plateaux garnis de naissain. **(QUAI.)**

9. BOUCHON-BRANDELY, au Collège de France. — Appareils pour l'élevage des huîtres en eau profonde. **(QUAI.)**

10. BOUSCAUT (Lucien), à Arcachon (Gironde). — Huîtres vivantes et collecteurs. **(QUAI.)**

11. CASTRO (Sébastien), à Arcachon (Gironde). — Produits secs et vivants. Collecteurs. **(QUAI.)**

12. CAUSSE (A.), à Paris, quai du Louvre, 20. — Appareils de pisciculture. **(QUAI.)**

13. CHARLES (Eugène) et Cie, à Lorient (Morbihan). — Huîtres vivantes. Tuiles garnies de naissain vivant, collecteurs. Vues photographiques. **(QUAI.)**

14. CHAUVASSAIGNES (Franc), au château de Theix, près Clermont-Ferrand (Puy-de-Dôme). — Plan en relief de l'établissement de pisciculture de Theix. Appareils de pisciculture. Bassins flottants. Plans, dessins, etc.   **(QUAI.)**

> Appareils de transports de poissons vivants, de pêche et d'incubation.
> Appareils flottant pour l'alimentation des salmonides.
> Médaille d'argent grand module, Exposition de Paris, 1878. (Voir aux Annonces.)

15. CORLOUER (Vve) et Fils, à Tréguier (Côtes-du-Nord). — Huîtres vivantes.   **(QUAI.)**

16. DAIMÉ (J.-B.), à Marennes (Charente-Inférieure). — Huîtres vivantes plates et portugaises.   **(QUAI.)**

17. DURÈGNE (Émile), à Arcachon (Gironde). — Plan de la station zoologique d'Arcachon. Brochures relatives au laboratoire de la station. Tableaux statistiques, etc.   **(QUAI.)**

18. EZANNO (Ernest), à Carnac (Morbihan). — Huîtres vivantes.   **(QUAI.)**

19. FONTENEAU (M.), à Étaules (Charente-Inférieure). — Huîtres vivantes plates.   **(QUAI.)**

20. GEMON (Elisée), à la Tremblade (Charente-Inférieure). — Huîtres vivantes plates et portugaises.   **(QUAI.)**

21. GESTALIN (J.-J.), à Belon (Finistère). — Huîtres vivantes.   **(QUAI.)**

22. GOULVAUT (E.), à Étaules (Charente-Inférieure). — Huîtres vivantes plates.   **(QUAI.)**

23. GRANGENEUVE (Vve A.-L.) et DASTÉ (Gustave), à Arcachon (Gironde). — Produits vivants. Huîtres de tous âges et collecteurs. Produits secs. Engins pour l'ostréiculture.   **(QUAI.)**

24. GRENIER (François), à Arcachon (Gironde). — Huîtres vivantes. Collecteurs. Modèle de parc ostréicole.   **(QUAI.)**

25. GUEZENNEC (Mlle), à Lézardrieux (Côtes-du-Nord). — Huîtres vivantes.   **(QUAI.)**

26. HENNEGUY (D' Félix), à Paris, rue du Sommerard, 17. — Préparations relatives à l'embryogénie des poissons.   **(QUAI.)**

27. JEUNET (Narcisse), à Paris, quai du Louvre, 30. — Aquarium, poissons vivants, appareils de pisciculture.   **(QUAI.)**

28. JODEAU (A.-N.), à l'Ile-Madame (Charente-Inférieure). — Huîtres vivantes, marennes blanches et vertes, huîtres vivantes portugaises naturelles et parquées. Naissain sur collecteurs. Plans et outillages des établissements de l'Ile-Madame.   **(QUAI.)**

29. JOUETTE (H.-L.-R. de), à la Seyne-sur-Mer (Var). — Huîtres de la Méditerranée. Coquilles de jambonneau garnies de naissain.   **(QUAI.)**

30. LECART (F.-J.), à Pénerf (Morbihan). — Huîtres vivantes.   **(QUAI.)**

31. LEROUX (B.), à la Trinité-sur-Mer (Morbihan). — Une tuile garnie de naissain.   **(QUAI.)**

32. LÉVÊQUE (C.-T.), à Saint-Vaast-la-Hougue (Manche). — Huîtres vivantes.   **(QUAI.)**

33. LOISEAU (H.), à Vannes (Morbihan). — Tuile ostréicole.   **(QUAI.)**

34. LOISEL (J.), aux Sables-d'Olonne (Vendée). — Huîtres vivantes.   **(QUAI.)**

35. MAIGNEN (P.-Auguste), à Paris, place de l'Opéra, 4. — Système d'assainissement et de filtrage des eaux, applicable à l'épuration des cours d'eau sur lesquels sont placées les installations pour la propagation du poisson.   **(QUAI.)**

36. MICHELET (Jean), à Arcachon (Gironde). — Produits secs et vivants. Collecteurs. Bouriche spéciale pour l'expédition des huîtres espagnoles.   **(QUAI.)**

37. MONIER Fils (Joseph), à la Plaine-Saint-Denis, avenue de Paris, 126. — Aquariums, bassins, réservoirs en ciment et en fer pour l'élevage et la reproduction.   **(QUAI.)**

38. MORIN (A.), à Chaillevette (Charente-Inférieure). — Huîtres françaises et portugaises, élevées, engraissées et verdies.   **(QUAI.)**

39. NADEAU (F.), à Marennes (Charente-Inférieure). — Huîtres vivantes plates.   **(QUAI.)**

40. PAGOT (A.), à Arvert (Charente-Inférieure).— Huîtres vivantes plates.**(QUAI.)**

41. PASTOUREL (Jean), à la Tremblade (Charente-Inférieure). — Huîtres vivantes marennes et portugaises.   **(QUAI.)**

42. PEPONNET (François), au Verdon, commune de Pauillac (Gironde). — Huîtres vivantes vertes et portugaises.   **(QUAI.)**

43. PERRIER (Edmond), à Paris, rue Gay-Lussac, 28. — Eau de mer artificielle.   **(QUAI.)**

44. RAIDELET (Aimé), à Lons-le-Saulnier (Jura), quai de la Mégisserie, 6. — Plan de la piscifacture-type de Champagnole.   **(QUAI.)**

Plan de piscifacture pour une nouvelle application du calorique inutilisé des sources thermales, des eaux chaudes, des piscines, des distilleries, des usines...., à la production, sans dépenses et en quantité illimitée, d'une nourriture naturelle et vivante, propre à l'alimentation des poissons, et, par suite, à leur culture intensive et économique en stabulation dans des espaces restreints.

45. RATHELOT (Félix), à Montrouge (Seine), avenue de la République, 59. — Appareils de pisciculture.   **(QUAI.)**

46. REIGNIER (L.), à Marennes (Charente-Inférieure). — Huîtres vivantes plates et portugaises.   **(QUAI.)**

47. ROUSSEAU-MÉCHIN (F.-A.), aux Sables-d'Olonne (Vendée). — Huîtres vivantes.   **(QUAI.)**

48. SAINT-MARTIN (Anatole de) et Vve Aurélien de GRANGENEUVE, au Cap-Breton (Gironde). — Huîtres vivantes.   **(QUAI.)**

49. SALMON (Alexis), à Étaules (Charente-Inférieure). — Huîtres vivantes plates.   **(QUAI.)**

50. SALMON (S.), à Étaules (Charente-Inférieure). — Huîtres vivantes plates.   **(QUAI.)**

51. SIGOGNEAU (R.), aux Sables-d'Olonne (Vendée). — Huîtres vivantes.   **(QUAI.)**

52. Société internationale de Pisciculture (Directeur : **Lugrin**), à Gremaz-sous-Thoiry (Ain). — Système de bassins spéciaux pour l'élevage du poisson. Poissons vivants, crustacés, insectes, mollusques, etc.   **(QUAI.)**

53. Société des Ostréiculteurs et Syndicat ostréicole de la Teste, (Président : **D' Lalanne**), à la Teste (Gironde). — Produits vivants, produits secs, outillage ostréicole, cartes et plans.   **(QUAI.)**

54. Société Ostréicole du Bassin d'Auray, (Président : **Jardin (Désiré)**, à Auray (Morbihan). — Huîtres vivantes de drague et d'élevage, naissain, matériel d'ostréiculture. Cartes.   **(QUAI.)**

55. Syndicat des Marins ostréiculteurs et Pêcheurs, à Gujan-Mestras (Gironde). — Huîtres vivantes, divers âges, collecteurs.   **(QUAI.)**

56. Syndicat Ostréicole d'Arcachon (Président : **Comte de Damrémont**), à Arcachon (Gironde). Produits vivants.   **(QUAI.)**

57. Syndicat Ostréicole de l'Estrée (Président : **Comte d'Avian de Piolant),** à Saint-Nazaire (Charente-Inférieure). — Huîtres vivantes de l'Estrée.   **(QUAI.)**

58. TESSIER (H.), à Arvert (Charente-Inférieure). — Huîtres vivantes plates et portugaises.   **(QUAI.)**

59. VIDAL-DUPLESSIS (Alexandre), à Arcachon (Gironde). — Produits vivants. Plans de parcs et du dépôt d'expédition.   **(QUAI.)**

60. VINCENT (Ch.), à Arradon (Morbihan). — Naissain sur coquilles ; élevage ; huîtres comestibles.   **(QUAI.)**

61. WOLBOCK (Vte H.-A. de), à Carnac (Morbihan). — Huîtres vivantes, langoustes et homards, procédés et matériel d'élevage et de reproduction.   **(QUAI.)**

COLONIES.

ALGÉRIE.

1. Société agricole et industrielle de Batna et du Sud-Algérien, à Paris, rue Saint-Lazare, 7. — Poissons, crustacés, mollusques des puits artésiens de l'Oued R'hir.   **(ESPLANADE.)**

PAYS ÉTRANGERS.

BELGIQUE.

1. Pisciculture de la Salm, à Bovigny. — Poissons, crustacés et mollusques.

(QUAI.)

BRÉSIL.

(Voir son Catalogue spécial.)

RÉPUBLIQUE DOMINICAINE.

1. MORILLO (Mlle Y.), à Moca. — Farine de palmier.　　(PARC.)

PARAGUAY.

1. Gouvernement de la République du Paraguay, à Assomption. — Coquillages abondant dans toutes les rivières, et avec lesquels les Indiens fabriquent des colliers.

(PARC.)

PAYS-BAS.

1. Société Zeeuwsche Œstercultur. Directeur **M. J. Hage**, à Jerseke (Zélande). — Huîtres.

(QUAI.)

GROUPE IX.

HORTICULTURE.

Classe 78.

Serres et matériel de l'horticulture.

FRANCE.

1. ABONDANCE (E.-P.-F.) et Cie, à Taverny (Seine-et-Oise). — Treillages mécaniques et à la main, claies pour ombrer les serres, paillassons. **(TROCADERO.)**

2. AKER (Émile), à Paris, rue des Petits-Champs, 29. — Étiquettes couvreux blanches et inaltérables. **(TROCADERO.,**

3. ALEXANDRE (Jean-Claude), à Dampierre-sur-Linotte (Haute-Savoie). — Mousses et herbes pour fleurs. **(TROCADERO.)**

4. ALLEZ Frères, à Paris, rue Saint-Martin, 1. — Meubles de jardins, matériel d'horticulture. **(TROCADERO.)**

Maison fondée en 1815.

Fabrication de meubles de jardin, bancs, chaises, fauteuils, tables, stores, tentes, parasols, jeux de jardin.

Grillage galvanisé, clôtures de parcs, outils de jardinage, caisses et bacs à fleurs, coupes et vases, jardinières, cages, volières, pompes et articles d'arrosage.

Seuls dépositaires de la tondeuse pour pelouses « La Philadelphia ».

5. ANDRÉ (Edouard), à Paris, rue Chaptal, 30. — Plans de jardins. Albums. **(TROCADERO.)**

6. ANDRÉ (Oscar-N.), à Neuilly (Seine), rue de Sablonville, 11. — Serre, chauffage et claies. **(TROCADERO.)**

7. ANFROY (Louis-A.), à Andilly (Seine-et-Oise). — Claies et paillassons pour serres, paniers à orchidées. **(TROCADERO.)**

8. ARMANDIES (A.-H.), à Lagny (Seine-et-Marne). — Chauffage de serres. **(TROCADERO.)**

9. ARTIGAUD (Jules), à Paris, galerie Vivienne, 14. — Ciment pour greffe, encre indélébile. **(TROCADERO.)**

10. AUBRY (J.-E.), à Paris, rue Vieille-du-Temple, 131. — Serpettes, sécateurs, greffoirs, bêches, pioches, râteaux, fourches, arrosoirs, seringues de serres. **(TROCADERO.)**

11.   AUBRY (J.-J.) et Cie, à Paris, rue de Château-Landon, 8. — Moteurs à vent pour élever l'eau, pompes pour irrigations, à purin et arrosements.   **(TROCADERO.)**

Pompes pour puits de toutes profondeurs, pour irrigations, arrosements à purins, vidange de fosses d'aisances, pour transvasement des vins et spiritueux pour liquides chauds. Pompes à air pour faire le vide et la pression. Norias Aubry, nouveau système à grand débit. Médaille de bronze et 2 mentions honorables à l'Exposition universelle de Paris 1878.

12.   AUSSEL (Léon), à Albi (Tarn), avenue de Carmaux. — Projets de parcs de jardins.   **(TROCADERO.)**

13.   BALLAUFF (H.), à Paris, rue Beautreillis, 22. — Stores en bois.   **(TROCADERO.)**

14.   BALLÉE (Henri), à Paris, rue Vauvilliers, 9. — Sécateurs, greffoirs, serpettes, jardinières, scies, échenilloirs, cisailles.   **(TROCADERO.)**

15.   BARBOU Fils, à Paris, rue Montmartre, 52. — Fruitiers tournants et ordinaires, claies à glissières. Porte-pots de fleurs, décrottoirs, gratte-pieds.   **(TROCADERO.)**

16.   BARILLET (Ferdinand), au Perreux (Seine), avenue Ledru-Rollin, 30. — Plans de jardins.   **(TROCADERO.)**

17.   BASSAGET (Louis), à Paris, rue de Flandre,175.—Porte-bouteilles, égouttoirs, porte-fûts, machines à boucher les bouteilles, gratte-pieds, porte-fruits, étagères.   **(TROCADERO.)**

18.   BAZEROLLE (C.-Louis), à Paris, rue des Poissonniers, 37. — Aquariums, cages, volières.   **(TROCADERO.)**

19.   BEAUFEREY (Alfred-H.), à Oinville (Seine-et-Oise). — Treillages, tonnelles, berceaux en fer, armatures et tuteurs pour arbres et rosiers.   **(TROCADERO.)**

20.   BEAUME (Léon), à Boulogne-sur-Seine, avenue de la Reine, 66.— Pompes et ustensiles d'arrosage, moteurs à vent, béliers hydrauliques, chauffage de serres outillage horticole.   **(TROCADERO.)**

1er Prix Médaille Or, Exposition universelle 1878. — Barcelone 1888.
Pompes à manège, machines automatiques pour élever l'eau, tondeuses de gazon, rouleaux de jardin, tuyaux et appareils d'arrosage nouveau système.
Ratissoires de jardin. Devidoirs pour tuyaux.
Pulvérisateurs pour combattre les maladies de la vigne et autres plantes.

21.   BELLEVILLE (Jeanne), à Chantenay (Loire-Inférieure). — Vases pour fleurs et plantes, ciment à froid pour barbotines.   **(TROCADERO.)**

22.   BENOIST (Olivier), à Senlis (Oise). — Garde-arbres pour protéger les arbres contre les bestiaux et les lapins. Colliers pour fixer les arbres à toute espèce de tuteurs.   **(QUAI.)**

23.   BERGER et BARILLOT, à Moulins (Allier).— Chauffage économique des serres, termosiphon tubulaire vertical à feu continu.   **(TROCADERO.)**

Médaille d'argent à l'Exposition universelle de Paris, 1878.

24.   BERGEROT (Gustave), à Paris, boulevard de la Villette, 76. — Serre.   **(TROCADERO.)**

25.   BEZARD (Charles), à Paris, rue du Chemin-Vert, 68. — Pompe de jardin « La Sans-Rivale ».   **(TROCADERO.)**

26.   BIBART-DELMONT (Pierre), à Paris, rue Pajou, 28. — Plans de jardins.   **(TROCADERO.)**

27.   BIONDA (C.-J.), ancienne Maison **Giussani et Ch. Bionda,** à Paris, rue d'Amsterdam, 33. — Stores, claies à ombrer les serres, kiosques, treillages artistiques et décoratifs, velums, jalousies.   **(TROCADERO.)**

Atelier spécial de serrurerie pour toutes ferrures de stores, combles ; ateliers d'artistes de photographies et toutes parties vitrées. Nouveau système de stores à lames mobiles. Voir l'Exposition du système, Kiosque de la maison, Parc du Trocadéro.
Récompenses obtenues aux Expositions universelles 1867, 1878.

28. BLANCHEFORT (Cléopas), à Paris, rue Doudeauville, 73. — Jet d'eau, jardinière.   **(TROCADERO.)**

29. BLANQUIER (Louis), à Paris, rue de l'Evangile, 20. — Chauffage de serre et jardin d'hiver, bâches au nouveau thermosiphon en tôle d'acier, calorifère, serre Benzelin et Cie.   **(TROCADERO.)**

30. BLOUDEAU (Henri), à Paris, rue de Maubeuge, 51. — Engrais horticoles pour plantes d'appartements, de serres et de pleine terre.   **(TROCADERO.)**

31. BORDIER (Armand-C.), à Paris, rue Claude-Vellefaux, 2. — Appareils de chauffage de serres.   **(TROCADERO.)**

32. BOREL (Edouard), à Paris, quai du Louvre, 10. — Meubles, outils, serrurerie, pour parcs et jardins.   **(TROCADERO.)**

33. BOULAT (Louis-A.), à Troyes (Aube), rue de la Mission, 11. — Châssis à deux versants pour couche, primeurs maraîchères et fleurs.   **(TROCADERO.)**

34. BOURCERET (Arthur), à Paris, boulevard Raspail, 251. — Echelles à trois usages, articles de jardins, caisses à fleur.   **(TROCADERO.)**

35. BOURDIER (Joseph), à Ablon (Seine-et-Oise). — Rocailles, rochers, constructions rustiques.   **(TROCADERO.)**

36. BOURDIER (Pierre), à Chatou (Seine-et-Oise). — Rocher, aquariums rustiques, monolithes en ciment.   **(TROCADERO.)**

37. BOURGUIGNON (Administrateur délégué de la **Revue Horticole**), à Paris, rue Jacob, 26. — Collection du journal de 1829 à 1888. Tableaux de fleurs, fruits et légumes.   **(TROCADERO.)**

38. BOUTARD Fils (André), à Montreuil (Seine), rue de Paris, 280. — Nouveaux murs en planches avec poteaux en fer pour le palissage en espalier de tous les arbres fruitiers en général, clôture.   **(TROCADERO.)**

39. BROCHARD Père et Fils, à Paris, boulevard Richard-Lenoir, 40. — Abris mobiles et fixes en fer à vitrage pour espaliers et contre-espaliers, châssis de couches en fer, serre à vigne mobile, pieux, tuteurs, clôtures, contre-espaliers, raidisseurs. **(TROCADERO.)**

> Brevetés en France et à l'Étranger. Serrurerie horticole. Vitrerie mobile sans mastic.
> Châssis de tous les modèles en fer faits par la maison depuis le début de la fabrication.
> Coffres en bois avec pieds en fer, coffres en fer se démontant.
> Systèmes de crémaillères, taquets, séparations, fils de fer.
> Palissades mobiles en bois et fer remplaçant les murs en maçonnerie, pose sans scellement.

40. BROQUET (Adolphe), à Paris, rue Oberkampf, 121. — Pompes horticoles.
                                        (TROCADERO.)

> Constructions de pompes à tous usages :
> Arrosage, incendie, purin, transvasement des vins, alcools, huiles, bières, essences.
> Installations de pompes dans les puits de grande profondeur, mues à bras, au manège ou tout autre moteur.

41. BROSSEMENT (Jules), à Paris, rue d'Angoulême, 66. — Moteur à vent pour élever l'eau, pompes d'arrosage sur brouette et tonneau roulant, pompes à manège, caisse pour arbustes.   **(TROCADERO)**

42. BRUN (Jean), à Saint-Quentin (Aisne), rue Saint-Thomas, 101. — Naissance d'eau, rochers, troncs d'arbres, volières rustiques, ornements de jardins. **(TROCADERO.)**

43. CAHEN (Paul), à Paris, rue Grenier-Saint-Lazare, 16. — Microscope spécial pour plantes et fleurs.   **(TROCADERO.)**

44. CARDE (Émile), à Bordeaux (Gironde), place Fondaudège, 16. — Appareils de chauffage de serre.   **(TROCADERO.)**

45. CARPENTIER (Edmond), à Doullens (Somme). — Serrurerie horticole, serre hollandaise, châssis-cloches. **(TROCADERO.)**

> Constructeur de serrurerie horticole, serre hollandaise, châssis-cloches, breveté s. g. d. g. Entreprise générale de jardins d'hiver, serres, marquises, vérandahs, grilles, etc.

46. CASSART DE FERNELMONT, à Gembloux (Belgique). — Serre. **(TROCADERO.)**

47. CAUVIN-YVOSE (E.) Petit-Fils et Successeur de **Yvose-Laurent,** à Paris, rue de Lyon, 55. — Toiles imperméables, enduites, vertes et chinées. Toiles peintes, toiles transparentes pour serres. **(TROCADERO.)**

> Fournisseur des Compagnies de Chemins de fer et du Ministère de la Guerre. Diplôme d'honneur à l'Exposition d'Anvers 1885 ; Médaille d'or (la plus haute récompense) Barcelone 1888. Tissage, filature et corderie à Saleux-Salouël (Somme). Usine à Amfreville-la-Mivoie (Seine-Inférieure). Toiles imperméables, enduites, vertes et chinées. Tentes de jardins, de bains de mer. Parapluies de jardin. Tentes pour bancs de jardin, etc. etc. Vente et location de stores et bâches.

48. CENSE (G. A.), à Fontainebleau (Seine-et-Marne), rue St-Merry, 91. — Jardinières avec jets d'eau fonctionnant sans mouvements mécaniques, hachoirs articulés sur plateaux mobiles. **(TROCADERO.)**

> Hachoirs articulés sur plateau mobile.
> Jardinière avec jet d'eau dite hydréole Cense.

49. CHARPENTIER et BROUSSE, à Puteaux (Seine), rue de Paris, 20. — Serre et chauffage. **(TROCADERO.)**

50. CHASSIN (Henri-A.-E.), à Paris, rue de Bagnolet, 151. — Rocher, pièce d'eau, réservoir, construction rustique. **(TROCADERO.)**

> Décoration de parcs et jardins.
> Travaux en ciment de toute nature.
> Rivières et Rochers artificiels, Bassins, Réservoirs.
> Jardinières, Troncs d'arbres formant cachepots.
> Constructions rustiques et décoratives.
> Succursales à Rouen et à Bordeaux.
> Médaille d'Argent, Exposition Universelle de Paris, 1878.

51. CHATELAINE (Eugène-G.), à Paris, rue Lafayette, 67. — Etagères pour pots à fleurs, gratte-pieds pour jardins, étiquettes en zinc, porte-fruits. **(TROCADERO.)**

52. CHAURÉ (Lucien), à Paris, rue de Sèvres, 14. — Tableau de chromolithographies du journal « Le Moniteur d'Horticulture » et divers ouvrages horticoles. **(TROCADERO.)**

> Journal « Le Moniteur d'Horticulture », organe des amateurs de jardins, fondé en 1877. Publications horticoles.

53. CHAUVEAU (Edouard), à Paris, rue Lacharrière, 2. — Appareil de chauffage, thermosiphon. **(TROCADERO.)**

54. CHAUVIÈRE (Arthur-L.), à Paris, quai Jemmapes, 136. — Cloche maraichère à carcasse métallique et verres mobiles. **(TROCADERO.)**

55. CHAUVIN (Paul), à Paris, rue des Gravilliers, 10. — Tuteur étiquette, étiquette métal, gravure mécanique, étiquette verni blanc, étiquette pour jardins. **(TROCADERO.)**

56. CHOLET (Alfred), à Gennevilliers (Seine), rue Saint-Denis, 8. —Deux tableaux de rochers avec pieds représentant une volière en rocaille et un paysage. **(TROCADERO.)**

57. CHOUX (Ferdinand), à Villeneuve-St-Georges (Seine-et-Oise). — Produits insecticides. **(TROCADERO.)**

58. CLINARD (Théophile-A.-J.), à Saint-Denis (Seine), rue de la Légion-d'Honneur, 43. — Chaudières en cuivre et en fonte à retour de flamme, tuyaux de circulation en cuivre, fonte, fer et tôle galvanisée. **(TROCADERO.)**

59. COCHU (Eugène), à Saint-Denis (Seine), rue d'Aubervilliers, 19. — Serre en pitchpin à double vitrage mobile à ventilation entre les verres et à chaperon articulé; châssis et coffres pour jardins. **(TROCADERO.)**

> Maison fondée en 1855.
> Serres, châssis de couches et coffres, spécialité de serres à orchidées, nouvelles serres à double vitrage mobile, système breveté s. g. d. g.

60. COLLIN (Louis), à Paris, boulevard de la Villette, 182. — Coutellerie horticole, cueille-fruits, sécateurs, greffoir, coupe-asperges. **(TROCADERO.)**

61. COMBAZ (Edmond), à Boulogne (Seine), boulevard Denfert-Rochereau, 9. — Plans de jardins. **(TROCADERO.)**

62. Compagnie générale des Poteries de Paris, à Paris, chemin des Périchaux, 22. — Pots à fleurs, articles de jardinage en terre cuite. **(TROCADERO.)**

63. CONTAL (Jules-L.) et RICHER (Théodore), à Lille (Nord), rue des Pyramides, 23. — Plans, coupes, perspectives de parcs et jardins. **(TROCADERO.)**

64. COULON (Auguste), à Dammarie-les-Lys (Seine-et-Marne). — Serres et châssis de couche. **(TROCADERO.)**

65. COUVREUX (Eugène), à Paris, rue Quincampoix, 57. — Étiquettes en tous genres pour horticulture, agriculture et jardins botaniques. Encre du jardinier pour écrire sur le zinc. **(TROCADERO.)**

66. DAFY (Gilbert), à Paris, rue de Bagnolet, 110. — Chaudières diverses. **(TROCADERO.)**

67. DARD (L.), à Paris, rue Pérignon, 34. — Machines à cintrer, souder, percer ; poinçonneuses, cisailles à main et au moteur à rouler la tôle, à cintrer les cercles en fer et en bois. **(TROCADERO.)**

68. DARRACQ (P.-Alexandre), au Pré St-Gervais (Seine), Grande rue, 58. — Nouvelle tondeuse de gazon. **(TROCADERO.)**

69. DEBRAY (L.-C.), à Paris, rue des Trois-Bornes, 15. — Pompes. **(TROCADERO.)**

> Maison fondée en 1857.
> Fabrique spéciale de pompes pour tous usages.

70. DELOS (Jean-B.), à Soisy-sur-Étiolles (Seine-et-Oise). — Treillage d'espalier. **(TROCADERO.)**

71. DENIS (P.-Vincent), au Petit-Fresnes (Seine). — Pots à fleurs et tuyaux en terre-cuite. **(TROCADERO.)**

72. DESAUE, à Paris, rue de Seine, 41. — Microscopes de poche. **(TROCADERO.)**

73. DESBORDES (Maurice), à Melun (Seine-et-Marne). — Collection de coutellerie et outils horticoles. **(TROCADERO)**

74. DESERCES (Théogène), — Maison **Dufour et Cie,** — à Paris, rue du faubourg Saint-Denis, 48. — Arrosoirs pulvérisateurs pour serres et appartements. Soufflets pulvérisateurs. **(TROCADERO.)**

75. DESPERT (Jean), à Paris, rue Claude-Decaen, 60. — Chaudière de serre. **(TROCADERO)**

76. DEVILAINE (Léon), à Paris, boulevard de Charonne, 77. — Appareils d'arrosage. **(TROCADERO.)**

77. DIENST (Mme J. Caroline) & Cie, à Paris, rue du Bac, 68. — Ciment et colle à greffer. **(TROCADERO.)**

> Ciment et Colle. Savon à l'alcali. Poudre à dorer et bronzer.

78. DOBIGNIE (P.), à Auxerre (Yonne). — Treillages, gradins, bancs. **(TROCADERO.)**

79. DORLÉANS (Ernest-M.), à Clichy (Seine), rue du Landy, 13. — Paillassons pour l'horticulture, claies à ombrer, kiosques de jardin, treillages, grillages.
(TROCADERO.)

80. DREUX (Louis-E.-L.), à Presles (Seine-et-Oise). — Serre, pont, kiosque, bancs, bâches, grilles, vide-tourie.
(TROCADERO.)

81. DUBOIS de LAVAL (Adrien), à Paris, boulevard de Strasbourg, 7. — Canne et ombrelle, cueilleuses, canne à pique pour touriste, pince preneuse pour insectes et reptiles.
(TROCADERO.)

82. DUDON-MAHON, à Soissons (Aisne). — Pompes de toutes sortes.
(TROCADERO.)

83. DUFRESNES (Ferdinand), à Odessa (Russie). — Plans et tracés de parcs et jardins.
(TROCADERO.)

84. DUMAND (Gustave), à Billancourt (Seine), quai de Halage, 14. — Treillage d'ornement pour décorations. Treillage mécanique pour clôtures.
(TROCADERO.)

85. DUMAY (Paul), à Condom (Gers). — Outils horticoles.
(TROCADERO.)

86. DUMILIEU (Jean), à Paris, avenue Victor Hugo, 127. — Rocaille, grotte, rivière artificielle, pont ciment imitant le bois rustique.
(TROCADERO.)

87. DUNEUFFOUR (A.-A.), à Paris, boulevard Voltaire, 36. — Étiquettes en verre, râteau indémanchable, échenilloir conservant la branche coupée.
(TROCADERO.)

88. DURAND (Jean), à Paris, rue de Buffon, 71. — Plans de jardins.
(TROCADERO.)

89. DURAND (Joseph), à Paris, cité des Fleurs, 16. — Colliers pour le tuteurage des jeunes arbres.
(TROCADERO.)

90. DURAY & VACHEROT, à Paris, rue de l'Abbaye, 6. — Projet de parc public.
(TROCADERO.)

91. DUVEAU, à Boissy-St-Léger (Seine-et-Oise). — Panneaux en rustique.
(TROCADERO.)

92. EMONIN (Henri-A.-J.-X.), à Paris, rue de Bondy, 72. — Pompes d'arrosage, tuyaux d'arrosage de diverses natures, cuir, caoutchouc, toiles, montés sur roulettes.
(TROCADERO.)

93. EON (Hippolyte-L.-J.), à Paris, rue des Boulangers, 13. — Baromètres et thermomètres horticoles.
(TROCADERO.)

94. ESTÈVE (Firmin) et Cie, à Paris, rue de Turenne, 51. — Croissants, serpes, sécateurs, louchets, bêches, binettes, faulx, serfouettes, échenilloirs, outils pour enfants, couteaux à asperges.
(TROCADERO.)

Fabricants de taillanderie, ancienne maison Cherest, fondée en 1832. Fourches, genre américain. Binettes, « marque au Sauvage », garanties aciérées.

95. FARNY (Émile), à Lunéville (Meurthe-et-Moselle), rue de Viller, 41. — Serre économique, châssis de couches à deux versants pour culture froide et chaude.
(TROCADERO.)

96. FERRIER (Adolphe), à Die (Drôme). — Coutellerie, taillanderie, instruments à main divers.
(TROCADERO.)

97. FERRY (C.-Paul), à L'Isle-Adam (Seine-et-Oise), rue de Pontoise, 65. — Serre de forme hollandaise.

98. FIGUS (Ulysse), à Paris, rue de Charonne, 121. — Bacs à fleurs pour jardins et serres; bacs de fantaisie pour appartements cerclés nickelés; nouveau chariot pour rentrer les bacs et caisses.
(TROCADERO.)

99. FORGEOT & Cie, à Paris, quai de la Mégisserie, 8. — Porte-bouquets.
(TROCADERO.)

100. FOURNIER (J.-B.), à Taverny (Seine-et-Oise). — Paillassons et claies en rotin de Chine. **(TROCADERO.)**

101. FRANQUET (Charles), à Paris, rue Fromentin, 14. — Appareil lenticulaire pour étudier les fleurs et les plantes. **(TROCADERO.)**

102. FRÉZE (Didier), à Grenoble (Isère), route de Gières, 7. — Dessins de parcs et jardins. **(TROCADERO.)**

103. GARAMPON (A.), à Clermont-Ferrand (Puy-de-Dôme), avenue Charras. — Treillages bois, fer, acier, nouveaux systèmes. **(TROCADERO.)**

104. GARIEL (Raymond), à Paris, quai de la Mégisserie, 2 ter. — Clôtures de jardin en grilles légères, contre-espaliers, cordons de pommiers. **(TROCADERO.)**

Grillages mécaniques. Serrurerie horticole à Paris. Voir classes 76 et 41.

105. GAUDENAIRE (Louis), à Paris, rue Championnet, 38.—Aquariums et accessoires de pose pour la photographie. **(TROCADERO.)**

106. GERVAT (Fortuné-A.), à Paris, rue St-Paul, 5. — Chaises, fauteuils, chaises-longues, canapés, tables, tables à ouvrage, jardinières, treillages en rotin. **(TROCADERO.)**

107. GIOT, à Paris, boulevard Saint-Germain, 17. — Pavillon de chasse. **(TROCADERO.)**

108. GIOT Jeune (Eugène) et Cie, à Paris, rue Sedaine, 50. — Mastic horticole pour greffer à froid, mastic de minium pour joints de machines, vernis inoxydable, vernis divers. **(TROCADERO.)**

Mastic des horticulteurs pour greffer à froid les arbres et les arbustes et cicatriser les plaies. Mastic de minium pour joints. Vernis inoxydable pour la quincaillerie, vernis de toutes couleurs pour fer et bois, vernis noir Japon au four.

109. GIRARDOT (F.-Jules-J.-B.), à Paris, rue de Picpus, 36.—Châssis à traverses en fer, bâche d'horticulteur, nouveau modèle. **(TROCADERO.)**

110. GODEFROY-LEBŒUF, à Argenteuil (Seine-et-Oise). — Journal et publications horticoles. **(TROCADERO.)**

111. GOUSSARD Fils (Émile), à Montreuil (Seine), rue de la République, 58. Mastic à greffer. **(TROCADERO.)**

112. GRENTHE (Louis), à Pontoise (Seine-et-Oise). — Serres types, jardin d'hiver et appareils de chauffage. **(TROCADERO.)**

113. GROSEIL Fils (Victor-L.), à Paris, avenue d'Orléans, 97. — Construction et meubles rustiques, treillages. **(TROCADERO.)**

114. GUÉROULT (Théodore), à Paris, rue Ruhmkorff, 17. — Vaporisateurs, insecticide, mastic horticole, élevire briquettes pour conservation de fleurs coupées et de raisin, engrais liquide. **(TROCADERO.)**

115. GUERRE (Charles), à Paris, rue Lafayette, 4. — Coutellerie. **(TROCADERO.)**

116. GUILLOT-PELLETIER (F.-C.), à Orléans (Loiret). — Jardin d'hiver avec serres y communiquant, chauffage thermosiphon, claies à ombrer. **(TROCADERO.)**

117. HIRT (Xavier), à Paris, rue de Lancry, 12. boulevard de Magenta 20. — Pompes. **(TROCADERO.)**

Maison fondée en 1855. Pompe rotative et pompes à pistons plongeurs, aspirantes et élévatoires, mues à bras ou par moteur, pour arrosages, puits et contre incendie. Brasserie, savonnerie, Manipulation des vins, vinaigres, alcools, cidres, huiles, essences, pétroles, tannerie, pâtes à papier, goudrons, eaux chaudes, etc.
Médaille de bronze à l'Exposition universelle de 1878.

118. HURTAULT Fils (E.-Eugène), à Chartres (Eure-et-Loir), rue Saint-Jean, 14. — Plans de parcs et jardins. **(TROCADERO.)**

119. IZAMBERT (Alexandre), à Paris, boulevard Diderot, 89.—Serre hollandaise en fer, jardins d'hiver, pavillon de Lota (Chili). **(TROCADERO.)**

120. JAMAIN, à Dijon (Côte-d'Or), rue des Roses. — Capsules au sulfure de carbone. **(TROCADERO.)**

121. JAVELIER-LAURIN (Joseph), à Gevrey–Chambertin (Côte-d'Or). — Bacs et caisses démontables pour faciliter le dépotage des arbustes. **(TROCADERO)**

122. JOLLIVET (Eugène-A.), à Saint-Prix (Seine-et-Oise). — Porte-fruits mobiles. **(TROCADERO.)**

123. JUBELIN (Jules), à Paris, boulevard Poissonnière, 12. — Bordure de parterres, claies à ombrer, grillages. **(TROCADERO.)**

124. JULIOTTE (Alexandre), à Brunoy (Seine–et–Oise) — Bacs pour plantes et arbustes. **(TROCADERO.)**

125. LABELLE (Jacques), à Toulouse (Haute-Garonne), avenue de Pelade, 3. — Plans de parcs et jardins. **(TROCADERO.)**

126. LAJOURDIE (Armand-S.-L.) et NICOLAS (Célestin), à Paris, boulevard Richard-Lenoir, 89. — Bancs, coupes, jardinières, socles, vases, corbeilles en fonte. **(TROCADERO.)**

127. LALIS (Léon), à Liancourt–Routigny (Oise).—Tonneau à suspension centrale à bras, arrosage des vergers. Tonneau d'arrosage monté sur train. Pulvérisateur.
(TROCADERO.)

128. LALUISANT (Pétiot de), à Paris, rue Vernier, 21. — Bacs et caisses.
(TROCADERO.)

129. LAMBERT (Vve) et ALLIER (Edmond), à Paris, rue Popincourt, 7 bis. — Pompes, pulvérisateur et articles de jardin. **(TROCADERO.)**

130. LA MÉNAGÈRE, à Paris, boulevard Bonne-Nouvelle, 20.—Ménage, chauffage, meubles, ornements et outils de jardin, appareils d'arrosage. **(TROCADERO.)**

131. LARIVIÈRE (E.-Adolphe-H.) et fils, à Paris, rue des Canettes, 7. — Instruments de jardinage, outils de pépiniériste et de vigneron, sécateurs, cisailles, greffoirs, cueilleuses. **(TROCADERO.)**

132. LATHOUD, à Paris, rue du Bac, 99. — Tondeuses. **(TROCADERO.)**

133. LEBEUF (V.-J.), Godefroy-Lebeuf, Successeur, à Argenteuil (Seine–et–Oise). — Le Journal « Le Jardin », le journal « L'Orchidophile », la publication « Les Cypripedies », collections d'orchidées. **(TROCADERO.)**

134. LEBŒUF Frères, à Paris, rue Vésale, 7. — Claies ombrant les serres de MM. Sohier et Bergerot. **(TROCADERO.)**

Fabrique spéciale de claies et paillassons à ombrer les serres, paniers à orchidées et treillages. Ombrage des serres de l'Exposition Coloniale (Esplanade). Médaille de bronze à l'Exposition de 1867. — Médaille d'argent à l'Exposition de 1878.

135. LEBŒUF (L.-Paul), à Paris, rue Vésale, 7. — Appareils de chauffage pour serres. Appareils des serres de MM. Sohier et Isambert. **(TROCADERO.)**
Appareil des serres de l'Exposition Coloniale. **(ESPLANADE.)**

Appareils de chauffage à eau chaude. Poêles thermosiphons. Chauffage des wagons de la Compagnie P. L. M. Classe 61. Spécialité de chauffage de serres, fromageries, écoles. Médaille d'argent. Exposition universelle, 1878.

136. LEBLOND (Pierre), à Montmorency (Seine–et–Oise). — Jardin d'hiver. Serre. **(TROCADERO.)**

Serrurerie d'art.
Grande spécialité de serres.
Vérandahs, jardins d'hiver, châssis et couches et tous articles de jardins.
40 médailles, or, vermeil et argent.
Médaille à l'Exposition universelle de Paris 1878.

137. LEBRETON (George), à Orléans (Loiret), Quai Neuf, 27. — Plans de jardins. **(TROCADERO.)**

138. LE BRETON (L. L.), à Orléans (Loiret).— Plans de parc et jardins, grottes, constructions pittoresques, etc. **(TROCADERO.)**

Médailles aux Expositions universelles de : Paris, 1867. bronze ; Paris, 1878, argent.

139. LE BRETON Père & Fils, à Paris, rue Gounod, 5. — Plans de parcs et jardins. **(TROCADERO.)**

140. LEBRUN (Charles), à Amiens (Somme), rue Allart, 7. — Fruits artificiels et denrées alimentaires artificielles. **(TROCADERO.)**

141. LECARDEUR (Gabriel), à Paris, boulevard St-Germain, 218. — Rochers, cascades, grottes, escaliers, ponts, rampes rustiques en fer et ciment, champignons pour sièges. **(TROCADERO.)**

Entrepreneur de travaux d'art de la Ville de Paris depuis 1877. — Travaux aux parcs du Trocadéro, du Champ de Mars, au Bois de Boulogne. — Rocher de 33 mètres de hauteur au parc des Buttes Chaumont. — Divers grands travaux en province.

142. LECŒUR (A.-Albert), à St-Germain-en-Laye (Seine-et-Oise), rue de Mareil, 2. — Appareil thermosiphon à chargement continu et régulateur automatique pour le chauffage des serres. **(TROCADERO.)**

143. LEROY-PAYEN, à Fresneaux-Montchevreuil (Oise). — Petite serre chaude et tempérée, à deux versants, dite serre bourgeoise. **(TROCADERO.)**

144. LÉVÊQUE (Auguste-O.), à Versailles (Seine-et-Oise), rue Magenta, 10. — Construction ancienne. Meulière artificielle pour revêtement artistique de murs et pans de bois. **(TROCADERO.)**

145. LHOMME-LEFORT, à Paris, rue des Solitaires, 40. — Mastic à greffer. **(TROCADERO.)**

Ce Mastic, employé déjà depuis près de 50 ans, a été constamment reconnu le meilleur et le seul efficace par tous les horticulteurs, son application facile certaine et économique lui assure un très grand succès dans le greffage de la vigne, indépendamment des arbres et arbustes dont il guérit les plaies et écorchures. *Le Mastic Lhomme-Lefort* est le seul recommandé par tous les Professeurs d'arboriculture. — 46 Méd., 15 Dipl., Paris, 1878, médaille de bronze.

146. LICHTENFELDER (Guillaume), — Usine Carré, — à Paris, avenue de la Grande-Armée, 45. — Chaises, fauteuils élastiques et perforés, bancs pieds en fonte, lames en bois, kiosques, grilles, serres, marquises. **(TROCADERO.)**

147. LOBIN Aîné (Émile), à Groslay (Seine-et-Oise). — Châssis et contre-espaliers, divers raidisseurs. **(TROCADERO.)**

Constructions de serres, grilles et châssis, charrues et brabans, bineuses et butteuses.

148. LOBRET (Auguste), à Paris, rue de Sèvres, 111. — Baromètre, hygromètre. **(TROCADERO.)**

149. LONGPRÉ (de), à Paris, faubourg Saint-Denis, 137. — Peinture de fleurs. **(TROCADERO.)**

150. LORIOT (E.-Léon), à Paris, rue du Faubourg-St-Denis, 50. — Appareils pulvérisateurs et vaporisateurs pour la destruction des insectes et maladies végétales. **(TROCADERO.)**

151. LOUET (Casimir), — Maison Louet Frères, — à Issoudun (Indre). — Palissages en fer, raidisseurs, tondeuse de gazon (berrichonne) ; serre, châssis de couche, kiosque, pont. **(TROCADERO.)**

Médaille aux Expositions universelles de Paris ; argent en 1867, or et argent en 1878.

152. LOYRE (Mlle Blanche), à Passy (Seine), rue du Ranelagh, 10. — Bacs et matériel horticole. **(TROCADERO.)**

153. LUSSEAU (Henri), à Bourg-la-Reine (Seine), Grande-Rue, 57. — Kiosques, parcs, jardins, etc. **(TROCADERO.)**

154. LUSSEAU (Henri), à Paris, rue de Rennes, 99. — Création et restauration de parcs et jardins, constructions pittoresques.   **(TROCADERO.)**

155. LUSSEAU (Pascal), à Paris, rue de Rennes, 99. — Serrurerie artistique et horticole, chauffages et ventilation.   **(TROCADERO.)**

156. Maison CHEVALIER, GRODET (Émile), Successeur, à Paris, rue de Dunkerque, 3. — Appareils de chauffage de serre à eau et à air chaud. Thermosiphons, chaudières, calorifères, etc, (Palais couvert du Trocadéro).   **(PALAIS.)**

   Récompenses : Paris 1885, Paris 1867, 1878; Médailles de bronze, argent et or.

157. MAITRE(Ernest), à Auvers-sur-Oise(Seine-et-Oise).—Abris pour préserver les bourgeons des gelées du printemps, sacs pour préserver les raisins des animaux et leur assurer la complète maturité.   **(TROCADERO.)**

158. MANSION-TESSIER (Félix-F.-J.), à Bougival (Seine-et-Oise), rue de Versailles, 19. — Paniers à orchidées et jardinières d'appartement.   **(TROCADERO.)**

159. MARCHAL (L.-François), à Vincennes (Seine), rue Massue, 21. — Kiosque, treillages, claies, paillassons.   **(TROCADERO.)**

160. MARCHAL (Charles), à Paris, rue des Amandiers, 40. — Cloches de verre montées sur plomb, avec vasistas.   **(TROCADERO.)**

161. MARTENS (Mme), à Paris, rue Ste Anne, 46. — Chaise hamac suspendue.   **(TROCADERO.)**

162. MARTIN (J.-B.), à Paris, rue Jessaint, 16. — Instruments de jardinage, ratissoires, dresse-bordures à lame tournante.   **(TROCADERO.)**

163. MARTRE et ses Fils, à Paris, rue du Jura, 15. — Chauffage, termosiphon en cuivre et tôle d'acier pour serres et jardins d'hiver, appareils vaporisateurs.   **(TROCADERO.)**

   Thanatophore, arrosoirs et vases en cuivre. Réservoirs en tôle, etc.

164. MATHIAN (C.), à Paris, avenue de St-Ouen, 123, impasse Chatelet, 13. — Serres, chauffage de serres, vaporisateurs de nicotine.   **(TROCADERO.)**

   Serres, Jardins d'hiver, Châssis, Marquises, Vérandahs, Serrurerie artistique et horticole.
   Thermosiphons brevetés s. g. d. g. pour serres, jardins d'hiver, ateliers, habitations, édifices, etc. Calorifères à vapeur et à air chaud.
   Applications industrielles du chauffage, au séchage et à la ventilation.
   Vaporisateur de nicotine « Le Foudroyant », breveté s. g. d. g.

165. MATHIEU (Noël), à Paris, rue de la Tour-des-Dames, 16. — Jardinières, objets rustiques et artistiques ; aquariums.   **(TROCADERO.)**

166. MAURICE (Alfred), à Château-du-Loir (Sarthe). — Caisses à fleurs et à orangers démontables, bacs ronds coniques, châssis de couches, treuils, instruments agricoles.   **(TROCADERO.)**

167. MESLIER (Armand), à Sarcelles (Seine-et-Oise). — Deux appareils de chauffage en fonte et en cuivre.   **(TROCADERO.)**

168. MÉTÉNIER (Jules), à Paris, rue Tronchet, 15. — Sacs à raisins, piéges à insectes, corbeilles pour fleurs, bouteilles pour conserver les raisins.   **(TROCADERO.)**

169. MICHEL (M.-J.-L.-E.-Henri), à Besançon (Doubs), Fontaine-Écu. — Plans de parcs et jardins paysagers.   **(TROCADERO.)**

170. MONIER Fils (Joseph), à la Plaine-St-Denis, avenue de Paris, 126. — Rocailles, rochers, cascades, rivières, pièces d'eau, bassins, réservoirs, auges en ciment avec ossature en fer.   **(TROCADERO.)**

171. MONLEZUN (Léon) Successeur et gendre **d'Hardivillé**, à Alençon. (Orne). — Coutellerie horticole et coutellerie fine.   **(TROCADERO.)**

172. MOREAU Frères, à Paris, rue du Faubourg-St-Jacques, 21. — Collection du journal : « L'art dans l'horticulture », revue illustrée avec photographies peintes.   **(TROCADERO)**

173. MOREL (Francisque), à Lyon-Vaise (Rhône).—Plan et vues du parc de la Liberté, à Lisbonne. Projet acquis par la ville.   **(TROCADERO.)**

174. MOUILLET (Roch), à Marly-le-Roi (Seine-et-Oise). — Thermosiphon hélicoïdal, avec foyer isolé. Application de serpentin sur foyer isolé.   **(TROCADERO.)**

175. MOUQUET (Hector), à Lille (Nord), rue de Paris, 161. — Chaudières thermosiphon.   **(TROCADERO.)**

176. MOUTIER (Paul), à St-Germain-en-Laye (Seine-et-Oise), rue des Coches, 13. — Jardin d'hiver, serre chaude, serre tempérée, serre à orchidées.   **(TROCADERO.)**

177. MURAT (J.-Henri-J.), à Paris, boulevard Malesherbes, 66. — Vitrerie spéciale d'une serre, tringles en zinc adaptées à chaque verre rejetant la buée au dehors.   **(TROCADERO.)**

> Horizontales de châssis de toit, combles, courettes, marquises, vérandahs, hangars.
> Ateliers d'artistes et de photographies, panoramas, musées, galeries, etc.
> Ce système de vitrerie consistant en une tringle en zinc adapté à chaque recouvrement de verre est celui appliqué sur les galeries des expositions diverses à l'Exposition de 1889 sur une surface de 80.000 mètres, travaux de vitrerie dont cette maison a été déclarée concessionnaire.

178. NIVET Jeune (M.-Henri), à Limoges (Haute-Vienne), rue des Sœurs-de-la-Rivière, 10. — Plans de parcs et jardins, plans lavés, plans et études, devis.
                                        (TROCADERO.)

179. NOEL (Athanase), à St-Germain-en-Laye (Seine-et-Oise), rue Alexandre-Dumas, 7. — Serre hollandaise.   **(TROCADERO.)**

180. NOEL (Nicolas), à Paris, avenue Parmentier, 104. — Pompes pour tous usages.   **(TROCADERO.)**

181. NORI (L.-Alcime), à Colombes (Seine), rue St-Hilaire, 31. — Fruitier français ou étagère omnibus.   **(TROCADERO.)**

> L'étagère omnibus sert à la conservation des fruits, à faire des étalages de marchandises dans les magasins, dans les appartements, etc.

182. OZANNE (J.-L.-Gustave), à Paris, rue Marqfoy, 11. — Serre en fer. Châssis de couches. Bâches en fer, en bois et en maçonnerie. Ferrures spéciales. Supports pour espaliers. Berceau.   **(TROCADERO.)**

183. PANTZ Frères et Cie, à Pont-à-Mousson (Meurthe-et-Moselle). — Meubles et sièges pliants en fer et bois pour jardins.   **(TROCADERO.)**

184. PARIS (Charles-Émile), au Bourget (Seine).—Vases décoratifs, meubles, plaques, le tout en fonte émaillée.   **(TROCADERO.)**

185. PÉAN (Armand-D.), à Paris, rue de Dunkerque, 87. — Plans de parcs et jardins et de constructions pittoresques. « L'architecte paysagiste », volume de 448 pages in 8°.   **(TROCADERO.)**

186. PÉAN (Sylvain), à Paris, rue de Charenton, 43. — Sécateurs avec lames et ressorts de rechange, greffoirs, serpettes-scies, épluchoirs.   **(TROCADERO.)**

187. PEIGNON (Joseph), à Nantes (Loire-Inférieure), boulevard de Doulona, 2. — Système de clôtures mobiles en bois à claire-voie.   **(TROCADERO.)**

188. PERRAULT BUSIGNY (E.), à Angers (Maine-et-Loire), rue Chèvre, 59. — Plans de parcs et jardins.   **(TROCADERO.)**

> Architecte paysagiste. — Chemins de fer Decauville pour terrassements. Travaux rustiques en ciment, chalets, rochers, rivières. Plantation de végétaux.

189. PERRET (Michel), à Paris, place d'Iéna, 7. — Chauffage de la serre Noël Athanase.   **(TROCADERO.)**

190. PERRET et Fils et VIBERT, à Paris, rue du Quatre-Septembre, 33. — Sièges en osier et en jonc pour serres et jardins.   **(TROCADERO.)**

191. PERRIER Fils (Antoine), à Paris, rue Michel-Bizot, 164. — Spécialité de serres et de chauffages, pour les serres et les bâtiments.   **(TROCADERO.)**

192. PESCHEUX (Auguste), à Paris, rue Blomet, 11. — Contre-espaliers, tuteurs, grattoirs, fruitiers tournants à coulisse, appareil pour la conservation des raisins, lève-fût, pieds artistiques, stores.   **(TROCADERO.)**

193. PESCHEUX (Mlle Claire) & NOEL (Mlle Blanche), à Paris, rue Blomet, 11. — Fleurs et fruits montés sur bois naturel, corbeilles, bouts-de-tables, jardinière, bouquet.   **(TROCADERO.)**

194. PETIT (Mme) & VALLIEUME (Mme), à Paris, rue Ramponneau, 20, boulevard Ménilmontant, 103. — Thermomètres, baromètres, pulvérisateurs, étiquettes, sécateurs.   **(TROCADERO.)**

195. PETIOT DE LALUISANT (Aimée), à Paris, rue Demours, 60. — Bacs et caisses ordinaires et s'ouvrant.   **(TROCADERO.)**

196. PÉZON (Michel), à Arcueil-Cachan (Seine). — Pompettes, jets d'eau, appareils d'arrosage.   **(TROCADERO.)**

197. PILLET-PAROD, à Vincennes (Seine), rue des Carrières, 13. — Outillage horticole.   **(TROCADERO.)**

198. PILLON (L.), à Issy (Seine), rue Naud, 2.— Claies à ombrer, jalousies lames biseautées, treillages charpentes en bois, kiosques, ponts.   **(TROCADERO.)**

199. PODEVIN (A.-C.), à Meudon (Seine-et-Oise), rue de l'Orangerie, 5. — Appareils de chauffage de serre à circulation d'eau, dite thermosiphon.   **(TROCADERO.)**

200. POIRÉ (Gabrielle), à Paris, rue Pierre-Levée, 13. — Jardinières, cache-pots, aquarium.   **(TROCADERO.)**

201. PONCHON (J.), à Paris, rue Demours, 41.—Kiosque rustique et paillassons.   **(TROCADERO.)**

202. PONTHUS (C.-Frédéric), à Paris, rue du Faubourg-St-Denis, 74.— Stores abris mobiles, fauteuils et sièges, lits de repos pour jardin.   **(TROCADERO.)**

203. POULAIN (Baptiste), à Lille (Nord), rue de Roubaix, 1. — Volières, jardinières, kiosques, cache-pots.   **(TROCADERO.)**

204. POUTHÉ (Louis), à Montreuil-sous-Bois (Seine) rue Franklin, 50. — Outils pour culture.   **(TROCADERO.)**

205. PRADINES (Léon-L.-S.), à Levallois-Perret (Seine), rue de Courcelles, 27. — Coutellerie horticole.   **(TROCADERO.)**

206. PRODET (Émile), à Paris, rue de Dunkerque, 3. — Appareils de chauffage.   **(TROCADERO.)**

207. PRUNIÈRES et Fils, à Saunois (Seine-et-Oise), avenue Berthet, 9. — Kiosque, pavillon de chasse avec ameublement rustique, pont.   **(TROCADERO.)**

208. PUZENAT (Émile), à Bourbon-Lancy (Saône-et-Loire), rue de Moulins,18. — Herses d'allées, rouleaux.   **(TROCADERO.)**

209. QUÉNAT, à Paris, rue de Passy, 23. — Plans et dessins de parcs et jardins.   **(TROCADERO.)**

210. QUIGNON (Alfred), à Paris, rue de Longchamps, 52. — Plans et profils d'exécution de parcs et jardins.   **(TROCADERO.)**

211. RADOT (E.-C.), à Essonnes (Seine-et-Oise). — Balustres, vases, pots à fleurs, suspensions, cache-pots, bordures, statuettes.   **(TROCADERO.)**

212. RAVENEAU (L.-Devilaine Successeur), à Paris, rue de Bagnolet, 65. — Appareils d'arrosage pour villes, parcs et jardins.   **(TROCADERO.)**

213. RÉCAMIER (Jérôme-E.), aux Carrières-St-Denis (Seine-et-Oise). —
Sécateurs.   **(TROCADERO.)**

214. RÉVEILHAC (Auguste-J.), à Paris, avenue de la République, 3.—Thermosiphon à combustion lente, accessoires pour chauffage de serres.   **(TROCADERO.)**
Médaille de bronze, Paris, 1878.

215. REYNIER Fils (Auguste-H.-E.-P.), à Paris, rue de Crussol, 24. —
Pompes de jardins, seringues de serres, pulvérisateurs divers.   **(TROCADERO.)**

216. RIBET (Pierre-L.), à Clichy (Seine), rue de Neuilly, 7. — Bacs et caisses
carrées et coniques pour fleurs et arbustes.   **(TROCADERO.)**
Bacs et caisses pour fleurs en tous bois et tous métaux. Systèmes à panneaux articulés, brevetés S. G. D. G. en France et à l'Etranger. Facilité pour l'entretien des plantes.

217. RICADA (Alexandre), à Versailles (Seine-et-Oise), rue du Vieux-Ver-
sailles, 26. — Chauffage des serres de MM. Coulon, Leblond et Charpentier, appareils
de chauffage, appareils vaporisateurs de nicotine.   **(TROCADERO.)**

218. RIGAULT (Alfred-L.), à Croissy (Seine-et-Oise). — Serre en fer.
                                                                     (TROCADERO.)

219. RIVIÈRE (A.), à Paris, rue de la Roquette, 36. — Poterie horticole.
                                                                     (TROCADERO.)

220. ROBBI (J.-B.), à Nice (Alpes-Maritimes), rue St-Étienne, 14. — Machine à
tresser les guirlandes en feuillages et en fleurs.   **(TROCADERO.)**

221. RORET, à Paris, rue Hautefeuille, 12. — Ouvrages agricoles et horticoles.
                                                                     (TROCADERO.)

222. ROTHSCHILD (J.), à Paris, rue des Saints-Pères, 13. — Publication sur
l'horticulture ; jardins et botanique.   **(TROCADERO.)**

223. ROULLIER et ARNOULT, à Gambais (Seine-et-Oise). — Petites
serres d'appartements, chauffées.   **(TROCADERO.)**
Collection de petites serres chauffées par la briquette de charbon aggloméré — Système
breveté S. G. D. G.

224. SABATIER (Frédéric), à Paris, rue St-Martin, 323. — Coutellerie horticole.   **(TROCADERO.)**

225. SAUVEUR-BELLANDOU, à Cannes (Alpes-Maritimes), boulevard du
Cannet. — Cascade, grotte, siège et abri en ciment.   **(TROCADERO.)**

226. SÉNÉCHAL (H.), à Lisieux (Calvados), boulevard de la Chaussée, 15. —
Bâche avec châssis et crémaillère articulée pour l'élevage des plantes de jardin, serre
de multiplication à deux versants cintrés.   **(TROCADERO.)**

227. SENET (Adrien), successeur de **Peltier Jeune,** à Paris, rue Fontaine-
au-Roi, 10. — Matériel pour l'agriculture. Pompes.   **(TROCADERO.)**

228. SIMARD Fils (L.-Alphonse-E.), à Bellevue (Seine), avenue Mélanie,
4 bis. — Habitation rustique. Pont rustique.   **(TROCADERO.)**

229. Société anonyme des ateliers de Neuilly (directeur : **O. André**).
à Neuilly (Seine), rue de Sablonville, 9. — Jardin d'hiver pour palmiers.
                                                                     (TROCADERO.)

**230. Société anonyme des Hauts-Fourneaux et Fonderies du Val
d'Osne,** à Paris, boulevard Voltaire, 58. — Fonte de fer moulée.   **(TROCADERO.)**

231. Société des clôtures et plantations pour chemins de fer,
(ancienne maison **A. Tricotel**), à Paris, rue d'Hauteville, 51. — Treillages. Constructions rustiques.   **(TROCADERO.)**

232. SOHIER (G.), à Paris, rue Lafayette, 121. — Serre-contre-espaliers.
                                                                     (TROCADERO.)

233. SOUILLARD (J.-Olivier), à Amiens (Somme), rue de Beauvais, 21. — Mastic à greffer à froid pour arbres et arbustes.   **(TROCADERO.)**

Mastic dit le « Jardinier » onctueux et insensible au soleil, application facile cicatrisant les plaies.

234. THIÉBAUT (Mathieu), à Neuilly (Seine), rue Chauveau, 39. — Appareils de chauffage Mathieu. Appareils d'arrosage.   **(TROCADERO.)**

235. THIRION (Henri), à Paris, rue de la Roquette, 51. — Porte-bouteilles et égouttoirs en fer, machine à boucher les bouteilles, porte-fruits.   **(TROCADERO.)**

Maison fondée en 1868.
Médaille de Bronze Exposition Universelle Paris 1878.
Médaille de bronze Bruxelles 1888. — Médaille d'or Barcelone 1888.

236. THOMAGER, à Prague (Bohême).— Plans. Journal horticole.   **(TROCADERO.)**

237. TISSOT (Joanny-C.), à Paris, rue Guénégaud, 15. — Fleurs coupées, papiers à bouquets, cornets et porte-bouquets en satin, graminées sèches, immortelles.   **(TROCADERO.)**

Expéditeur de fleurs naturelles et fabricant d'accessoires pour fleuristes. Joncs, bourrages et mousses, etc.

238. TOUÉRY (C.-Gustave), à Paris, boulevard Voltaire, 60. — Poudre insecticide, dite monténégrine ; insufflateur spécial.   **(TROCADERO.)**

239. VACHÉ (Michel), à Paris, rue de la Roquette, 9. — Pompe montée sur plateau, pour usages domestiques ; pompes avec pulvérisateurs, pour vignerons, horticulteurs et fleuristes.   **(TROCADERO.)**

240. VASSEUR Fils (A.), Horticulteur architecte paysagiste, à Sauxillanges (Puy-de-Dôme). — Plans de parcs et jardins en reliefs et paysagers.   **(PALAIS.)**

Récompenses obtenues : Médaille d'argent, 1re classe, Paris, Exposition universelle 1867. Médaille, Exposition universelle 1878.

241. VIDON, à Chartres (Eure-et-Loir).— Chassis de couche en fer et bâches continues. Matériel de maraîchers.   **(TROCADERO.)**

Serres adossées et hollandaises. Serres spéciales pour horticulteurs avec tous les châssis mobiles.

Serres à vigne, croisées d'orangerie, jardins d'hiver, vérandahs, marquises, grilles de tous styles pour parcs et jardins. Ratelier fer plein et élégi pour écuries et bergeries.

242. VILLAIN (H.) & Cie, à Paris, rue d'Hauteville, 64. — Meubles de jardin, tentes, parasols transportables.   **(TROCADERO.)**

243. WILLEMAIN (Paul), à Paris, boulevard Montparnasse, 47.—Contre-espaliers et kiosques en fer et ciment. Clôtures en fer et en bois, portiques de gymnastique en fer et en ciment, bancs, chaises, bacs.   **(TROCADERO.)**

244. VOISIN, à Lieusaint (Seine-et-Marne). — Contre-espalier. châssis mobile.   **(TROCADERO.)**

245. WESSBECHER, à Paris, rue Grange-aux-Belles, 60. — Meubles de jardins.   **(TROCADERO.)**

Fabrique de meubles de jardins en fer, chaises en fer et bois pliantes, brev. S. G. D. G. Lavabos, toilettes de tous genres en fer, dessus tôle et dessus marbres. — Tables de cafés, dessus marbres. — Garde-feux en fer et en cuivre, chenets et landiers en fer forgé. Echelles, marchepieds, porte-bouteilles, articles de caves; brev. S. G. D. G. (Voir classe 17.)

246. WILLIAMS & Cie, à Paris, rue Caumartin, 1. — Système de glacière, timbre pour crémiers.   **(QUAI.)**

247. WIRIOT (É. Emile), à Paris, boulevard St-Jacques, 29. — Pots à fleurs, terrines, soucoupes, suspensions, bordures de jardins, poteries à orchidées, vases à oignons, cachepots.   **(TROCADERO.)**

Fabrique de Poterie pour l'Horticulture.
Médaille d'argent, Exposition universelle, Paris, 1878.

248. YONNET (E.-Louis-C.), à Montigny-lez-Cormeilles (Seine-et-Oise).—Ponts rustiques en fer.   **(TROCADERO.)**

249. ZANI (Charles) aîné, à St-Germain-en-Laye (Seine-et-Oise), rue Grande-Fontaine, 32. — Chauffage de serre.   **(TROCADERO.)**

250. ZEHREN Frères (Jean & Auguste), à Paris, faubourg St-Martin, 235. — Robinets-vannes, niveau d'eau pour chauffage de serres.   **(TROCADERO.)**

COLONIES.

ALGÉRIE.

1. Société industrielle et agricole de Batna et du Sud-Algérien, à Paris, rue Saint-Lazare, 7. — Instruments agricoles de l'Oued R'hir.   **(ESPLANADE.)**

PAYS ÉTRANGERS.

AUTRICHE-HONGRIE.

1. BLAZEK (Adolphe), à Budapest, Zoldfauteza, 7. — Coutellerie pour l'horticulture et la viticulture. **(QUAI.)**

GRANDE-BRETAGNE.

1. HENRICH (Archibald) & Sons (Limited), à West-Bromwick. —
Matériel pour l'horticulture. **(QUAI.)**

JAPON.

1. HAYASHI (Kitsujiro, à Aichi-Ken, Kaito-Kori. — Cache-pots de plantes
aquatiques en émail cloisonné. **(PALAIS.)**

2. KURODA (Mansuke), à Osaka-fu, Nishi-Ku. — Sécateurs en cuivre et en fer
pour fleurs et arbres. **(PALAIS.)**

3. SAKAI (Isami), à Osaka-fu, Sakai-Ku. — Différentes sortes de sécateurs.
(PALAIS.)

4. YOSHIDA (Shinshichi), à Osaka-fu, Nishi-Ku.— Sécateurs pour feuilles et
fleurs **(PALAIS.)**

RUSSIE.

GRAND-DUCHÉ DE FINLANDE.

1. Ateliers d'Osberg, à Helsinfors. — Pompes. **(PARC.)**

2. Forges de Billnaes, à Karis. — Outils et instruments en acier pour l'agriculture et l'exploitation des forêts. **(PARC.)**

SERBIE.

1. SIMONOVITCH (Loubomir), à Valievo. — Hache, pioche. **(PALAIS.)**

SUISSE.

1. STOCKMANN (Franz), à Sarnen (Unterwalden). — Étiquettes, cadres et
lattes pour serres. **(QUAI.)**

GROUPE IX.

HORTICULTURE.

Classe 79.

Fleurs et plantes d'ornement.

FRANCE.

1. **ASSET (Eugène),** à Sèvres (Seine-et-Oise). — Pensées. **(TROCADERO.)**

2. **AUBERT-LUQUET,** à Clermont-Ferrand (Puy-de-Dôme), place Lecoq, 7. — Angélique cultivée. Robinier inermis pendeula. **(TROCADERO.)**

3. **AUSSEUR-SERTIER (Léon),** à Lieusaint (Seine-et-Marne). — Arbres et arbrisseaux d'ornement. **(TROCADERO.)**

4. **BAILLET (Augustin),** à Joigny (Yonne). — Plantes d'ornement. **(TROCADERO.)**

5. **BALLET (Eugène),** à Sézanne (Marne). — Rosiers dressés en formes particulières. **(TROCADERO.)**

6. **BERGER (Auguste),** à Verrières-le-Buisson (Seine-et-Oise). — Glaïeuls. **(TROCADERO.)**

7. **BERTHIER (Eugène),** à Mignières, par Corbeilles-en-Gâtinais (Loiret). — Safran tinctorial. **(TROCADERO.)**

8. **BESSON (Antoine),** à Marseille (Bouches-du-Rhône). — Plantes décoratives et d'ornement. **(TROCADERO.)**

9. **BONNEAU (J.-B.),** à Ernée (Mayenne). — Hedera obtenu de l'Irlandais par semence, genista bicolore jaune et rouge, prunus de semence du pissardi et nommés calens sifolia. **(TROCADERO.)**

10. **BOUCHER (George-E.),** à Paris, avenue d'Italie, 164. — Clématites à grandes fleurs, fusains, lierres, althea, érythrines, hydraugeas, etc. **(TROCADERO.)**

11. **BOURGÉZEAU (Zacharie),** à la Châtaigneraie (Vendée). — Araucaria imbricata. **(TROCADERO.)**

12. **BOUTREUX (Eugène) Frères,** à Montreuil-sous-Bois (Seine). — Pelargonium à grandes fleurs. **(ESPLANADE.)**

13. **BOYER (François-G.),** à Gambais (Seine-et-Oise).— Rhododendron, azalées, kalmias. **(TROCADERO.)**

14. **BOYSON (J.-L.),** à Caen (Calvados). — Rosiers en pots **(TROCADERO.)**

15. BROT-DELAHAYE, à Paris, rue du Moulin-des-Prés, 33. — Pelargonium zonale, plantes diverses, chrysanthèmes, œillets.   **(TROCADERO.)**

16. BRUNEAU (Désiré) et JOST (George), à Bourg-la-Reine (Seine). — Arbres d'ornement et rosiers.   **(TROCADERO.)**

17. BUVRY (Frédéric), à Montigny-les-Cormeilles (Seine-et-Oise). — Plantes pour corbeilles.   **(TROCADERO.)**

18. CAPPE (Émile), au Vésinet, rue de l'Église, 6. — Bégonias tubéreux à fleurs simples, à fleurs doubles, à feuillages.   **(TROCADERO.)**

19. CARLE (Laurent), à Lyon (Rhône), route d'Heyrieux, 28. — Œillets.   **(TROCADERO.)**

20. CHANTIN (Antoine), à Paris, avenue de Châtillon, 32. — Agaves, phormium.   **(TROCADERO.)**

21. CHOUVET (E.-L.-B.), à Paris, rue Étienne-Marcel, 16. — Pelouse.   **(TROCADERO.)**

22. CHRISTEN (Louis), à Versailles (Seine-et-Oise), rue St-Jules, 6. — Collection de clématites à grandes fleurs, collection de rosiers sarmenteux et grimpants, remontants. Fusains.   **(TROCADERO.)**

23. COULON (J.-C.), à Dun-sur-Auron (Cher). — Bananiers et plantes fleuries.   **(TROCADERO.)**

24. COURATIN (M.-I.), à Angoulême (Charente), rue Corderant, 14. — Lierre en bac formant parasol.   **(TROCADERO.)**

25. CROUSSE, à Nancy (Meurthe-et-Moselle), faubourg Stanislas. — Fleurs et plantes d'ornement de plein air, begonias, etc.   **(ESPLANADE.)**

26. CROUX et Fils, au Val-d'Aulnay, près Sceaux (Seine). — Collections de tous les arbres, arbustes et plantes de plein air, rustiques, rhododendrons et azalées.   **(TROCADERO.)**

27. CROZY Aîné (Pierre-A.-M.), à Lyon (Rhône), Grande rue de la Guillotière, 206. — Canna. Celosia.   **(TROCADERO.)**
  Culture spéciale de cannas dénommées florifères pour leur abondante floribondité due aux semis obtenus dans l'établissement.

28. DAGNEAU (Charles), à Nogent-sur-Marne (Seine), rue Charles VII, 14. — Pelargonium à grandes fleurs et zonale.   **(ESPLANADE.)**

29. DEFRESNE (Honoré), à Vitry-sur-Seine (Seine). — Arbres et arbustes d'ornement.   **(TROCADERO.)**

30. DELABERGERIE (P.-Désir), à Bourg-la-Reine (Seine), Grande-Rue, 59. — Rosiers-tiges, demi-tiges et nains, en collections.   **(TROCADERO.)**.
  Médaille d'argent à l'Exposition universelle de 1878.

31. DELAHAYE (Ernest), à Paris, quai de la Mégisserie, 18. — Lot de pensées.   **(TROCADERO.)**

32. DÉLAUX (Simon), à Saint-Martin-du-Touch, près Toulouse (Haute-Garonne). — Chrysanthèmes.   **(TROCADERO.)**

33. DELEUIL (J.-B.-A.), à Marseille (Bouches-du-Rhône). — Yuccas (semis de l'établissement).   **(TROCADERO.)**

34. DENIS (Théodore), à Sceaux (Seine), rue Houdan, 127. — Conifères, arbres et arbustes d'ornement.   **(TROCADERO.)**

35. DROUET (Ernest-T.), à Billancourt (Seine), rue Paul-Bert, 5. — Pensées à grandes fleurs et 5 macules, célosies, pyramidales, zinnia.   **(TROCADERO.)**

36. DUBOIS (Arthur), à Argenteuil (Seine-et-Oise), Grande-Rue, 39. — Dahlia.   **(TROCADERO.)**

37. DUGOURD(J.-P.), à Fontainebleau (Seine–et–Marne), rue Auguste Barbier,16.
— Plantes vivaces.   **(TROCADERO.)**

38. DUPANLOUP et Cie,(Successeurs de **Loise Chauvière**), à Paris, quai
de la Mégisserie, 14. — Pelouses.   **(TROCADERO.)**

39. EBERLÉ (Antoine), à Paris, avenue de St-Ouen, 146. — Agaves, aloès,
cactées, gloxinias, cyclamens.   **(TROCADERO.)**

40. FALAISE (Adolphe), à Billancourt (Seine), rue du Vieux-Pont-de-Sèvres,
129. — Pensées.   **(TROCADERO.)**

41. FALAISE (Alfred), à Nanterre (Seine), rue Parmentier, 8. — Dahlias.
                                                             (TROCADERO.)

42. FAU (William), à Bordeaux (Gironde), boulevard de Bèges, 180.— Bambous.
                                                             (TROCADERO.)

43. FÉRARD (Louis), à Paris, rue de l'Arcade, 15 — Plantes vivaces et
annuelles.   **(TROCADERO.)**

44. FLON Père et Fils, à la Maître-École (Maine-et-Loire) — Rhododendrons de semis, plantes diverses.   **(TROCADERO)**
   Culture spéciale de rhododendrons.
   Nouveautés, hybrides et plants pour la greffe.
   Camélias, azalées de l'Inde, mollis d'Amérique. Kalmias, clethras, audromedas, myrtes,
eugenians, jasmins variés, orangers, gardenians, ficus, palmiers, dracœnas, hortensias variés,
rosiers, arbustes variés, conifères variés, etc.

45. FORGEOT (E.) & Cie, à Paris, quai de la Mégisserie, 6. — Plantes
annuelles fleuries. Gazons.   **(TROCADERO.)**
   Cultures importantes de plantes de toutes espèces : Glaïeuls, bégonias, dahlias.
   Prix d'honneur à l'Exposition d'Amsterdam.

46. GÉRAND (J.-B.-J.), à Malakoff (Seine), route de Montrouge, 91. — Plantes
annuelles, bisannuelles et vivaces.   **(TROCADERO.)**

47. GILLARD (C.-Auguste), à Boulogne-sur-Seine, rue Maître-Jacques, 4. —
Chrysanthemum frutescens et autres, petunias doubles et simples de semis, bouvardia
en variétés.   **(TROCADERO.)**

48. GONTIER (Armand), à Fontenay-aux-Roses (Seine). — Plantes aquatiques.
                                                             (TROCADERO.)

49. GOUCHAULT (Auguste), à Orléans (Loiret), rue Basse-Mouillères, 19. —
Plantes décoratives, aralia.   **(TROCADERO.)**

50. HAMON (Julien), à Beuzeval (Calvados). — Pétunia de semis. **(TROCADERO.)**

51. HOCHARD, à Pierrefitte-sur-Seine (Seine). — Œillets.   **(TROCADERO.)**

52. HOIBIAN (Jean), à Paris, quai de la Mégisserie, 16. — Pelouse. **(TROCADERO.)**

53. JACOB (Louis), à Rueil (Seine-et-Oise), avenue du Chemin-de-Fer, 82. —
Œillets odorants, zinnia et pensées.   **(TROCADERO.)**

54. JACQUEAU (E.), à Paris, rue St-Martin, 2. — Pelouse.   **(TROCADERO.)**

55. JAMAIN (Hippolyte), à Paris, rue de la Glacière, 217. — Rosiers.
                                                             (TROCADERO.)

56. JAMIN (Ferdinand), à Bourg-la-Reine (Seine). — Végétaux d'ornement de
toutes sortes.   **(TROCADERO.)**

57. JEANGIRARD (Mme Mélanie), à Paris, rue Rambuteau, 72 — Bouquets pour mariées, bals et soirées. Spécialité de corbeilles de table, croix et couronnes.   **(TROCADERO.)**

58. LAGRANGE (Antoine), à Oullins (Rhône) — Plantes aquatiques.
                                                             (TROCADERO.)

59. LAHAYE VIARD (J.-Eugène), à Montreuil-sous-Bois (Seine), rue Danton, 48. — Collection de plantes médicinales vertes en pots.   **(TROCADERO.)**

60. LANGE (Alexandre), à Paris, rue de Bourgogne, 30.— Palmiers, plantes et fleurs d'ornement.   **(TROCADERO.)**

61. LAPIERRE (François), à Montrouge (Seine), rue de Fontenay, 11. — Fusains en collection.   **(TROCADERO.)**

62. LATOUR-MARLIAC (B.-Joseph), à Temple-sur-Lot (Lot-et-Garonne) — Plantes aquatiques (nymphéas).   **(TROCADERO.)**

63. LAUNAY (Charles), à Sceaux (Seine), rue des Chesnaux, 6. — Auricules, géranium, phlox.   **(TROCADERO.)**

64. LEBOSSÉ (Victor), à Paris, rue Mignard, 7. — Rosiers nains, en colonnes et en parasol.   **(TROCADERO.)**

65. LECOINTE (Amédée), à Louveciennes (Seine-et-Oise). — Végétaux d'ornement. Conifères. Arbustes à feuillages persistants, à feuilles caduques. Rhododendrons. Rosiers.   **(TROCADERO.)**

66. LEGENDRE Aîné (P.-E.), à Paris, rue de Vouillé, 28. — Fusains verts.   **(TROCADERO.)**

67. LEMOINE (René), à Châlons (Marne), rue Croix-des-Teinturiers, 6. — Plantes fleuries (fuchsia).   **(TROCADERO.)**

68. LEMOINE (V.) & Fils, à Nancy (Meurthe-et-Moselle), rue du Montet, 134. — Plantes fleuries. Glaïeuls hybrides. Montbretia. Pelargoniums. Lilas à fleurs doubles, etc.   **(TROCADERO.)**

69. LEQUIN, à Clamart (Seine), rue des Hauts-Jardins, 3. — Bégonias.   **(TROCADERO.)**

70. LEROSIER, aux Kermès, par Carqueyran, près Hyères (Var). — Palmiers rustiques et plantes décoratives.   **(TROCADERO.)**

71. LEVAVASSEUR & Fils, à Ussy (Calvados). — Jeunes plants forestiers, fruitiers, d'arbustes d'ornement et de conifères, etc, pour pépinières, clôtures et reboisements.   **(TROCADERO.)**

72. LEVEAUX (Paulin), à Fontainebleau (Seine-et-Marne), boulevard Gambetta, 1. — Glaïeuls. œillets, renoncules.   **(TROCADERO.)**

   Culture spéciale de glaïeuls. Glaïeuls de toutes variétés. Culture comprenant trois hectares de terrain.

73. LÉVÊQUE & Fils, à Ivry-sur-Seine (Seine), rue du Liégat, 69. — Collections de rosiers de tous genres. Pivoines. Œillets remontants. Chrysanthèmes. Plantes diverses de pleine terre.   **(TROCADERO.)**

74. MACHAT & JOSEM, à Châlons-sur-Marne (Marne), avenue de la Croix, 2. — Plantes d'ornements, pelargonium.   **(TROCADERO.)**

75. MARGOTTIN Fils (A.-Jules), à Pierrefitte, près Paris (Seine). — Rosiers, plantes diverses.   **(TROCADERO.)**

76. MARON (Charles), à Saint-Germain-lez-Corbeil (Seine-et-Oise. — Nicotiana.   **(TROCADERO)**

77. MARTIN, à Vindecy, par Marigny (Saône-et-Loire).— Œillets, fleurs de pleine terre.   **(TROCADERO.)**

78. MÉZARD (Eugène), à Rueil (Seine-et-Oise), rue des Bois, 83. — Massifs de dahlias en collection. Chrysanthèmes.   **(TROCADERO.)**

79. MILLET (Armand-J.), à Bourg-la-Reine (Seine), Grande-Rue. — Muguets, violettes, fraisiers, glaïeuls, cyclamen et chrysanthèmes.   **(TROCADERO.)**

   Grand prix à l'Exposition universelle de 1878, pour fraises, fruits forcés.

80. MILLIEN (Félix), à Paris, rue de la Cossonnerie, 3. — Plantes fleuries. **(TROCADERO.)**

Spécialité pour cultivateurs et jardinières. — Médaille Exposition universelle, Paris 1878.

81. MOLIN (Charles), à Lyon (Rhône), place Bellecour, 8. — Surtouts de tables, corbeilles, jardinières, bouquets, couronnes garnies en graminées et fleurs sèches naturelles ; fleurs coupées annuelles et vivaces. **(TROCADERO.)**

82. MORON (Narcisse), à Boulogne (Seine), rue de Sèvres, 19. — Pétunia à fleurs doubles. **(TROCADERO.)**

83. MOSER, à Versailles (Seine-et-Oise), rue St-Symphorien, 1. — Collection de rhododendrons. Azalées. Fougères de plein air. Conifères, etc. **(TROCADERO.)**

84. Orphelinat agricole de l'Hospice de la Charité de Beaune, (Administrateur : **Vard)**, à Beaune (Côte-d'Or). — Plantes officinales. **(TROCADERO.)**

85. PAILLET (Louis), à Châtenay (Seine). — Arbres et arbustes d'ornement. Conifères, arbustes à feuilles persistantes et caduques. Ilex. Rosiers. Pivoines, Fougères de plein air. **(TROCADERO.)**

86. PAINTÉCHE (Albert), à Boulogne (Seine), rue de l'Est, 42 — Plantes diverses, yucca, pensées, mosaïculture. **(TROCADERO.)**

87. PERNEL (Auguste), à la Varenne-St-Hilaire (Seine). — Zinnia, pentstemon, coleus chrysantemum, glaïeuls, bégonia. **(TROCADERO.)**

88. PERRIN (Mlle Marie), à Écouché (Orne). — Bégonia. **(TROCADERO.)**

89. PICORÉ (J.-Joseph), à Nancy (Meurthe-et-Moselle), rue du Montet, 87. — Fleurs coupées. Collection de 50 variétés d'œillets. **(TROCADERO.)**

90. POIRIER (Auguste), à Versailles, rue de la Bonne-Aventure, 12. — Massif de pelargonium. **(TROCADERO.)**

91. POULIN (Marcel), à Coulanges-sur-Yonne (Yonne). — Pots de fleurs offrant des anomalies provoquées par alimentation chimique. **(TROCADERO.)**

92. PULLIGNY (Vicomte de), au Chesnay-sur-Ecos (Eure). — Boehmeria nivea. **(TROCADERO.)**

93. PUTEAUX (Jean-L.), à Versailles (Seine-et-Oise), rue des Glacières, 10. — Bouvardias. **(TROCADERO.)**

94. RÉGNIER (Alexandre-F.), à Fontenay-sous-Bois (Seine), avenue Marigny, 44. — Œillets fantaisie sur fond blanc, jaune. Œillets flamands, bichons, remontants unicolores et tige de fer. **(TROCADERO.)**

95. ROTHBERG (Adolphe), à Gennevilliers (Seine). — Arbustes à feuillage panaché et persistant. Variétés conifères. Variétés clématites. Plantes grimpantes. Rosiers-tiges nains, francs de pieds. **(TROCADERO.)**

96. ROZAY (Robert), à Sens (Yonne), rue Victor Guichard, 49. — Rosiers. **(TROCADERO.)**

97. Société agricole de la ramie (Directeur **Charrière P.)**, à Paris, rue de Londres, 7. — Urtica nivea. **(TROCADERO.)**

98. Société d'Horticulture, d'Agriculture et de Botanique, à Montmorency (Seine-et-Oise). — Fleurs et plantes d'ornement. **(TROCADERO.)**

99. Société d'Horticulture de l'arrondissement de Valenciennes, à Valenciennes, (Nord). — Fleurs et plantes d'ornement. **(TROCADERO.)**

100. Société d'Horticulture et d'Agriculture d'Hyères (Var). — Plantes diverses d'ornement. **(TROCADERO.)**

101. Société régionale d'Horticulture du Nord de la France, à Lille (Nord), Palais Rameau. — Plantes d'ornement. Roses coupées, plantes fleuries. Dahlias coupés. Fruits de saison. Fleurs de chrysanthèmes. **(TROCADERO.)**

102. Société régionale d'Horticulture de Vincennes, à Vincennes. (Seine) — Fleurs et plantes d'ornement.   **(TROCADERO.)**

103. SOUILLARD et BRUNELET, à Fontainebleau, (Seine-et-Marne), boulevard de Melun, 2. — Glaïeuls, amaryllis.   **(TROCADERO.)**

> Culture spéciale de glaïeuls et d'amaryllis de pleine terre.
> Récompense : Médaille d'or, Exposition universelle internationale de 1878 à Paris.

104. Syndicat des cultivateurs herboristes de Milly (Seine-et-Oise), (Président **Poirrier A.**), à Milly (Seine-et-Oise). — Plantes aromatiques pour pharmaciens, parfumeurs, etc.   **(TROCADERO.)**

105. THEULIER (Henri), à Paris, rue Pétrarque, 22. — Collections de pelargonium zonale à fleurs simples et à fleurs doubles. Collection d'héliotropes.
                    (TROCADERO.)

106. THIÉBAUT aîné (ancienne Maison **Otto aîné (Pierre),** à Paris, place de la Madeleine, 30. — Pelouses.   **(TROCADERO.)**

107. THIÉBAUT-LEGENDRE (S.-Dominique), à Paris, avenue Victoria, 8. — Pelouse, plantes fleuries.   **(TROCADERO.)**

108. TOLLARD (ancienne Maison), **Lecaron (A.),** Successeur, à Paris, quai de la Mégisserie, 20. — Plantes fleuries : annuelles, bisannuelles, vivaces, etc. Dahlias. Glaïeuls.   **(TROCADERO.)**

109. TORCY-VANNIER, à Melun (Seine-et-Marne). — Fleurs et Plantes d'ornement, Pelouse.   **(TROCADERO.)**

> Graines de toutes espèces, Culture spéciale de Glaïeuls, Dahlias, Caladiums, Cyclamens, Tulipes, etc. — 2 Médailles d'argent et une de bronze à l'Exposition universelle de 1878.

110. TRÉFOUX (Émile), à Auxerre (Yonne), rue de Coulange, 10. — Glaïeuls, hybrides.   **(TROCADERO.)**

111. VALENTID (Bernard-N.), à Fresnes-en-Wœvre (Meuse). — Collection de cynérium et d'eulalia.   **(TROCADERO.)**

112. VERDIER Fils (Charles-F.), à Ivry-sur-Seine, villa des Roses, rue Barbès, 32. — Rosiers, pivoines, iris, glaïeuls.   **(TROCADERO.)**

> Récompenses : Médaille d'argent, Paris 1867 ; Grand Prix 1878 ; 2 Médailles de mérite, Vienne 1873 ; 1re Médaille, Exposition Philadelphie 1876.

113. VEYSSET (François), à Royat (Puy-de-Dôme), avenue de la Gare. — Arbustes d'ornement. Roses coupées.   **(TROCADERO.)**

114. VILMORIN-ANDRIEUX & Cie, à Paris, quai de la Mégisserie, 4. — Pelouse. Fleurs de pleine terre.   **(TROCADERO.)**

115. VINCENS (Narcisse), à Cahors (Lot). — Arbustes forts en vases. Lantana. Héliotrope. Russelia joucca.   **(TROCADERO.)**

116. YVON (J.-B.), à Malakoff (Seine), route de Châtillon, 44. — Plantes vivaces.
                    (TROCADERO.)

COLONIES.

ALGÉRIE.

1. AURELLES DE PALADINE (Léonce d'), à Boufarik (Alger). — Bambous noirs.   **(ESPLANADE.)**

2. BLANCK, au Tlélat (Oran). — Fleurs, plantes et racines de l'Algérie.
                    (ESPLANADE.)

3. Boufarik (Exposition collective du Comice agricole de), à Boufarik (Alger).
— Bambous.   **(ESPLANADE.)**

4. Hamma (Jardin d'essai du), à Mustapha (Alger). — Fleurs et plantes d'ornement ; collection botanique d'organes secs de graines ; bambous.   **(ESPLANADE.)**

5. MARIGNAN (R.), à Oran. — Fleurs.   **(ESPLANADE.)**

6. PRIOUX (Jean), à Bône (Constantine). — Plantes ornementales et d'agrément.
                                                                    (ESPLANADE.)

7. VALLÉE et Fils, à Bône (Constantine) — Plantes diverses d'appartement et
d'agrément.   **(ESPLANADE.)**

8. VARLET (Jules), à Boufarik (Alger). — Bambou âgé de deux ans.
                                                                    (ESPLANADE.)

MARTINIQUE.

1. PARENT (Frédéric), à Paris, rue des Pyramides, 29 — Flore et ornithologie coloniale.   **(ESPLANADE.)**

   Maison de détail, Avenue de l'Opéra, 13.
   Innovateur des Bouquets Naturalistes en plantes éxotiques conservées. Décoration de salons, salles à manger, vérandahs. Style Mauresque, Indien, Chinois, Japonais, en plantes géantes des tro-
piques conservées par des procédés qui en assurent la durée illimitée. Splendide effet ornemental.
   Maisons à Madrid, Barcelone, Londres, New-Yorck; fournisseur de plusieurs cours étrangères.

PAYS ÉTRANGERS.

BRÉSIL.

(Voir son Catalogue spécial.)

ESPAGNE.

1. CARRERAS (Jaime), à Puycerda (Gerone). — Arboriculture (QUAI.)

ÉTATS-UNIS.

1. Ministère de l'agriculture, à Washington, D. C. — Semences et graines pour jardin, variétés diverses. (QUAI.)

GUATEMALA.

1. Municipalité de Salama, à Baja Verapaz. — Agaves. (QUAI.)

JAPON.

1. KASAHARA (Kei), à Tokio-fu, Kitatoshima-Kori. — Plantes d'ornement. (TROCADERO.)

2. Ministère de l'Instruction publique, à Tokio. — Collections de plantes d'ornement. (TROCADERO.)

GRAND-DUCHÉ DE LUXEMBOURG.

1. GEMEN (Charles), à Luxembourg. — Collection de roses coupées. (QUAI.)

2. KETTEN Frères, à Luxembourg. — Collection de roses coupées. (QUAI.)
   1,900 variétés anciennes et nouvelles. — 15 hectares de roseraies. — 50 premiers prix. Catalogue le plus complet et classe par coloris sur demande.

3. SOUPERT & NOTTING, à Luxembourg. — Collection de rosiers. Collection de roses coupées. (QUAI.)

PRINCIPAUTÉ DE MONACO.

1. KELLER (Charles), à Monte-Carlo. — Plantes et fleurs d'ornement. (PARC.)

2. Société industrielle et artistique de Monaco (Représentant : **Goudouin**), à Monte-Carlo. — Fleurs et plantes d'ornement. (PARC.)

PAYS-BAS.

1. BOER (W. C.), à Boskoop. — Variétés d'ilex.   **(TROCADERO.)**

2. BOER (J.) & Fils, à Boskoop. — Aucubas.   **(TROCADERO.)**

3. HAAK (V.), à Samarang (Indes néerlandaises). — Plante conservée. Raflesia Patma.   **(TROCADERO.)**

4. KOSTER (A.) & Fils, à Boskoop. — Buis, rhododendron hybride.
                    (TROCADERO.)

5. KRELAGE & Fils, à Haarlem. — Tulipes, plantes bulbeuses.   **(TROCADERO.)**

6. NES (P. Van), à Boskoop. — Azalées de pleine terre.   **(TROCADERO.)**

7. NES (P. O. Van) & Fils, à Boskoop. — Arbustes à feuilles persistantes, aucubas, magnoleas.   **(TROCADERO.)**

8. NURSERY Association, à Boskoop. — Ilex panachée, clématites, rosiers basse tige.   **(TROCADERO.)**

9. OTTOLANDER (P. A.), à Boskoop. — Conifères, rosiers basse tige.
                    (TROCADERO.)

10. OTTOLANDER & HOOFTMAN, à Boskoop. — Azalées de pleine terre, conifères.   **(TROCADERO.)**

11. RUTTEN (O. L.), à Boskoop. — Ilex verts.   **(TROCADERO.)**

SALVADOR.

1. MARTIN (José Maria), à Santa-Ana. — Blés.   **(PARC.)**

SUISSE.

1. RANFT (Stéphane), à Bâle. — Plans et reliefs en rocailles naturelles.
                    (TROCADERO.)

GROUPE IX.

HORTICULTURE.

Classe 80.

Plantes potagères.

FRANCE.

1. **JAMIN (Ferdinand)**, à Bourg-la-Reine (Seine) — Collection de fraisiers. **(TROCADERO.)**
2. **LHERAULT (Louis-V.)**, à Argenteuil (Seine-et-Oise), rue des Ouches, 29. — Asperges, fraises, forcées et de pleine terre, méthode Louis Lhérault. **(TROCADEhO.)**
3. **Société de secours des jardiniers horticulteurs du département de la Seine** (Président : **Laizier**), à Clichy (Seine), rue de Seine, 4. — Légumes, primeurs et tous fruits se rapportant à la culture maraîchère. **(TROCADERO.)**

PAYS ÉTRANGERS.

ÉTATS-UNIS.

1. **Établissement du Ministère de l'agriculture**, à Stirling, Kansas. — Panicules de sorghum. Variétés diverses montrant le développement de la plante. **(QUAI.)**
2. **KINNEY (S. H.)**, à Morristown, Minn. — Panicules de sorghum « early amber », cultivé au 43ᵉ degré de latitude N. **(QUAI.)**

RÉPUBLIQUE DE GUATEMALA.

1. **LOPEZ (Antonio)**, à Guatemala. — Graine de pin. **(PARC.)**
2. **LOPEZ (Juan)**, à Huehuetenango. — Graines diverses. **(PARC.)**
3. **LOPEZ (Leandro)**, à Jalapa. — Collection de graines. **(PARC.)**

GROUPE IX.

HORTICULTURE.

....

Classe 84.

Fruits et arbres fruitiers.

FRANCE.

1. AUDIBERT, à la-Crau-d'Hyères (Var). — Kakis du Japon. **(TROCADERO.)**

2. AUSSEUR-SERTIER (Léon), à Lieusaint (Seine-et-Marne). — Arbres fruitiers. **(TROCADERO.)**

3. BOUCHER (George.-E.), à Paris, avenue d'Italie, 164. — Arbres fruitiers formés et de pépinière. **(TROCADERO.)**
  Premier prix à l'Exposition universelle d'Anvers 1885.

4. BRUNEAU (Désiré) & JOST (George), à Bourg-la-Reine (Seine). — Arbres fruitiers formés et non formés. Arbres à cidre. **(TROCADERO.)**

5. CHABRILLAT-DUVIER (Antoine), à Coudes (Puy-de-Dôme). — Arbres fruitiers d'Auvergne. **(TROCADERO.)**

6. CHAPPELLIER (Firmin), à Pithiviers (Loiret). — Arbres fruitiers cultivés en pots et échantillons de tuteurs. **(TROCADERO.)**

7. CHEVALIER (Gustave), à Montreuil (Seine), rue Pépin, 16. — Pêcher en production. **(TROCADERO.)**

8. COULON (J.-C.), à Dun-sur-Auron (Cher). — Spécialité de noyers. **(TROCADERO.)**

9. COURTOIS (Adolphe), à Clamart (Seine), rue Chef-de-Ville, 42. — Arbres fruitiers. **(TROCADERO.)**

10. CROUX & Fils, au Val-d'Aulnay (Seine), près Sceaux. — Arbres fruitiers formés de tous genres. Arbres à cidre à haute densité. **(TROCADERO.)**

11. DEFRESNE (Honoré), à Vitry (Seine). — Arbres fruitiers. **(TROCADERO.)**

12. DERMIGNY-TROUSSELLE (Albert-C.), à Noyon (Oise). — Pommiers et Poiriers à haute tige à cidre; Pommiers tige forte ; arbres fruitiers de pépinière à haute et basse tige. **(TROCADERO.)**
  Collection de Pommiers à haute tige à cidre, greffés en tête et écussonnés ras de terre. Pommiers tige forte, donnant de bons produits et supportant très bien le surgreffage.
  Abricotiers, Pêchers, Cerisiers, Coignassiers, Poiriers à couteau. Pommiers à couteau. Pruniers.

13. DESEINE (P.-G.), à Bougival (Seine-et-Oise), rue de Versailles, 101. — Arbres fruitiers formés et de pépinière.   **(TROCADERO.)**

14. HINAULT (Vve) et ses Fils, à Saint-Brieuc (Côtes-du-Nord), rue de Brest, 33. — Arbres fruitiers, plantes de vente.   **(TROCADERO.)**

15. JAMIN (Ferdinand), à Bourg-la-Reine (Seine) — Arbres fruitiers de toutes sortes.   **(TROCADERO.)**

16. LABRO (Jean), à Mur-de-Barrez (Aveyron) — Arbres fruitiers, greffe, bouture, marcotte, plant.   **(TROCADERO.)**

17. LACAILLE (H.-T.), à Frichemesnil (Seine-Inférieure). — Pommiers et poiriers à cidre.   **(TROCADERO.)**
   Culture spéciale de Pommiers à cidre. *Auteur* de la culture du Pommier, des herbages et de leurs clôtures ; plantation et ébranchage des arbres de haute futaie ; *conseils d'un praticien.*

18. LAPIERRE (François), à Montrouge (Seine), rue de Fontenay, 11. — Arbres fruitiers formés et non formés.   **(TROCADERO.)**

19. LECOINTE (Amédée), à Louveciennes (Seine-et-Oise). — Arbres fruitiers formés et non formés, en tous genres.   **(QUAI, JARDIN & TROCADERO).**

20. LEFÉVRE (Isidore), à Sablé-sur-Sarthe (Sart'.e). — Arbres fruitiers divers.   **(TROCADERO.)**

21. LEFORT (Édouard), à Meaux (Seine-et-Marne). — Arbre fruitier de semis.   **(TROCADERO.)**

22. LÉVÉQUE & Fils, à Ivry-sur-Seine (Seine), rue du Liégat, 69. — Arbres fruitiers de toutes essences, formés et de pépinière. Collections de fruits de toutes essences.   **(TROCADERO.)**

23. LHÉRAULT (J.-V.), à Argenteuil (Seine-et-Oise), rue des Ouches, 29. — Exposition temporaire sous les tentes : Figuiers. figues, pêches et raisins. **(TROCADERO.)**

24. OUDIN (Alexandre), à Boos (Seine-Inférieure). — Arbres à fruits pour cidre.   **(TROCADERO.)**

25. PAILLET (Louis), à Châtenay (Seine). — Arbres fruitiers, jeunes arbres de pépinière, arbres fruitiers formés, transplantés, prêts à rapporter des fruits. **(TROCADERO.)**

26. ROTHBERG (Adolphe), à Gennevilliers (Seine). — Arbres fruitiers formés de pépinière et à cidre ; fruits variés.   **(TROCADERO.)**
   Grand prix à l'Exposition universelle de Paris, 1878.

27. SALOMON (Étienne), à Thomery (Seine-et-Marne). — Vignes à raisins de table, forcées et en plein air.   **(TROCADERO.)**

28. Société d'Horticulture, d'Agriculture et de Botanique, à Montmorency (Seine-et-Oise). — Fruits variés, arbres fruitiers.   **(TROCADERO.)**

29. Société d'Horticulture, d'Arboriculture et de Viticulture du département des Deux-Sèvres, à Niort (Deux-Sèvres), rue du Musée. — Arbres fruitiers et fruits.   **(TROCADERO.)**

30. Société d'Horticulture de l'arrondissement de Valenciennes, à Valenciennes (Nord). — Arbres fruitiers.   **(TROCADERO.)**

31. TANQUEREY (Hubert), à Lamballe (Côtes-du-Nord). — Pommiers, poiriers greffés ; fruits de choix, grand rendement ; greffes d'un an, deux ans, trois ans.   **(TROCADERO.)**

32. VIGNEAU (Alfred), à Montmorency (Seine-et-Oise). — Arbres fruitiers. Fruits, lots collectifs.   **(TROCADERO.)**

33. Ville de Paris. — Spécimen de culture des arbres fruitiers avec irrigation par les eaux d'égout.   **(TROCADERO.)**

COLONIES.

ALGÉRIE.

1. AHMED NAIT DAHMAN, à Aï-Imzoul, Commune mixte de Dra-El-Mizan (Alger). — Oranges. **(ESPLANADE.)**

2. ALBERGES (Célestin), aux Lauriers-Roses (Oran). — Fruits divers. **(ESPLANADE.)**

3. ALI BEN MOHAMED OU AMAR, aux Frikat, Commune mixte de Dra-el-Mizan (Alger). — Oranges. **(ESPLANADE.)**

4. ARNOUX Fréres , à Rio-Salado (Oran). — Fruits divers. **(ESPLANADE.)**

5. AURELLES DE PALADINE (Léonce d'), à Boufarik (Alger). — Oranges, citrons, mandarines, cédrats, caroubes, raisins. **(ESPLANADE.)**

6. BALANÇA (J. P.), à la Réunion (Constantine). — Raisins, chasselas précoces. **(ESPLANADE.)**

7. BANULS & FOISSY, à Mostaganem (Oran). — Mandarines et produits du pays. **(ESPLANADE.)**

8. BARRET (Jules), à Témouchent (Oran). — Oranges, mandarines, citrons. **(ESPLANADE.)**

9. BATAILLE Fréres, à Bougie (Constantine). — Figues duchesse, figues étoile. **(ESPLANADE.)**

10. BAUDET Ainé, à Bou-Tlélis (Oran). — Fruits divers. **(ESPLANADE.)**

11. BEAUD (Raphaël), à Misserghin (Oran). — Oranges, citrons, mandarines, cédrats. **(ESPLANADE.)**

12. BECKER, à Palestro (Alger). — Oranges et mandarines. **(ESPLANADE.)**

13. BEL AID NAIT OU AHMED, aux Mechtras (Alger). — Oranges et figues. **(ESPLANADE.)**

14. BELKASSEM BEN SLIMAN, à Seddouk, Commune mixte d'Akbou (Constantine). — Figues. **(ESPLANADE.)**

15. BENOIST Fils (Jules), à Misserghin (Oran). — Fruits. **(ESPLANADE.)**

16. BERNARD (Urbain), à Guyotville (Alger). — Raisin, chasselas. **(ESPLANADE.)**

17. BERTHIER (Ch.), à Guyotville (Alger). — Raisins, primeurs. **(ESPLANADE.)**

18. BIDORFF (Vve), à Bou-Tlélis (Oran). — Fruits divers, fruits conservés. **(ESPLANADE.)**

19. BILLES (Joseph), à Pont-de-l'Isser (Oran). — Oranges, mandarines, citrons, cédrats, plants des arbres portant ces fruits. **(ESPLANADE.)**

20. BOISSONNET (Baron), à El-Biar (Alger). — Pistaches. **(ESPLANADE.)**

21. BONIFFAY (Aristide), à Alger, rue Joinville, 6. — Fruits frais. **(ESPLANADE.)**

22. BORÉLY LA SAPIE, à Boufarik (Alger). — Fruits frais, oranges, mandarines, citrons. **(ESPLANADE.)**

23. BORG (Jean), à Biskra (Constantine). — Dattes en régime (1888). **(ESPLANADE.)**

24. BOUCHET (B.-L.), à Bône (Constantine). — Oranges, citrons et mandarines.
(ESPLANADE.)

25. BRAME (O.), à Fouka (Alger). — Poires, pêches, pommes, amandes, etc.
(ESPLANADE.)

26. BROTONS (Pierre), à Saint-Denis-du-Sig (Oran). — Nèfles, raisins de 1889.
(ESPLANADE.)

27. BUTTICAZ Frères, à Ticlat (Constantine). — Raisins blancs. **(ESPLANADE.)**

28. CAHUZAC (Firmin), à Témouchent (Oran). — Fruits. **(ESPLANADE.)**

29. CALDAIROU ·(Jean), à Relizane (Oran). — Raisins, abricots et fruits
divers. **(ESPLANADE.)**

30. CAYLA (Émile), à Bou-Tlélis (Oran). — Raisins, fruits. **(ESPLANADE.)**

31. CAYROL, à Dellys (Alger). — Fruits divers. **(ESPLANADE.)**

32. CAZALIS (Frédéric), à Relizane (Oran). — Mandarines. **(ESPLANADE.)**

33. Comice agricole d'Alger, à Alger. — Produits horticoles de la région.
(ESPLANADE.)

34. Comice agricole de Bône, à Constantine. — Fruits frais. **(ESPLANADE.)**

35. Comice agricole de Boufarik, à Boufarik (Alger). — Oranges, citrons,
mandarines. **(ESPLANADE.)**

36. Comice agricole de Bougie, à Bougie (Constantine). — Oranges, citrons
et cédrats. **(ESPLANADE.)**

37. Comice agricole de Douera, à Douera (Alger). — Fruits verts de toutes
sortes. **(ESPLANADE.)**

38. Comice agricole du Haut-Chéliff, à Affreville (Alger). — Fruits divers.
(ESPLANADE.)

39. Comice agricole d'Orléansville (Exposition collective du), à
Orléansville (Alger). — Fruits divers. **(ESPLANADE.)**

40. CORRIEU (Antoine), à Nemours (Oran). — Oranges, oranges sanguines,
mandarines, citrons, etc. **(ESPLANADE.)**

41. DAVID & COSMAN, à Mostaganem (Oran).— Fruits divers. **(ESPLANADE.)**

42. DEBARD (Florentin), à l'Arba (Alger). — Oranges. **(ESPLANADE.)**

43. DELOUPY (André), à Saint-Denis-du-Sig (Oran). — Citrons. **(ESPLANADE.)**

44. DUBOURG (Victor), à Bône (Constantine). — Oranges, citrons et mandarines. **(ESPLANADE.)**

45. FABRE (Florian), à Bône (Constantine). — Oranges et mandarines.
(ESPLANADE.)

46. FALLET (U.-H.), à Médéah (Alger). — Fruits frais, pommes, poires, cerises,
prunes, abricots, etc. **(ESPLANADE.)**

47. FAU, FOUREAU & Cie, (Compagnie de l'Oued-Rirh), à Paris, rue Le
Pelletier, 21. — Dattes et produits divers du Sahara. **(ESPLANADE.)**

48. FOUQUEREAU (L.-E.), à Orléansville (Alger). — Oranges, mandarines,
raisins et autres fruits. **(ESPLANADE.)**

49. FOURRIER (Henri), à Orléansville (Alger). — Oranges, mandarines et
autres fruits. **(ESPLANADE.)**

50. FRANÇOIS (Auguste), à Blidah (Alger). — Oranges, mandarines et fruits
divers. **(ESPLANADE.)**

51. GAUBERT (Philippe), à Relizane (Oran). — Fruits divers.   (ESPLANADE.)

52. GÉRARD (G.-J.-A.), à Oran.— Amandes vertes et raisins sur pied, en vases.
(ESPLANADE.)

53. GRADOZ, à Miliana. — Dattes en vrac et en régime, oranges, mandarines et nèfles du Japon, palmiers.   (ESPLANADE.)

54. GRADOZ (C.-F.), à Constantine, rue d'Orléans, 5. — Palmiers, dattes en régime et en vrac, oranges et mandarines en rameaux et en caisses, nèfles du Japon.
(ESPLANADE.)

55. GUÉRIN (E.-P.), à Tlemcen (Oran). — Fruits divers.   (ESPLANADE.)

56. GUISS, à Zéralda (Alger). — Fruits frais, chasselas.   (ESPLANADE.)

57. HACINE BEN AHMED BEN NACEUR, à Khonga sidi Nadji, cercle de Kheuchela (Constantine). — Dattes.   (ESPLANADE.)

58. HOINGNE (Antonin), à Boufarik (Alger). — Oranges et mandarines.
(ESPLANADE.)

59. HUNEBELLE & BARGE, à Alger, rue Littré, 1. — Raisins primeurs et raisins muscats.   (ESPLANADE.)

60. ICARD (Henri), à Pont-de-l'Isser (Oran).—Oranges, mandarines. (ESPLANADE.)

61. JACQUIN (Gustave), à Nemours (Oran). — Mandarines, oranges, pêches, poires, citrons, bananes, raisins.   (ESPLANADE.)

62. JOUYNE (Henry), à Guyotville (Alger). — Raisins, chasselas précoces.
(ESPLANADE.)

63. KAROUBY MESSAOUD, à Oran. — Amandes vertes.   (ESPLANADE.)

64. LACORNE (Achille), à Pont-de-l'Isser (Oran). — Oranges.   (ESPLANADE.)

65. LAMBERT DE ROISSY (Mmes), à Roissy-aux-Bois (Constantine). — Fruits.   (ESPLANADE.)

66. LAURENCIN (Cte de), à Boufarik (Alger). — Oranges et mandarines.
(ESPLANADE.)

67. LECOURT (L.-A.), à Bône (Constantine). — Dattes muscades, raisins de table.   (ESPLANADE.)

68. LEROY (Charles), à Castiglione (Alger). — Raisins, fruits exotiques.
(ESPLANADE.)

69. LESCURE (E.-Ch.), à Oran, rue de Mostaganem, 54. — Raisins frais.
(ESPLANADE.)

70. MARATHON (Paul), à Jemmapes (Constantine). — Oranges, mandarines et citrons.   (ESPLANADE.)

71. MARIGNAN (R.), à Oran. — Fruits.   (ESPLANADE.)

72. MARINI (Blaise), à Miliana (Alger).— Amandes princesses, récolte de 1888.
(ESPLANADE.)

73. MARTIN (Auguste), à Tizi-Ouzou (Alger). — Amandes.   (ESPLANADE.)

74. MARTIN (B.), à Alger, rue de Tanger, 14. — Cannes à sucre (souches).
(ESPLANADE.)

75. MARTINEZ (Antoine), à Nemours (Oran). — Pamplemousses, cédrats, poires commandeurs, nèfles du Japon, oranges, mandarines, etc.   (ESPLANADE.)

76. MERMET (Félix), à Misserghin (Oran). — Mandarines de 1888.
(ESPLANADE.)

77. MEYER (Michel), à Nazereg (Oran). — Pommes.   (ESPLANADE.)

78. MHAMMED ben Rahhal, à Nédroma (Oran). — Fruits.   (ESPLANADE.)

79. MOHAMED ou Smaïl, à Beni-Kalifa, Commune de Mirabeau (Alger). — Figues.   (ESPLANADE.)

80. MONTICELLI. à Misserghin (Oran). — Mandarines et fruits divers.   (ESPLANADE.)

81. MOTELEY (J.). à El-Ançor (Oran) — Oranges, mandarines, bananes, nèfles du Japon.   (ESPLANADE.)

82. NAHON (Charles), à Constantine. — Dattes.   (ESPLANADE.)

83. NAVARRO (Pédro), à Muley-Abdelkader (Oran). — Fruits divers.   (ESPLANADE.)

84. NÉANT (Baptiste), à Guyotville (Alger). — Raisins frais.   (ESPLANADE.)

85. NICOLAS (Charles), à Duvivier (Constantine). — Fruits frais.   (ESPLANADE.)

86. ORTIZ (Domingo), à Nemours (Oran). — Pamplemousses, cédrats, poires, commandeurs, oranges, mandarines.   (ESPLANADE.)

87. PANAGET (Prosper), à Bône (Constantine). — Raisins primeurs, (chasselas).   (ESPLANADE.)

88. PANIS (Louis), à Constantine. — Prunes reine Claude.   (ESPLANADE.)

89. PORCELLAGA (Mme) née Marthe Delangle, à Boufarik (Alger). — Fruits frais.   (ESPLANADE.)

90. PRIOU (Louis), à Mostaganem (Oran). — Oranges, citrons, bergamottes, limons, pamplemousses, etc.   (ESPLANADE.)

91. RAMONDA (Constant), à Relizane (Oran).— Végétation d'arbres de 1888.   (ESPLANADE.)

92. RAULET (Bernard), à Bou-Sfer (Oran). — Abricots, poires, pêches, etc.   (ESPLANADE.)

93. RAZÈS Jeune, à Médéah (Alger). — Pommes, poires, prunes, nèfles.   (ESPLANADE.)

94. ROUQUIER (Amédée), El-Ançor (Oran). — Raisins, récolte 1889.   (ESPLANADE.)

95. SABATIER (Auguste), à Rivoli (Oran). — Citrons sans pépin de 1889.   (ESPLANADE.)

96. SAINTECROIX (René de), à Mondovi (Constantine). — Fruits divers, citrons, cédrats, etc.   (ESPLANADE.)

97. SARDON Frères, à Biskra (Constantine). — Dattes muscades des Zibans, du Souf et de Tuggurtt, récolte de 1888.   (ESPLANADE.)

98. SEGHIR ben Brahim, à Négrine, Cercle de Tébessa (Constantine). — Dattes.   (ESPLANADE.)

99. SICARD (Pierre), à Ben-Chicao (Alger). — Noisettes.   (ESPLANADE.)

100. SI ELHACHEMI ben Bordjïou, à Toudja, Commune mixte de l'Oued-Soumam (Constantine). — Oranges.   (ESPLANADE.)

101. SIFFREDI, à Nemours (Oran). — Bananes, oranges, mandarines, citrons, pêches, etc.   (ESPLANADE.)

102. SI HACHEMI ben Si Lounis, à Fort-National (Alger). — Figues et raisins.   (ESPLANADE.)

103. Société agricole et industrielle de Batna et du Sud-Algérien, à Paris, rue Saint-Lazare, 7. — Dattes de diverses variétés ; spécimens d'emballage. Echantillons du dattier.
(ESPLANADE.)

104. Société d'Agriculture d'Alger, à Alger. — Fruits divers. (ESPLANADE.)

105. Société viticole d'Adélia, à Adélia (Alger). — Amandes. (ESPLANADE.)

106. STURM (Oscar), à Dhebbi (Alger). — Oranges, mandarines et citrons.
(ESPLANADE.

107. Syndicat agricole et viticole de Tlemcen, à Oran. — Fruits de la région.
(ESPLANADE.)

108. TARAFFO (François), à Misserghin (Oran). — Oranges, citrons, mandarines, cédrats, conserves de fruits.
(ESPLANADE.)

109. TEULE (Léon), à Souma (Alger). — Olives noires de la récolte de 1888.
(ESPLANADE.)

110. THOUVENIN (Alfred), à Misserghin (Oran). — Oranges et mandarines.
(ESPLANADE.)

111. THUILLIER (J.-H.) à Meurad (Alger). — Fruits. (ESPLANADE.)

112. TRICQUEVILLE (de) à Aïn-el-Arba (Oran). — Amandes vertes.
(ESPLANADE.)

113. Union agricole d'Afrique, à Saint-Denis-du-Sig (Oran). — Mandarines, oranges, citrons.
(ESPLANADE.)

114. VALLÉE & Fils, à Bône (Constantine). — Arbres fruitiers. (ESPLANADE.)

115. VARLET (Jules), à Boufarik (Alger). — Oranges, mandarines, citrons, cédrats.
(ESPLANADE.)

116. VASSOILLE (André), à Il Matten (Constantine). — Olives sur branches.
(ESPLANADE.)

117. VIALAR (Alfred de) à Alger, boulevard de la République 11. — Mandarines, oranges et citrons.
(ESPLANADE.)

118. VUILLEMIN (F. C.) à Aïn-Oumata (Oran). — Oranges. (ESPLANADE.)

119. ZENOVARDO (Emélie), à Blidah (Alger). — Oranges, citrons, mandarines.
(ESPLANADE.)

PAYS ÉTRANGERS.

BRÉSIL.

(Voir son Catalogue spécial.)

PRINCIPAUTÉ DE MONACO.

1. GINDRE (Pascal), à Monaco. — Oranges et citrons. **(PARC.)**

2. OTTO (Hector), à Monte-Carlo, villa Saint-Pierre. — Citrons, oranges. **(PARC.)**

3. Société Industrielle et Artistique de Monaco), Représentant : **Gondouin)**, à Monte-Carlo. — Orangers et citronniers, oranges et citrons. **(PARC.)**

SALVADOR.

1. CABRERA (Fr. Angel), à Santa-Ana. — Fruits en cire du pays. **(PARC.)**

GROUPE IX.

HORTICULTURE.

Classe 82.

Graines et plants d'essences forestières.

FRANCE.

1. AUMIGNON-DIEUDONNÉ, à Châlons-sur-Marne (Marne). — Plants forestiers. **(TROCADERO.)**

2. AUSSEUR-SERTIER (Léon), à Lieusaint (Seine-et-Marne). — Arbres tiges d'ornement et d'alignement. **(TROCADERO.)**

3. BOUQUINAT (Ferdinand), à Laignes (Côte-d'Or). — Jeunes plants résineux et à feuilles caduques pour le reboisement, semences forestières. **(TROCADERO.)**

4. BRUNEAU (Désiré) & JOST (George), à Bourg-la-Reine (Seine). — Arbres forestiers, tiges, arbustes. **(TROCADERO.)**

5. CROUX & Fils, au Val d'Aulnay, près Sceaux (Seine). — Arbres d'alignement et d'ornement à haute tige. **(TROCADERO.)**

6. DEFRESNE (Honoré), à Vitry (Seine) — Arbres d'alignement et d'ornement. **(TROCADERO.)**

7. DELAHAYE (A. Ernest), à Paris, quai de la Mégisserie, 18. — Graines de plantes d'essence forestière. **(TROCADERO.)**

8. DUPANLOUP et Cie, Successeurs de LOISE-CHAUVIÈRE, à Paris, quai de la Mégisserie, 14. — Oignons à fleurs, pommes de terre, racines, céréales, plantes fourragères et économiques, pelouses. **(TROCADERO.)**

Marchands grainiers horticulteurs.
Maison fondée en 1842, par Loise père.
Fournisseurs de plusieurs syndicats agricoles.
Récompense : Médaille d'or à l'Exposition universelle, Paris 1867.

9. FORGEOT (E.) & Cie, à Paris, quai de la Mégisserie, 6. — Graines. **(TROCADERO.)**

Spécialité de graines forestières et de reboisement.
Prix d'honneur à l'Exposition d'Amsterdam.

10. FOUQUET (Charles-F.-N.), à Sinceny (Aisne). — Plants de peupliers régénérés. **(TROCADERO.)**

11. FRÈRE (V.-Ferdinand), à Paris, rue de Reuilly, 38. — Graines forestières. **(TROCADERO.)**

12. GENDRE (Jean), à la Cabirotte, canton de Coutras (Gironde).—Une pomme de
pin phénoménale.   **(TROCADERO.)**

13. GILLOT (E.-Alexandre-P.), à Essoyes (Aube). — Plants résineux et
forestiers. Sylvestre, pin noir, épicéa, mélèze, laricio, bouleau, aulne, acacia, charme,
chêne.   **(TROCADERO.)**

14. HAMON (Julien), à Careil, par Dives-sur-Mer (Calvados). — Collection de
conifères. Plantation de falaises.   **(TROCADERO.)**

15. LECARON (Adrien), à Paris, quai de la Mégisserie, 20. — Graines.
                                                                   (TROCADERO.)

16. LEVAVASSEUR & Fils, à Ussy (Calvados). — Jeunes plants forestiers,
fruitiers et d'arbustes d'ornement et de conifères, etc., pour pépinières, clôtures et
reboisements.   **(TROCADERO.)**

17. LEVRIER (Société des Deux-Sèvres). — Plants forestiers de Colombier. Pins maritimes. Capsules Lagasse à la gomme de pin.   **(TROCADERO.)**

18. MABILLE (J.-H.), à Limoges (Haute-Vienne). — Abies excelsa elegans pen-
dula, (plante nouvelle).   **(TROCADERO.)**

19. OTIN Père & Fils, au Portail-Rouge-Saint-Étienne (Loire). — Conifères
et arbustes persistants.   **(TROCADERO.)**

20. PAILLET (Louis), à Châtenay (Seine). — Arbres forestiers à feuilles caduques, arbres verts résineux, jeunes plants transplantés et non transplantés, pour
reboisement.   **(TROCADERO.)**

21. PINÈDE (Gustave), à Bayonne (Basses-Pyrénées). — Plants de bambous
divers.   **(TROCADERO.)**

22. PINTENET (Jacques), à Neuilly-le-Réal (Allier). — Pins maritimes en
cueillette.   **(TROCADERO.)**

23. Société d'Horticulture du Puy-de-Dôme, à Clermont-Ferrand (Puy-
de-Dôme). — Essences diverses.   **(TROCADERO.)**

24. TOLLARD (ancienne maison) **A. Lecaron,** successeur, à Paris, quai de la
Mégisserie, 20. — Graines, plantes sèches, racines.   **(TROCADERO.)**

25. VALENTIN (Bernard-N.), à Fresne-en-Woëvre (Meuse). — Bois coupés
de la région de l'Est de la France. Collection d'osiers.   **(TROCADERO.)**

26. VILMORIN-ANDRIEUX & Cie, à Paris, quai de la Mégisserie, 4. —
Graines et fructifications forestières.   **(TROCADERO.)**

COLONIES.

ALGÉRIE.

1. BORELY LA SAPIE, à Boufarik (Alger). — Bambous arondinacia. Bambous métis. Bambous nigra.   **(ESPLANADE.)**

2. Compagnie algérienne, à Constantine. — Échantillons d'eucalyptus de
diverses variétés, provenant du lac Fetzara, de Bordj-Sabath et d'Aïn-Regada.
                                                                   (ESPLANADE.)

3. COUSIN (Adolphe), à Oran. — Collection de graines.   **(ESPLANADE.)**

4. DJILALI ben FONDAD, aux Ouled-Galia, Commune mixte de l'Ouarsenis (Alger). — Glands doux.   **(ESPLANADE.)**

5. FAVAS, à Relizane (Oran). — Graines de luzernes.   **(ESPLANADE.**

6. GASQ (Victor) et LABIT (Alexis), à Béni-Méred (Alger). — Cèdre de Virginie. (Juniperus Sabina).   **(ESPLANADE)**

7. HUNEBELLE & MARTIN, à Alger, rue Littré, 1. — Cannes à sucre (2 souches).   **(ESPLANADE.)**

8. RIVIÈRE (Gustave), au jardin d'essai (Alger). — Fruits du sapindus-nidicus, graines et produits saponifères du même arbre.   **(ESPLANADE.)**

9. Société agricole et industrielle de Batna et du Sud-Algérien, à Paris, rue Saint-Lazare, 7. — Graines et plantes.   **(ESPLANADE.)**

10. VALLÉE & Fils, à Bône (Constantine). — Arbres forestiers.   **(ESPLANADE.)**

INDE FRANÇAISE.

1. Comité d'Exposition. — Graines forestières.   **(ESPLANADE.)**

RÉUNION.

1. LAPEYREIRE (Joseph), pharmacien de 1re classe de la Marine, à Saint-Denis. — Fougères argentées, dorées, fleurs, fruits et feuilles, graines.   **(ESPLANADE.)**

2. POTIER (Julien), directeur du Jardin Botanique Colonial, à Saint-Denis. — Grappes de mouffia.   **(ESPLANADE.)**

PAYS ÉTRANGERS.

RÉPUBLIQUE ARGENTINE.

1. **Commission auxiliaire,** à Salta. — Graines.   (PARC.)

BRÉSIL.

(Voir son Catalogue spécial.)

RUSSIE.

GRAND-DUCHÉ DE FINLANDE.

1. **SCHILDT et HALLBERG,** à Helsingfors. — Graines et semence de pin et de sapin.   (PARC.)

SUISSE.

1. **DUSCHLETTA (J.) & Cie,** à Zernez (Grisons). — Semences de forêts.   (TROCADERO.)

URUGUAY.

1. **Association rurale,** à Montevideo. — Collection d'herbes indigènes.   (PARC.)

GROUPE IX.

HORTICULTURE.

Classe 83.

Plantes de serre.

FRANCE.

1. BERNIEAU Père (Léon), à Dol-de-Bretagne (Ille-et-Vilaine). — Aralia
sieboldi.   **(CHAMP-DE-MARS.)**

2. BESSON Fréres, à Nice (Alpes-Maritimes). — Palmiers.   **(PARC.)**

3. BLEU (Alfred-E.-P.), à Paris, avenue d'Italie, 48. — Caladium bulbosum,
Orchidées exotiques, Begonia rex, Bertolonia hybride.   **(TROCADERO.)**

4. CAPPE (Émile), au Vésinet (Seine-et-Oise), rue de l'Église, 6. — Plantes de
serre.   **(TROCADERO.)**

5. CHANTIN (Antoine), à Paris, avenue de Châtillon, 32. — Plantes de serre.
Serre Guillot-Pelletier.   **(TROCADERO)**

6 CHANTRIER Fréres (Ernest et Adolphe), à Mortefontaine, par
Plailly (Oise). — Crotons, anthuriums, alocasier, dracœna, nepenthes et plantes nouvelles variées.   **(TROCADERO)**

7 CHARON (Victor-J.), à Paris, boulevard de l'Hôpital, 132. — Plantes
d'appartements.   **(TROCADERO.)**

8. DUPONT (Auguste), à Paris, rue François Ier, 54. — Plantes d'ornemen-
tation, etc.   **(TROCADERO.)**

9. DUVAL (Léon), à Versailles (Seine-et-Oise), rue de l'Ermitage, 8. — Plante
de serre.   **(TROCADERO.)**

10. GUICHARD (Henri), à Nantes, rue des Hauts-Pavés, 99. — Camélias.
  (TROCADERO.)

Grande culture de camélias, plantes de serres, d'orangerie ou d'appartement, plantes vivaces,
etc., plantes nouvelles ou rares.

11. JOLIBOIS, jardinier-chef du Palais du Luxembourg, à Paris, boulevard Saint-
Michel, 64. — Orchidées variées. Bromeliacées en collection. Plantes diverses.
  (TROCADERO.)

12. LABROUSSE, à Paris, boulevard des Capucines, 12. — Plantes diverses de
serre.   **(TROCADERO.)**

Grand choix de fleurs coupées et d'ouvrages en fleurs de tous modèles, tels que bouquets et
corbeilles, etc.

Culture à Neuilly, 11, rue Borghèse.

Spécialité d'azaleas de l'Inde en forts exemplaires, orchidées fleuries et d'importation, plantes
rares à feuillage ornemental.

13. LANDRY (Louis), à Paris, rue de la Glacière, 92. — Jeunes plantes de palmiers variés, plantes d'appartements.   **(TROCADERO.)**

14. LANGE (Alexandre), à Paris, rue de Bourgogne, 30. — Plantes à feuillages, d'ornement, plantes fleuries.   **(TROCADERO.)**

  Horticulteur-fleuriste-décorateur. — Corbeilles de tables, bouquets de mariées, couronnes, jardinières, palmiers, plantes et fleurs d'ornements ; expédition France et Étranger. Dans le parc du Trocadéro, serre n° 10.
  Médailles d'argent et bronze, Exposition universelle de Paris 1878. — Fournisseur des ministères de l'Agriculture, du Commerce, des Travaux publics, de la Guerre, de l'Industrie, etc.

15. LELLIEUX (Félix), à Paris, rue Navier, 23. — Plantes de serres à feuillage ornemental pour la décoration des appartements.   **(TROCADERO.)**

16. MARTICHON (Léopold), à Cannes (Alpes-Maritimes). — Palmiers variés
                    (TROCADERO & CHAMP-DE-MARS.)

17. POIGNARD (François), à Malakoff (Seine), route de Châtillon, 160. — Plantes vertes.   **(TROCADERO.)**

18. PUTEAUX Ainé, à Versailles. — Bouvardia.   **(TROCADERO.)**

19. RÉGNIER (Alexandre-F.), à Fontenay-sous-Bois (Seine), avenue Marigny, 44. — Orchidées, œillets flamands, fantaisies et remontants.   **(TROCADERO.)**

20. SIMON (Charles), à Saint-Ouen (Seine), rue Lafontaine. — Plantes de serre, aloès fleuri. Euphorbia. Aloès collection. Cactée. Agave.   **(TROCADERO.)**

  Premier chemin à gauche après la porte de Saint-Ouen sur le parcours du tramway du boulevard Haussmann à Saint-Denis.
  Spécialité de plantes grasses.
  Médaille d'argent à l'Exposition universelle de 1878.
  Nouveauté d'aloès spinosa et d'euphorbia cactiforme obtenues de semis, très jolis comme port et à belles fleurs et donnant six à sept tiges tous les ans.
  Aloès sanguaristata, la plus remarquable parmi les aloès à structure naine.
  Catalogue de la collection.

21. Société florale, à Nice, avenue de la Gare, 8. — Palmiers.   **(TROCADERO.)**

22. Société d'Horticulture de Montmorency, à Montmorency (Seine-et-Oise). — Plantes de serre variées.   **(TROCADERO.)**

23. TRUFFAUT (Albert), à Versailles, rue des Chantiers, 40. — Plantes variées de serre chaude et de serre froide.   **(TROCADERO.)**

COLONIE.

ALGÉRIE.

1. Hamma (Le jardin d'essai du), à Mustapha (Alger). — Nopals à cochenilles.
                    (ESPLANADE.)

2. MERCIER (Arthur), à Oran, rue Montabor. — Plantes variées. **(ESPLANADE.)**

3. PORCELLAGA (Mme) née Marthe Delangle, à Boufarik (Alger). — Palmier à chanvre, phœnix, reclinata, araucarias exulsa. Collection de bambous, cataniers, dattiers et plantes vivaces d'agrément.   **(ESPLANADE.)**

PAYS ÉTRANGERS.

BRÉSIL.

(Voir son Catalogue spécial.)

RÉPUBLIQUE DOMINICAINE.

1. **Commission provinciale de Azua.** — Cactus.   (PARC)

GUATEMALA.

1. **Gouvernement de Guatemala (Ministère de l'Intérieur),** à Guatemala. — Collection complète de plantes.   **(PARC.)**
2. **GUZMAN** (Docteur **Gustavo E.**), à Guatemala. — Orchidées et autres plantes.   **(PARC.)**

PRINCIPAUTÉ DE MONACO.

1. **KELLER (Charles),** à Monte-Carlo. — Plantes de serre.   **(PARC.)**
2. **Société Industrielle et Artistique de (Monaco,** Représentant : **Gondouin),** à Monte-Carlo. — Plantes de serre.   **(PARC.)**

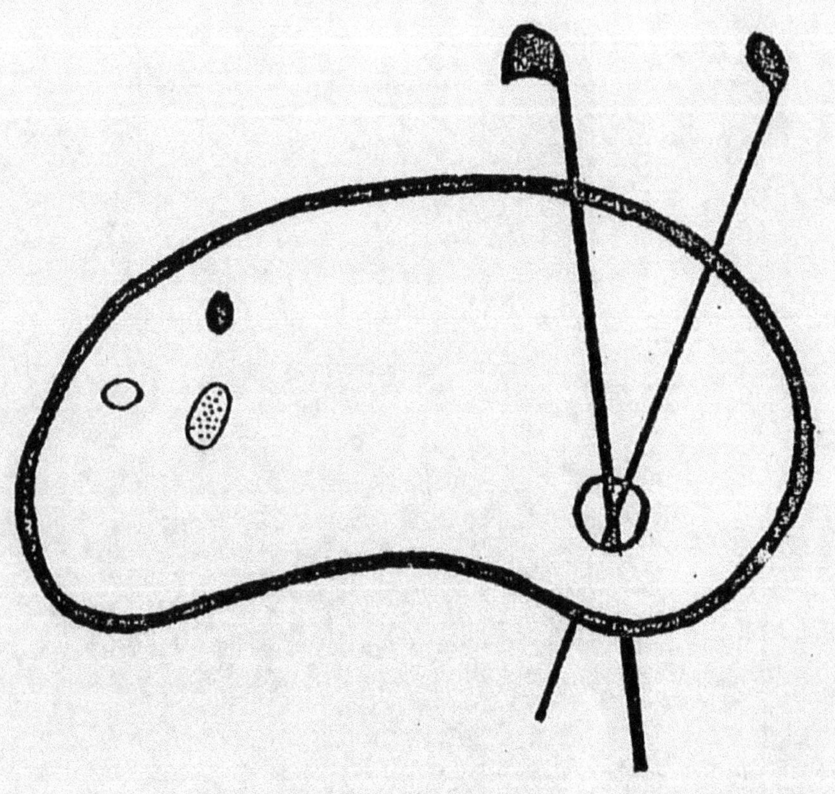

DEBUT D'UNE SERIE DE DOCUMENTS
EN COULEUR

SOCIÉTÉ FRANÇAISE

DE

MATÉRIEL AGRICOLE ET INDUSTRIEL

à VIERZON (Cher).

FONDATION DE LA MAISON. — La Société Française de matériel agricole et industriel s'est constituée en 1879, pour l'acquisition des établissements de M. Célestin Gérard fondés en 1847, à Vierzon (Cher). La Société a encore pris en 1881 la suite des affaires de la maison Del Ferdinand fondée en 1860, à Vierzon également.

La durée de la Société est de 60 ans. Son capital est de 2.500.000 fr., représenté par 5000 actions. La Société a créé en outre 7.000 obligations remboursables à 300 fr. par tirages annuels.

Le siège social et l'administration sont à Paris, 5, rue de Dunkerque, où la Société a également un dépôt. Les usines de Vierzon sont dirigées par un Administrateur-Directeur, M. Rigaudin.

PHASES ET TRANSFORMATIONS. — Après des débuts très modestes, M. Gérard était arrivé à occuper une des premières places parmi les constructeurs de machines agricoles. La maison Del Ferdinand y tenait également un rang honorable. Dès son entrée en fonctions, la Société donnait un essor considérable à cette industrie; elle construisait un nouveau groupe d'ateliers et elle transformait les anciens, pour les mettre mieux en rapport avec les progrès de la science.

A la fabrication des machines agricoles, qui a toujours été la spécialité de ses usines, la Société joignait la construction des machines et appareils pour l'industrie et les travaux publics. Enfin la Société organisait un système de ventes à termes offrant de grandes facilités aux acheteurs pour le paiement de leurs machines.

PRODUCTION ET IMPORTANCE DE L'ÉTABLISSEMENT. — La production de la Société Française consiste principalement en machines à vapeur, locomobiles et machines à battre, machines à vapeur fixes de tous types et de toutes forces, jusqu'à 150 et 200 chevaux, chaudières et générateurs, pompes de toute nature et de toute puissance, appareils pour le traitement mécanique du lait, charpentes et ponts métalliques, etc....

Depuis un an la Société a joint à ses travaux la construction de turbines et moteurs hydrauliques, ainsi que la branche nouvelle de la construction et de l'installation des appareils pour l'éclairage électrique; elle a créé quatre stations centrales dans les villes de Périgueux, La Rochelle, Poitiers et Chatellerault.

Les établissements de la Société occupent une superficie d'environ 3 hectares 1/2, dont 2 hectares 1/2 couverts pour les ateliers et les magasins; ceux-ci d'une contenance de 4.000 mètres carrés environ renferment presque constamment 200 machines à vapeur et à battre toujours prêtes à être livrées aux clients.

La Société fabrique par elle-même tous ses produits de forge, fonderie, chaudronnerie, etc..... elle possède un outillage complet qu'elle tient constamment à hauteur des progrès de la science. Le nombre des ouvriers employés dans ses usines est en moyenne de 350 à 400. Elle a une force motrice de 175 chevaux avec générateurs pour 250 chevaux.

Depuis leur fondation jusqu'à ce jour les ateliers de la Société Française ont livré 5.525 locomobiles à vapeur et 7.470 machines à battre à l'agriculture; ils ont livré en outre depuis 1879 plus de 1500 machines à vapeur, chaudières, pompes et machines diverses à l'industrie et aux travaux publics.

Avec son organisation la Société peut produire journellement 2 machines à vapeur et 2 machines à battre sans compter les accessoires divers.

Pour assurer le fonctionnement régulier du nombre considérable de ses machines en service, la Société a organisé un magasin spécial de pièces de rechange absolument interchangeables, où les clients sont certains de trouver toujours toutes les pièces dont ils peuvent avoir besoin pour faire rapidement le remplacement de celles qui seraient cassées ou usées.

PROGRÈS RÉALISÉS. — INSTITUTIONS EN FAVEUR DES OUVRIERS. — La Société ne s'est pas bornée à perfectionner l'œuvre de ses prédécesseurs dont elle continuait les traditions. Elle a créé de nouveaux types de machines répondant aux besoins divers de l'agriculture nationale et la rendant indépendante de la construction étrangère. Elle a créé aussi des types de machines à vapeur et à battre spécialement appropriées aux besoins des pays étrangers.

La dernière création de la Société consiste en un matériel de battage qui, à la qualité du travail fait, joint la quantité ; son rendement peut aller jusqu'à 500 hectolitres de blé par jour.

La Société Française a beaucoup contribué au développement qu'a subi l'industrie des machines agricoles en France, depuis quelques années.

Une caisse de secours mutuels assure aux ouvriers des soins médicaux pendant leur maladie et des secours en cas d'impossibilité de travail.

RÉCOMPENSES OBTENUES. — On peut dire justement de M. Gérard, qu'il a été un des principaux promoteurs et propagateurs de la machine agricole en France. Sa maison avait une renommée générale. En 1867, M. Gérard a été décoré de l'ordre de la Légion d'honneur.

Les usines de la Société ont obtenu en outre depuis leur fondation :

  4 Grands prix.
  6 Diplômes d'honneur.
 285 Médailles d'or.
 146 Médailles d'argent.

DÉBOUCHÉS. — SUCCURSALES. — REPRÉSENTATIONS — La Société a organisé des succursales et des représentations dans toutes les parties de la France. Mais pour utiliser sa puissance de production elle a étendu ses moyens d'action et s'est créée des débouchés dans les Colonies et à l'Étranger.

La Société exporte sa fabrication en Algérie, en Autriche-Hongrie, au Brésil et dans l'Amérique du Sud où elle a des succursales. Elle expédie également ses produits en Espagne, en Italie, en Roumanie, en Égypte, en Turquie, au Mexique, au Tonkin, à la Martinique et en Russie, jusque dans l'extrême Sibérie, au nord de la Chine.

AU BON MARCHÉ

Nouveautés

MAISON ARISTIDE BOUCICAUT

PLASSARD, MORIN, FILLOT & Cᵉ

Société en commandite par Actions au capital de 20 millions entièrement versé.

Réserves actuellement réalisées : 21.800.000 francs

PARIS

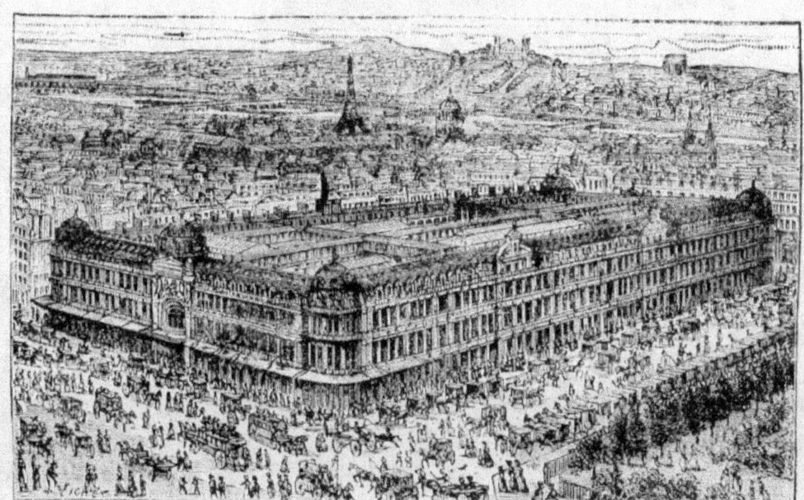

Vue générale des Magasins du BON MARCHÉ.

Les Magasins du BON MARCHÉ spécialement construits pour un *commerce de Nouveautés* sont les plus grands, les mieux agencés et les mieux organisés ; ils renferment tout ce que l'expérience a pu produire d'utile, de commode et de confortable, et sont à ce titre, une des curiosités les plus remarquables de Paris.

Les récents agrandissements sont très considérables et font de la Maison du BON MARCHÉ un magasin unique au Monde.

Des INTERPRÈTES dans toutes les langues sont à la disposition des Étrangers qui désirent visiter les Magasins et les Agencements.

Le système de vendre tout à petit bénéfice et entièrement de confiance est absolu dans les Magasins du BON MARCHÉ. Ce principe, sincèrement et loyalement appliqué, leur a valu un succès non interrompu et sans précédent.

La Maison du BON MARCHÉ a pour principe de ne mettre en vente, même aux prix les plus réduits, que des marchandises de premier choix et de très bonne qualité.

Envoi franco, sur demande, dans le monde entier, de tous les Échantillons, Catalogues, Prospectus, Albums, etc. Expéditions franco de port des commandes à partir de 25 francs, pour la France, la Belgique, la Hollande, l'Allemagne, l'Autriche-Hongrie, la Suisse, l'Italie continentale, l'Angleterre, l'Écosse et l'Irlande.

Les Magasins du *Bon Marché* figurent à l'Exposition Universelle de 1889 dans le 3ᵉ Groupe (Mobilier et Accessoires), classe 18, Ouvrages du Tapissier, et dans le 4ᵉ Groupe (Tissus, Vêtements et Accessoires), classe 35, Articles de Lingerie, et classe 56, Habillement des deux sexes.

LEBLOND
SERRURIER-CONSTRUCTEUR
A MONTMORENCY (SEINE-ET-OISE)

60 Médailles, Or, Vermeil et Argent
SERRES ET JARDINS D'HIVER
MARQUISES ET VÉRANDAS
Chàssis de Couches et de Combles

VITRERIE
avec
SYSTÈME DE TRINGLES
EN MÉTAL
pour la buée.

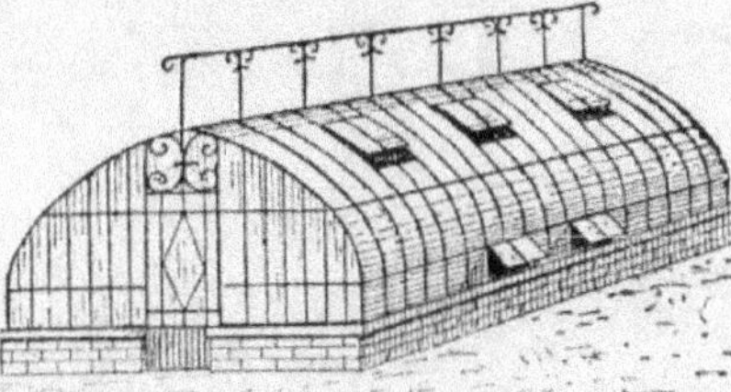

PEINTURE
CLAIES A OMBRER
CHAUFFAGE A L'EAU
PAILLASSONS

Médaille à l'Exposition Universelle de Paris 1878
ENTREPRISE GÉNÉRALE DE SERRES

IMITATION DE LA NATURE.
SAUVEUR BELLANDOU
ROCAILLEUR SPÉCIALISTE,
Boulevard du Cannet, à CANNES (A. M.)

RÉCOMPENSES OBTENUES :

A MARSEILLE.
Deux Grands Prix d'honneur.

A CANNES.
Une Médaille d'Or.
Une Médaille de Vermeil.
Une Médaille d'Argent.

A DRAGUIGNAN.
Une Médaille d'Argent.

A NICE.
Une Médaille d'Argent.

PRINCIPAUX TRAVAUX EXÉCUTÉS.

A CANNES.	A NICE.	A NIMES.
M. le Baron DE ROTHSCHILD,	G^{de} Cascade de l'Exposition 1884	M. ARNAUD, Banquier
M. le Comte de LEUSSE,	M. CHAUVIN,	
Mme la Duchesse DE PERSIGNY,	M. SICARD.	**A ALAIS.**
Mme la Princesse DE SAGAN,		
M. le Comte DESPRÉMÉNIL.	**A MARSEILLE.**	M. MEYNADIER.
S.A. le G. Duc DE MECKLEMBOURG	M. LOUIS FOURNIER,	
M. le Capitaine GRENN.	M. MOUTET,	**A CHAMONIX.**
M. USHER.	M. DOZAC.	M. SINCLAIR.

RASSAINISSEMENT DES VIGNES.

ECHALAS MÉTALLIQUES

Système H. MICOLON,
à FIRMINY (Loire)
Breveté S. G. D. G.

USINE
A St-VICTOR-SUR-LOIRE.

DÉPOSITAIRE
J. RHOMER
32, Cours Perrache, 32.
LYON.

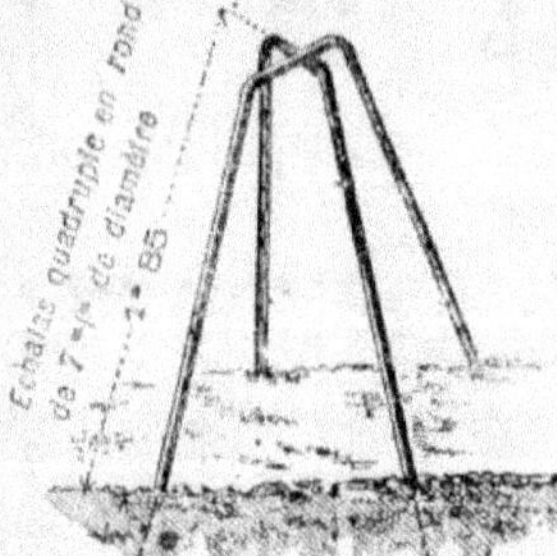

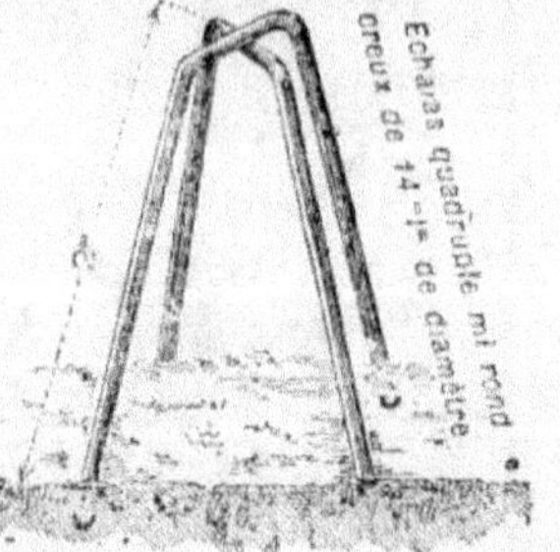

20 RÉCOMPENSES DE MAI 1887 A NOVEMBRE 1889

Médailles de Bronze, Argent, Vermeil, Or et Diplômes d'Honneur

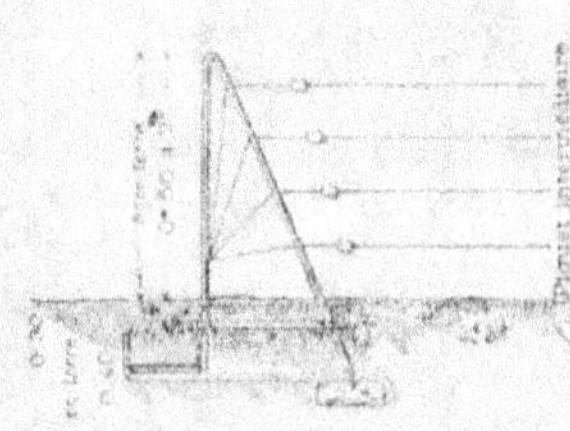

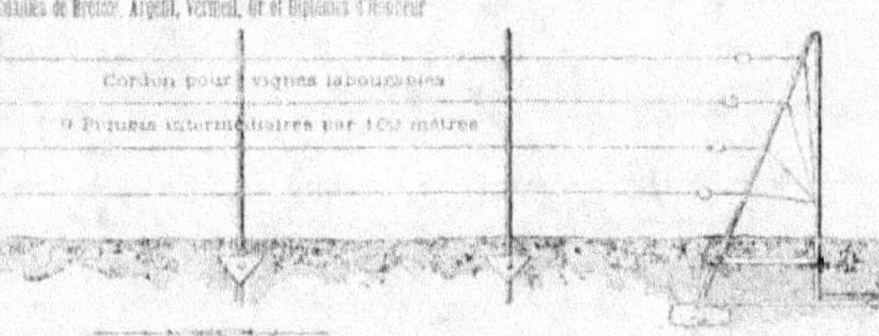

On ne saurait trop recommander à tout viticulteur soucieux de ses intérêts, l'emploi des echalas en acier fondu, système Micolon. Ce système, déjà employé depuis 1887, a donné les résultats suivants : Maturité plus rapide, moins d'humidité dans la vigne, économie d'une partie des frais d'attacher, le petit diamètre de l'echalas permettant à la vigne de se palisser elle-même; suppression du déchalassage, du rappointage et du rechalassage, l'echalas en acier ne se déplaçant pas; plus de pourriture à chaque pied de vigne qui amène le ver blanc et toutes espèces d'insectes qui infectent les vignes. — Tous ces avantages irréfutables, tant au point de vue de la propreté que de l'économie de main-d'œuvre, donnent aux propriétaires des résultats déjà reconnus par tous ceux qui en font l'application. *En trois ans l'echalas est payé par l'économie de main-d'œuvre.*

PRIX-COURANT.

ÉCHALAS SIMPLES.		ÉCHALAS QUADRUPLES.	
Rond de 5 millim. de diamèt.	Mi-rond creux de 14 m/m de d°.	Rond de 7 millim. de diamèt.	Mi-rond creux de 14 m/m de d°
Longueur 1m25.. la pièce 0.10	Longueur 1m50.. la pièce 0.16	H¹ 1m85. Larg° à la tête 0m30	Haut 2m. Larg° à la tête 0m40
— 1m50.. — 0.12	— 1m75.. — 0.18	les 4 pieds : 0.65	les 4 pieds 0.85.

CORDONS POUR VIGNES LABOURABLES, SYSTÈME SANS DÉ NI SCELLEMENT.

Hauteur hors sol	0m50	0m75	1m00	1m25	1m50	1m75	2m00
Piquets raidisseurs de 24 millimètres, mi-rond creux... la pièce	1.20	1.35	1.55	1.90	2.10	2.35	2.80
— intermédiaires, avec plaque de 24 mill., mi-rond creux —	0.30	0.40	0.60	0.80	0.90	1. »	1.10
Coût d'un cordon de 100m de long¹ suivant haut¹, composé de 2 têtes de ligne, 9 intermédiaires, 2 rangs fil d'acier et 2 raidisseurs	8.50	9.70	11.90	14.40	15.70	17.10	18.90

(ACIER) PRIX AU MÈTRE DES BARRIÈRES POUR CLOTURE. (ACIER)

Hauteur des Barres	7 Barres	8 Barres	9 Barres	10 Barres	12 Barres	14 Barres	Hauteur des Barres	7 Barres	8 Barres	9 Barres	10 Barres	12 Barres	14 Barres
0m50	0.70	0.75	0.80	0.85	0.95	1.05	1m10	1.11	1.22	1.33	1.44	1.66	1.88
0.60	0.76	0.82	0.88	0.94	1.08	1.18	1.20	1.18	1.30	1.42	1.54	1.78	2.02
0.80	0.90	0.98	1.06	1.14	1.30	1.46	1.30	1.32	1.46	1.60	1.74	2. »	2.28
1.00	1.05	1.15	1.25	1.35	1.55	1.75	1.50	1.40	1.55	1.70	1.85	2.15	2.45

PRIX-COURANT DES PIQUETS BRAS DE FORCE EN ACIER POUR BARRIÈRES, PEINTS EN NOIR.

Hauteur hors du sol	0m60	l'un 0fr.60	Hauteur hors du sol	1m30	l'un 0fr.85
—	1.00	— 0.70	—	1.40	— 0.90
—	1.10	— 0.55	—	1.75	— 1.00

Perspective d'une
barrière avec piquets bras de force.

Gr. 8   2

RED. :

21

BIBLIOTHEQUE NATIONALE DE FRANCE

****

CHATEAU DE SABLE

1995